建筑业企业专业技术管理人员岗位资格考试指导用书

安 全 员

主　编　邓宗国

副主编　方　磊

主　审　熊君放

中国环境出版社·北京

图书在版编目（CIP）数据

安全员/邓宗国主编．—3 版．—北京：中国环境出版
社，2014.3（2015.9 重印）
建筑业企业专业技术管理人员岗位资格考试指导用书
ISBN 978-7-5111-1777-9

Ⅰ.①安…　Ⅱ.①邓…　Ⅲ.①建筑工程—工程施工—安全技
术—资格考试—自学参考资料　Ⅳ.①TU714

中国版本图书馆 CIP 数据核字（2014）第 053445 号

出 版 人　王新程
责任编辑　张于嫣
责任校对　扣志红
封面设计　宋　瑞

出版发行　**中国环境出版社**
　　　　　　（100062　北京市东城区广渠门内大街 16 号）
　　　　　　网　　　址：http：//www.cesp.com.cn
　　　　　　电子邮箱：bjgl@cesp.com.cn
　　　　　　联系电话：010-67112765（编辑管理部）
　　　　　　　　　　　010-67112739（建筑图书出版中心）
　　　　　　发行热线：010-67125803，010-67113405（传真）
印　　刷　北京中科印刷有限公司
经　　销　各地新华书店
版　　次　2014 年 3 月第 3 版
印　　次　2015 年 9 月第 6 次印刷
开　　本　787×1092　1/16
印　　张　18.5
字　　数　380 千字
定　　价　55.00 元

建筑业企业专业技术管理人员岗位资格考试指导用书

编 委 会

出版说明

2011 年 7 月，住房城乡建设部发布《建筑与市政工程施工现场专业人员职业标准》（JGJ/T250—2011，以下简称《职业标准》），2012 年 1 月 1 日起正式实施。根据住房城乡建设部《关于贯彻实施住房和城乡建设领域现场专业人员职业标准的意见》（建人[2012] 19 号，以下简称《实施意见》）精神，湖南省住房和城乡建设厅人教处于 2012 年委托省建设人力资源协会组织湖南建筑职教集团所属成员单位共 20 多所高、中等职业院校和建筑业施工企业对湖南省建筑业企业专业技术管理人员岗位资格考试标准进行了专项课题研究，并以《职业标准》为指导，结合本省建筑业发展和施工现场技术管理工作从业人员实际，修订了湖南省建筑业企业专业技术管理人员岗位资格考试大纲，包括施工员（分土建施工员、安装施工员，安装施工员又分水暖与电气两个专业方向）、质量员、安全员、标准员、材料员、机械员、资料员、造价员等岗位。为满足参考人员需要，湖南建筑职教集团由湖南城建职业技术学院牵头，组织建设职业院校、施工企业有关专家编写了上述岗位资格考试指导用书，2012 年 6 月由中国环境科学出版社出版，应用于建筑与市政工程施工现场专业人员岗位培训和资格考试应试人员复习备考。

根据湖南省建设工程施工项目部关键岗位人员配备、建筑业企业专业技术管理人员岗位资格管理相关规定，现场专业人员必须通过全省统一的岗位资格考试，取得省住房和城乡建设厅颁发的《建筑业企业专业技术管理人员岗位资格证书》方可从事相应岗位的技术和管理工作。为构建科学合理的施工现场专业人员岗位资格能力评价标准，建设客观、公正和便捷高效的常态化考核机制，我们在不断完善岗位资格考试大纲的基础上，建设能力考核的标准化考试题库，实施远程网络考试，相关业务全信息化管理。与此同时，经本套丛书第一版编委会同意，调整部分编写人员，组织对 2012 年湖南建筑职教集团编写的岗位资格考试指导用书进行修订出版。修订的原则，一是针对性。以《职业标准》、住房城乡建设部人事司印发的《建筑与市政施工现场专业人员考核评价大纲》为指导，以湖南省建筑业企业专业技术管理人员岗位资格考试大纲（2013 年修订版）为依据，内容和编排与考试大纲完全对应，涵盖考核试题库全部试题；二是实践性。突破学科，尤其是学校教材体系模式，理论知识以必要、够用为原则，专业技能基本覆盖岗位工作实践业务；三是基础性。把握人才层次标准和职业准入能力测试的特点，考核最常用、最关键的基本知识、基本技能。因主要服务于岗位培训、自学备考，各分册篇幅作了调整，力求简明扼要。按照湖南省建筑业企业专业技术管理人员岗位资格考试科目设置和大纲要求，《法律法规及相关知识》、《专业通用知识》科目各岗位考试标准相同，指导用书通用；《专业基础知识》、《岗位知识》和《专业实务》科目按各岗位不同能力标准要求编写。本套丛书也可以作为高、中等职业院校师生和相关工程技术人员参考书。

本套丛书的编写得到相关施工企业、职业院校的大力支持，在此谨致以衷心感谢！参与编写、修订工作的全体作者付出了辛勤的劳动，由于全套丛书业务涉及面宽，专业性强，加之时间仓促，疏漏和不足之处有所难免，恳请读者批评指正。

湖南省住房和城乡建设厅人教处
湖南省建设人力资源协会
2013 年 3 月

前　言

本书根据湖南省建筑业企业专业技术管理人员（安全员）《专业基础知识》、《岗位知识》和《专业实务》考试大纲（2013年修订版）要求修订。全书共十九章，包括安全员专业基础知识、主要分部分项工程施工安全技术、建筑施工专项安全技术、特种设备安全技术、施工机具安全使用技术、季节性施工安全技术、安全生产管理等方面内容。专业范围以房屋建筑的土建施工为主，采用工程建设标准，以施工阶段的国家、行业强制性标准为主，以2012年12月31日为截止时间。本书适用于建筑施工专职安全生产管理人员（安全员）岗位培训及资格考试应试人员复习备考；也可供相关工程技术管理人员、工程监理人员参考。

本书第一版由邓宗国同志担任全书主编；陈宏伟同志编写第一章～第三章；邓宗国、方磊同志编写第四章～第十四章；孙媛媛同志编写第十五章～第十九章；全书由熊君放同志负责校核。第三版仍由原编审人员负责修订。由于编者经验和水平有限，书中难免存在疏漏或不妥之处，望使用本书的有关专家、教师和学员批评指正。

目　录

专业基础知识篇

第一章　建筑材料 ·································· 3

第一节　防水材料、绝热材料 ····················· 3

第二节　装饰装修材料 ························· 5

第三节　防火、防腐材料 ······················ 7

第二章　施工图识读与建筑构造 ················· 10

第一节　施工图识读 ·························· 10

第二节　建筑构造 ···························· 21

第三章　建筑力学与结构知识 ·················· 30

第一节　建筑力学知识 ························· 30

第二节　结构知识 ···························· 35

岗位知识与专业实务篇

第四章　土方与基础工程施工安全技术 ··········· 39

第一节　土方工程施工安全技术 ················· 39

第二节　基坑工程施工安全技术 ················· 40

第三节　人工挖孔桩施工安全技术 ··············· 43

第五章　结构工程施工安全技术 ………………………………………… 45
　　第一节　砌筑工程施工安全技术 ……………………………………… 45
　　第二节　钢筋混凝土结构工程施工安全技术 ………………………… 48
　　第三节　结构安装工程施工安全技术 ………………………………… 54

第六章　装饰装修工程施工安全技术 …………………………………… 59
　　第一节　抹灰饰面工程施工安全技术 ………………………………… 59
　　第二节　油漆涂刷工程施工安全技术 ………………………………… 60
　　第三节　玻璃工程施工安全技术 ……………………………………… 61

第七章　常用施工机械（具）安全使用技术 …………………………… 63
　　第一节　混凝土机械安全使用技术 …………………………………… 63
　　第二节　钢筋加工机械安全使用技术 ………………………………… 66
　　第三节　土方机械安全使用技术 ……………………………………… 69
　　第四节　木工机具、手持电动工具及其他机械设备安全使用技术 … 74

第八章　季节性施工安全技术 …………………………………………… 79
　　第一节　雨季施工 ……………………………………………………… 79
　　第二节　冬季施工 ……………………………………………………… 79

第九章　拆除与爆破工程施工安全技术 ………………………………… 81
　　第一节　拆除工程施工常用的方法和安全技术要求 ………………… 81
　　第二节　爆破工程施工的安全技术要求 ……………………………… 85

第十章　高处作业安全技术要求 ………………………………………… 87
　　第一节　高处作业的基本安全要求 …………………………………… 87
　　第二节　临边、洞口、攀登、悬空作业的安全防护要求 …………… 88
　　第三节　操作平台及交叉作业的安全技术要求 ……………………… 92
　　第四节　建筑施工安全"三宝"的检验及使用要求 ………………… 92

第十一章　脚手架 ………………………………………………………… 95
　　第一节　脚手架构配件及搭设、验收、使用与拆除安全注意事项 … 95
　　第二节　吊篮、悬挑式脚手架及附着式升降脚手架施工安全监控 … 100

第十二章　施工用电 ……………………………………………………… 104
　　第一节　外电线路防护、防雷安全技术要求 ………………………… 104

第二节　接地接零、配电室、临时用电线路架设、配电箱、开关箱及现场照明

　　　　安全技术 ……………………………………………………………………… 107

第三节　安全用电和电气防火措施 ……………………………………………………… 111

第十三章　施工现场消防管理 ………………………………………………………… 114

第一节　消防基本常识 …………………………………………………………………… 114

第二节　施工过程重点部位的防火安全措施 …………………………………………… 117

第三节　施工现场火灾急救措施 ………………………………………………………… 118

第十四章　特种设备安全技术 ………………………………………………………… 119

第一节　起重机械和塔式起重机安全技术 ……………………………………………… 119

第二节　物料提升机、施工升降机安全技术 …………………………………………… 122

第十五章　施工项目安全生产管理的基本知识 ……………………………………… 129

第一节　施工项目安全生产管理的主要内容及基本要求 ……………………………… 129

第二节　施工项目安全管理的组织机构及体系的设置要求 …………………………… 132

第三节　施工项目安全管理的基本制度 ………………………………………………… 134

第四节　施工安全标准化的基本要求 …………………………………………………… 149

第五节　施工现场文明施工及环境保护的基本要求 …………………………………… 154

第十六章　施工项目安全管理计划 …………………………………………………… 160

第一节　施工项目的危险源及识别 ……………………………………………………… 160

第二节　施工项目安全管理计划的内容与编制 ………………………………………… 161

第三节　施工项目安全专项施工方案 …………………………………………………… 163

第十七章　施工项目安全控制 ………………………………………………………… 166

第一节　施工项目作业人员的安全教育与培训 ………………………………………… 166

第二节　施工项目安全技术交底及人员资格的审查 …………………………………… 168

第三节　施工安全防护、劳保用品和施工设施的安全验收 …………………………… 170

第四节　施工项目重大危险源的现场监控 ……………………………………………… 173

第五节　施工现场安全检查的内容、方法和评价 ……………………………………… 175

第六节　施工现场违章作业的处置和安全隐患的整改 ………………………………… 184

第十八章　施工现场安全事故的防范和处理 ………………………………………… 187

第一节　劳动保护与职业健康 …………………………………………………………… 187

第二节　施工现场安全事故的主要类型及防范措施 …………………………………… 193

第三节　施工现场安全事故应急预案及救援措施 ……………………………… 195

第四节　安全事故调查处理的程序与规定 ……………………………………… 204

第十九章　施工安全资料 ……………………………………………………… 213

第一节　施工安全资料的类型和内容 …………………………………………… 213

第二节　施工安全资料的收集、整理与归档 …………………………………… 213

附录　备考练习试题 ……………………………………………………………… 221

参考文献 …………………………………………………………………………… 284

专业基础知识篇

第一章　建筑材料

第一节　防水材料、绝热材料

一、防水材料种类及应用

防水材料是保证房屋建筑能够防止雨水、地下水与其他水分渗透的重要组成部分，是建筑工程不可缺少的主要建筑材料之一。防水材料质量的优劣与建筑物的使用寿命是紧密联系的。防水材料已有很久的历史，近年来，防水材料已由传统的沥青基防水材料逐渐向高聚物改性沥青防水材料和合成高分子防水材料发展，防水层的构造已由多层向单层防水方向发展，施工方法已由热熔法向冷粘贴法发展。防水材料品种繁多，其特点各不相同，按材料品种可大致按表 1-1 进行分类。

表 1-1　防水材料的分类及特点

种类	形式	典型代表	特点
防水卷材	①无胎体卷材；②以织物纤维等为胎体的卷材或聚酯	三元乙丙橡胶防水卷材 聚氯乙烯防水卷材 SBS、APP 改性沥青防水卷材	①拉伸强度高、抵抗基层和结构物变形能力强、防水层不易开裂；②防水层厚度可按防水工程质量要求控制；③防水层较厚，使用年限长；④便于大面积施工
防水涂料	①水乳型；②溶剂型；③反应型	乳化沥青 再生橡胶改性沥青、防水涂料、氯丁橡胶沥青、SBS 橡胶	①防水层薄、重量轻，可减轻屋面荷载；②有利于基层形状不规则部位的施工；③施工简便，冷施工，不需加热；④抵抗变形能力较差，使用年限短
嵌缝材料	膏状或糊状	改性沥青嵌缝油膏	①使用时为膏状或糊状，经过一定时间或氧化处理后为塑性、弹塑性或弹性体；②适用于任何形状的接缝和孔槽
	固体带状或片状	聚硫橡胶密封膏 硅酮密封膏 聚氨酯密封膏	①埋入接缝两侧的混凝土中间能与混凝土紧密结合；②抵抗变形能力大；③防水效果可靠

防水卷材是防水材料的重要品种之一，广泛用于各类建筑物层面、地下和构筑物等处的防水工程中。其主要品种主要包括沥青系防水卷材、聚合物改性沥青防水卷材、合成高分子防水卷材三大系列。其中沥青系防水卷材所占比例最大，但沥青防水卷材的温度稳定性和耐老化性较差，拉伸强度和延伸率低，特别是用于室外的暴露部位，在高温时易于流淌及老化，而在低温时又易于脆裂及变形，所以导致其使用期短，维修费高。随着合成高分子材料的迅速发展，聚合物改性沥青防水卷材、合成高分子防水卷材（以合成橡胶或合成树脂或两者的混合物为主要原料复合制成的弹性或弹塑性卷材）等新型防水材料被逐步广泛应用，这不仅使建筑的防水功能得到了提高，而且促进了屋面防水构造的改革，显著地延长了使用寿命。

防水涂料是指常温下呈黏稠状，涂布在基层表面，经溶剂或水分挥发，或经各组分间的化学反应，形成具有一定弹性和一定厚度的连续薄膜，使基层表面与水隔绝，起到防水和防潮作用的物质。

防水涂料固化成膜后的防水涂膜具有良好的防水性能，特别适合于各种复杂或不规则部位的防水，能形成无接缝的完整防水膜。它大多采用冷施工，不必加热熬制，既减少了环境污染，也改善了劳动条件，又便于施工操作，加快了施工进度。此外，涂布的防水涂料既是防水层的主体，又是黏结剂，因而施工质量容易保证，维修也较简单。但是，防水涂料须采用刷子或刮板等逐层涂刷（刮），故防水膜的厚度较难保持均匀一致。

防水涂料广泛适用于工业与民用建筑的层面防水工程、地下室防水工程和地面防潮、防渗等。

防水涂料按成膜物质的主要成分，可分为沥青基类、高聚物改性沥青类和合成高分子类；按液态类型可分为溶剂型、水乳型和反应型三种。沥青基防水涂料是以沥青为基料配制而成的水乳型或溶剂型防水涂料。高聚物改性沥青防水涂料是以沥青为基料，用合成高分子聚合物进行改性，制成的水乳型或溶剂型防水涂料。这类涂料在柔韧性、抗裂性、拉伸强度、耐高低温性能、使用寿命等方面比沥青基涂料有很大改善。其品种有再生橡胶改性沥青防水涂料、水乳型氯丁橡胶沥青防水涂料、SBS 橡胶改性沥青防水涂料等。合成高分子防水涂料是以合成橡胶或合成树脂为主要成膜物质制成的单组分或多组分的防水涂料。这类涂料具有高弹性、高耐久性及优良的耐高低温性能，品种有聚氨酯防水涂料、丙烯酸酯防水涂料和有机硅防水涂料等。

二、绝热材料的种类及应用

绝热材料（又称保温隔热材料）是指对热流具有显著阻抗性的材料或材料复合体。

1. 绝热材料的基本要求

导热系数不宜大于 0.17 W/（m·K），表现密度不大于 600 kg/m³，抗压强度应大于 0.3 MPa。选用时，应结合建筑物的用途、围护结构的构造、施工难易、材料来源和经济核算等综合考虑。

2. 影响材料绝热性能的主要因素

由材料的物理性能得知，导热系数或热阻 R 是评价材料绝热性能的主要指标。导热系数与材料的成分、分子结构和表观密度等有关，但即使是同一种材料，由于其工作时的温度、湿度不同，导热系数也会随着变化。对各向异性材料（如木材），导致系数还与热流方向有关。

3. 绝热材料的分类

热材料的品种很多。按材质可分为无机绝热材料、有机绝热材料和金属绝热材料三大类；按形态可分为纤维状、微孔状、气泡状和层状等。

第二节　装饰装修材料

一、装饰装修材料种类

1. 根据化学性质分类

从化学性质上，装饰材料可以分为有机装饰材料（如木材、塑料、有机涂料等）、无机装饰材料（如天然石材、石膏制品、金属等）和有机、无机复合装饰材料（如铝塑板、彩色涂层钢板等）。无机装饰材料又可分为金属（如铝合金、铜合金、不锈钢等）和非金属（如石膏、玻璃、陶瓷、矿棉制品等）两大类。

2. 根据材质不同分类

根据材质不同，装饰材料可以分为石材类、陶瓷类、玻璃类、木质类、塑料类、有机和无机纤维类、涂料类、金属类、无机胶凝类等。

3. 根据装饰部位分类

按照装饰部位，装饰材料可分为表 1-2 所示的类别。

表 1-2　装饰材料按装饰部位的分类

序号	类型		举例
1	墙面装饰材料	涂料类	无机类涂料（石灰、石膏、碱金属硅酸盐、硅溶液等） 有机类涂料（乙烯树脂、丙烯树脂、环氧树脂等） 有机—无机复合类（环氧硅溶胶、聚合物水泥、丙烯酸硅溶胶等）
		壁纸、墙布类	塑料壁纸、玻璃纤维贴墙布、织锦缎、壁毡等
		软包类	真皮类、人造革、海绵垫等
		人造装饰板	印刷纸贴面板、防火装饰板、PVC贴面装饰板、三聚氰胺贴面装饰板、胶合板、微薄木贴面装饰板、铝塑板、彩色涂层钢板、石膏板等
		石材板	天然大理石、花岗石、青石板、人造大理石、美术水磨石等
		石材类	天然大理石、花岗石、青石板、人造大理石、美术水磨石等
		陶瓷类	彩釉砖、墙地砖、马赛克、大规格陶瓷饰面板、劈离砖、琉璃砖等
		玻璃类	饰面玻璃板、玻璃马赛克、玻璃砖、玻璃幕墙材料等
		金属类	铝合金装饰板、不锈钢板、铜合金板材、镀锌钢板等
		装饰抹灰类	斩假石、剁斧石、仿石抹灰、水刷石、干粘石等

序号	类型		举例
2	地面装饰材料	地板类	木地板、竹地板、复合地板、塑料地板等
		地砖类	陶瓷墙地砖、陶瓷马赛克、缸砖、大阶砖、水泥花砖、连锁砖等
		石材板块	天然花岗石、青石板、美术水磨石板等
		涂料类	聚氨酯类、苯乙烯丙烯酸酯类、酚醛地板涂料、环氧类涂布地面涂料等
3	吊顶装饰材料	吊顶龙骨	木龙骨、轻钢龙骨、铝合金龙骨等
		吊挂配件	吊杆、吊挂件、挂插件等
		吊顶罩面板	硬质纤维板、石膏装饰板、矿棉装饰吸声板、塑料扣板、铝合金板等
4	门窗装饰材料	门窗框扇	木门窗、彩板钢门窗、塑钢门窗、玻璃钢门窗、铝合金门窗等
		门窗玻璃	普通窗用平板玻璃、磨砂玻璃、镀膜玻璃、压花玻璃、中空玻璃等
5	建筑五金配件		门窗五金、卫生水暖五金、家具五金、电气五金等
6	卫生洁具		陶瓷卫生洁具、塑料卫生洁具、石材类卫生洁具、玻璃钢卫生洁具、不锈钢卫生洁具等
7	管材、型材	管材	钢质上下水管、塑料管、不锈钢管、铜管等
		异型材	楼梯扶手、画（挂）镜线、踢脚线、窗帘盒、防滑条、花饰等
8	胶结材料	无机胶凝材料	水泥、石灰、石膏、水玻璃等
		胶黏剂	石材胶黏剂、壁纸胶黏剂、板材胶黏剂、瓷砖胶黏剂、多用途胶黏剂等

装饰装修材料一般是指主体结构工程完工后，进行室内外墙面、顶棚、地面的装饰和室内外空间布置所需的材料，它是既起到装饰目的，又可以满足一定使用要求的功能性材料。

装饰材料是集材性、工艺、造型设计、色彩、美学于一体的材料。一个时代的建筑物很大程度上受到建筑材料，特别是受到装饰材料的制约。

二、装饰装修材料应用

1. 满足使用功能

在选用装饰材料时，首先应满足与环境相适应的使用功能。对于外墙应选用耐大气侵蚀、不易褪色、不易沾污、不泛霜的材料；地面应选用耐磨性、耐水性好，不易沾污的材料；厨房、卫生间应选用耐水性、抗渗性好，不发霉、易于擦洗的材料。

2. 满足装饰效果

装饰材料的色彩、光泽、形体、质感和花纹图案等性能都影响装饰效果，特别是装饰材料的色彩对装饰效果的影响非常明显。因此，在选用装饰材料时要合理应用色彩，给人以舒适的感觉。例如：卧室、客房宜选用浅蓝或淡绿色，以增加室内的宁静感；儿童活动室应选用中黄、蛋黄、橘黄、粉红等暖色调，以适应儿童天真活泼的心理；医院病房要选用浅绿、淡蓝、淡黄等色调，以使病人感到安静和安全，有利于早日康复。

3. 材料的安全性

在选用装饰材料时，要妥善处理装饰效果和使用安全的矛盾，要优先选用环保型材料和不燃或难燃等安全型材料，尽量避免选用在使用过程中感觉不安全或易发生火灾等事故的材料，努力给人们创造一个美观、安全、舒适的环境。

4. 有利于人的身心健康

建筑空间环境是人们活动的场所，进行建筑装饰可以美化生活、愉悦身心、改善生活质量。建筑空间环境的质量直接影响人们的身心健康，因此，在选用装饰材料时应注意以下几点：尽量选用天然的装饰材料；选择色彩明快的装饰材料；选择不易挥发有害气体的材料；选用保温隔热、吸声、隔声的材料。

5. 考虑地区

地区的气象条件影响装饰材料的选用，地区的建筑特点和风俗对装饰材料选择产生影响。

6. 合理的耐久性

不同功能的建筑及不同的装修档次，所采用的装饰材料耐久性要求也不一样。尤其是新型装饰材料层出无穷，人们的物质、精神生活要求也逐步提高，很多装饰材料都有流行趋势。因此，有的建筑装修使用年限较短，就要求所用的装饰材料耐用年限不一定很长。但也有的建筑要求其耐用年限很长，如纪念性建筑物等。

7. 经济性原则

原则上应根据使用要求和装饰等级，恰当地选择材料；在不影响装饰工程质量的前提下，尽量选用优质价廉的材料；选用工效高、安装简便的材料，以降低工程费用。另外，在选用装饰材料时，不但要考虑一次性投资，还应考虑日后的维修费用，以达到总体上经济的目的。

8. 便于施工

在选用装饰材料时，尽量做到构造简单、施工方便。这样既缩短了工期，又节约了开支，还为建筑物提前发挥效益提供了前提。应尽量避免选用有大量湿作业、工序复杂、加工困难的材料。

第三节　防火、防腐材料

一、防火材料种类及应用

将涂料涂刷在基层材料表面形成防火阻燃涂层或隔热涂层，并能在一定时间内保证基层材料不燃烧或不破坏、不失去使用功能，为人员撤离或灭火提供充足时间，这类涂料称为防火涂料，也叫阻燃涂料。防火涂料既具有普通涂料所拥有的良好的装饰性及其他性能，又具有出色的防火性。

1. 防火涂料的类型

防火涂料按用途可分为钢结构用防火涂料、混凝土结构用防火涂料、木结构用防火涂料等；按其组成材料和防火原理的不同，一般分为膨胀型防火涂料和非膨胀型防火涂料两大类。

非膨胀型防火涂料是由难燃性或不燃性树脂及阻燃剂、防火填料等组成。其涂膜具有较好的难燃性，能阻止火焰的蔓延。厚质非膨胀型防火涂料常掺入大量的轻质填料，因而，涂层的导热系数小，具有良好的隔热作用，从而起到防火和保护基层材料的作用。

膨胀型防火涂料是由难燃性树脂、阻燃剂及成炭剂、脱水成炭催化剂、发泡剂等组成。涂层在火焰的作用下会发生膨胀，形成比原来涂层厚度大几十倍的泡沫炭质层，能有效地阻挡外部热源对基层材料的作用，从而阻止燃烧的发生或减少火焰对基层材料的破坏作用。其阻燃效果大于非膨胀型防火涂料。

2. 常用防火涂料

（1）饰面型防火涂料：饰面型防火涂料是指涂于可燃基材（如木材、塑料及纤维板等）表面，形成具有防火阻燃保护和装饰作用涂膜的一类防火涂料的总称。

饰面型防火涂料按防火性分为一、二两级。饰面型防火涂料的防火性能、级别与指标应满足《饰面型防火涂料防火性能分级试验方法——防火性能分级》（GB 15442.1—1995）的规定，其他技术性质应满足《饰面型防火涂料通用技术条件》（GB 12441—1990）的规定。饰面型非膨胀防火涂料可参照执行。

防火涂料的耐燃时间是指在规定的基材和特定的燃烧条件下，试板背面温度达到220 ℃或试板出现穿透所需的时间。防火涂料的火焰传播比值是指当石棉板的火焰传播比值为"0"，橡树木板的火焰传播比值为"100"时，受试材料具有的表面火焰传播特性数据。防火涂料的阻火性能以质量损失和碳化体积表示。碳化体积是指试件在规定的燃烧条件下，基材被碳化的最大长度、最大宽度和最大深度的乘积。

饰面型防火涂料的色彩多样、耐水性好、耐冲击性高、耐燃时间长，可使可燃基材的耐燃时间延长 10～30 min。饰面型防火涂料可喷涂、刷涂和辊涂，涂膜厚度一般为 1 mm 以下，通常为 0.2～0.4 mm。

（2）钢结构防火涂料：钢结构防火涂料是指施涂于建筑物及构筑物的钢结构表面，形成耐火隔热保护层，以提高钢结构的耐火极限的涂料。

钢结构防火涂料按其涂层的厚度及性能特点分为：

①B类，即薄涂型钢结构防火涂料，又称钢结构膨胀防火涂料。其涂层厚度一般为 2～7 mm，有一定的装饰效果，高温时膨胀增厚，耐火隔热，耐火极限可达 0.5～1.5 h。该类防火涂料的基料主要为难燃树脂。

②H类，即厚涂型钢结构防火涂料，又称钢结构防火隔热涂料。其涂层厚度一般为 8～50 mm，粒状表面，体积密度较小，导热系数低，耐火极限可达 0.5～3.0 h。该防火涂料以难燃树脂和无机胶结材料为主，并大量使用了轻质砂，如膨胀珍珠岩等。

钢结构防火涂料涂层厚度大，耐火极限长，可大大提高钢结构抵御火灾的能力。并且具有一定的黏结力，较高的耐候性、耐水性和抗冻性；膨胀型防火涂料还具有一定的装饰效果，并且可喷涂、辊涂、抹涂、刮涂或刷涂，能在自然条件下干燥固化，适用于钢结构的防火处理。

此外，还有用于混凝土结构的防火涂料，其涂膜厚度为 5 mm 时，可使混凝土的耐火极限由 30 min 提高到 1.8～2.4 h。

二、防腐材料种类及应用

由于酸、碱、盐及有机溶剂等介质的作用，使各类建筑材料在使用过程中遭受腐蚀，短期虽不显其后果，而一旦造成危害则相当严重，对防腐工程应选择好防腐材料。常用的防腐材料有：涂料类防腐材料、树脂类防腐材料、聚合物水泥砂浆防腐材料、聚氯乙烯塑料防腐材料、沥青类防腐涂料。

防腐工程所用的涂料是由成膜物质（油脂、树脂）与填料、颜料、增韧剂、有机溶剂等按一定比例配制而成。常用的防腐涂料有氯化橡胶涂料、环氧树脂涂料、聚氨酯树脂涂料、氟碳涂料、防火防霉涂料等，见表 1-3。

表 1-3　常用防腐材料品种

品种	特性	应用
氯化橡涂料	耐气候性好，抗渗能力强，施工方便，气干性好，可低温施工	用于室内外钢构及混凝土结构保护层
环氧树脂涂料	涂膜坚韧耐久，有较好的附着力、耐水、耐溶剂、耐碱性与抗潮、可常温固化、不宜阳光照射	地下管道、水下设施混凝土表面、钢构表面
聚氨酯树脂涂料	耐磨、耐蚀性好、防腐蚀性好、涂膜坚韧、耐油、耐水、耐化学腐蚀、耐大气腐蚀	金属制品涂装、钢板、墙体防腐涂装
氟碳涂料	耐酸碱、抗化学药品、耐温、抗辐射、抗污染、阻燃、易维修保养、有优异的附着力和硬度，使用寿命≥20 年	高空结构表面、维修保养困难的结构表面
有机硅涂料	附着力强、耐腐耐油、防潮抗冲击、耐高温	受高温作用的设备和零件表面
不饱和聚酯树脂	良好的工艺性、固化过程中无挥发物附着力强	适应范围广

第二章 施工图识读与建筑构造

第一节 施工图识读

一、建筑工程施工图概述

1. 建筑工程施工图的作用

工程图纸是工程界的技术语言，是表达工程设计和指导工程施工必不可少的重要依据，是具有法律效力的正式文件，也是重要的技术档案文件。

2. 建筑工程施工图的设计

建筑工程图纸的设计，一般是由业主通过招标投标选择具有相应资格的设计单位，并与之签订设计合同，进行委托设计的（按有关规定可以不招标投标的设计项目，可以直接委托）。

建设项目的设计工作一般分为初步设计、技术设计和施工图设计三个阶段。

技术上不太复杂的项目，可以按扩大的初步设计（扩初设计）和施工图设计两个阶段进行。

大型的和重要的民用建筑工程，在初步设计前增加方案设计阶段（进行设计方案的优选）。

3. 建筑工程施工图的种类

建筑工程施工图通常包括建筑施工图、结构施工图、设备施工图。

建筑施工图主要用以表示房屋建筑的规划位置、外部造型、内部各房间的布置、内外装修、材料构造及施工要求等，其主要内容包括建筑设计总说明、建筑总平面图、各层平面图、立面图、剖面图及详图等。

结构施工图主要用以表示房屋结构系统的结构类型、构件布置、构件种类、数量、构件的内部构造和外部形状、大小以及构件间的连接构造。

设备施工图主要表达房屋给水排水、供电照明、采暖通风、空调、燃气等设备的布置和施工要求等。主要包括各种设备的布置平面图、系统图和施工要求等内容。设备施工图可按工种不同进一步分为水施图、暖通图、电施图等。

4. 结构施工图包括的内容

不同类型的结构，其施工图的具体内容与表达也各有不同，但一般包括下列三个方面的内容：

（1）结构设计说明。

本工程结构设计的主要依据：

1）设计标高所对应的绝对标高值。

2）建筑结构的安全等级和设计使用年限。

3）建筑场地的地震基本烈度、场地类别、地基土的液化等级、建筑抗震设防类别、抗震设防烈度和混凝土结构的抗震等级。

4）所选用结构材料的品种、规格、型号、性能、强度等级、受力钢筋保护层厚度、钢筋的锚固长度、搭接长度及接长方法。

5）所采用的通用做法的标准图图集。

6）施工应遵循的施工规范和注意事项。

（2）结构平面布置图。

1）基础平面图，采用桩基础时还应包括桩位平面图，工业建筑还包括设备基础布置图。

2）楼层结构平面布置图，工业建筑还包括柱网、吊车梁、柱间支撑、连系梁布置等。

3）屋顶结构布置图，工业建筑还应包括屋面板、天沟板、屋架、天窗架及支撑系统布置等。

（3）构件详图。

1）梁、板、柱及基础结构详图。

2）楼梯、电梯结构详图。

3）屋架结构详图。

4）其他详图，如支撑、预埋件、连接件等的详图。

5. 有关建筑工程制图的标准

（1）《房屋建筑制图统一标准》（GB/T 50001—2001）

（2）《总图制图标准》（GB/T 50103—2001）

（3）《建筑制图标准》（GB/T 50104—2001）

（4）《建筑结构制图标准》（GB/T 50105—2001）

（5）《给水排水制图标准》（GB/T 50106—2001）

（6）《暖通空调制图标准》（GB/T 50114—2001）

（7）《混凝土结构施工图平面整体表示方法制图规则和构造详图》（GJBT—518 03G101）（以下简称《平法规则》）

熟悉和掌握有关工程图样的标准和规定是每一个工程技术人员必须具备的基本素质。

6. 建筑工程制图的一般内容

（1）图纸幅面。

（2）图纸编排顺序。

（3）图线。

（4）字体。

（5）比例。

（6）符号。

（7）定位轴线。

（8）常用建筑材料图例。

（9）图样画法。

（10）尺寸标注。

7. 建筑工程结构制图规定

（1）一般规定。

（2）钢筋的一般表示方法。

（3）钢筋的简化表示方法。

（4）混凝土结构中预埋件、预留孔洞的表示方法。

（5）常用型钢的标注方法。

（6）螺栓、孔、电焊铆钉的表示方法。

（7）常用焊缝的表示方法。

（8）钢结构中的尺寸标注。

（9）常用木构件断面的表示方法。

（10）木构件连接的表示方法。

（11）常用构件代号。

二、结构施工图的绘制要点

1. 概述

（1）目标和要求。

施工图是工程师的"语言"，是设计者设计意图的体现，也是施工、监理、经济核算的重要依据。结构施工图在整个设计中占有举足轻重的作用，切不可草率从事。

对结构施工图的基本要求是：图面清楚整洁、标注齐全、构造合理、符合国家制图标准及行业规范，能很好地表达设计意图，并与计算书一致。

通过结构施工图的绘制，应掌握各种结构构件工程图表的表达方法，会应用绘图工具手工绘图、修改（刮图）和校正，同时能运用常用软件通过计算机绘图和出图。

（2）结构施工图的绘制方法。

钢筋混凝土结构构件配筋图的表示方法有三种：

1）详图法。

2）梁柱表法。

3）结构施工图平面整体设计方法（以下简称"平法"）。它把结构构件的截面形式、尺寸及所配钢筋规格在构件的平面位置用数字和符号直接表示，再与相应的"结构设计总说明"和梁、柱、墙等构件的"构造通用图及说明"配合使用。平法的优点是图面简洁、清楚、直观性强，图纸数量少，设计和施工人员都很欢迎。

为了保证按平法设计的结构施工图实现全国统一，建设部已将平法的制图规则纳入国家建筑标准设计图集，详见《混凝土结构施工图平面整体表示方法制图规则和构造详图》（GJBT—518 03G101）（以下简称《平法规则》）。

2. 结构施工图绘制的具体内容

（1）基本内容。

1）图纸目录：全部图纸都应在"图纸目录"上列出，"图纸目录"的图号是"G-0"。

结构施工图的"图别"为"结施"。"图号"排列的原则是：从整体到局部，按施工顺序从下到上。例如，"结构总说明"的图号为"G-1"（G 表示"结施"），以后依次为桩基础统一说明及大样、基础及基础梁平面、由下而上的各层结构平面、各种大样图、楼梯表、柱表、梁大样及梁表。

按平法绘图时，各层结构平面又分为墙柱定位图、各类结构构件的平法施工图（模板图，板、梁、柱、剪力墙配筋图等，特殊情况下增加的剖面配筋图），并应和相应构件的构造通用图及说明配合使用。此时应按基础、柱、剪力墙、梁、板、楼梯及其他构件的顺序排列。

2）结构总说明："结构总说明"是统一描述该项工程有关结构方面共性问题的图纸，其编制原则是提示性的。设计者仅需打"√"，表明为本工程设计采用的项目，并在说明的空格中用 0.3 mm 的绘图笔填上需要的内容。

必要时，对某些说明可以修改或增添。例如支承在钢筋混凝土梁上的构造柱，钢筋锚入梁内长度及钢筋搭接长度均可按实际设计修改；单向板的分布筋，可根据实际需要加大直径或减少间距等；图中通过说明可用 K 表示 Φ6@200、G 表示 Φ8@200。也可用"K6"、"K8""K10"、"K12"依次表示直径为 6 mm、8 mm、10 mm、12 mm 而间距均为 200 mm 的配筋。

有剪力墙的高层建筑宜采用"（高层）结构说明"。

3）桩基础统一说明及大样：人工挖孔（冲、钻孔）灌注桩或预应力钢筋混凝土管桩一般都有统一说明及大样。与结构总说明不同的是，图中用"×"表示不适用于本设计的内容，对采用的内容不必打"√"，同时应在空格处填上需要的内容。

桩表中的"单桩承载力设计值"是桩基础验收时单桩承载力试验的依据，宜取 100 kN 的倍数。

确定"设计桩顶标高"时，应考虑桩台（桩帽）的厚度、地基梁的截面高度和梁顶标高、地基梁与桩台面间的预留空间、桩顶嵌入桩台的深度等因素。

图中的"不另设桩台的桩顶大样"，其"设计桩顶标高"应在施工缝处，大样上段可看做截面不扩大的桩台，应增加端部环向加劲箍及构造钢筋网，注明配筋量等。

4）基础及基础梁平面：

①基础平面与基础梁平面可合并为一图，比例可用 1∶100；大样图可用 1∶60 或 1∶50；基础说明可用 6 号仿宋字体。

基础梁用双细实线表示，梁宽要按比例画。首层内、外墙及第一跑楼梯的相应位置下均应布置基础梁；"地骨"一般只用于跨度小、高度不到顶的内部隔墙（如厕位隔墙）；按抗震设计时，一般要沿轴线在相邻基础间布置基础梁。

②尺寸标注：尺寸线通常分为总尺寸线、柱网尺寸线、构件定位尺寸线三类。构件定位尺寸应尽量靠近要表示的构件，位于平面中部及远端的构件应另加标注。

总尺寸及柱网尺寸、轴线符号、注写方向、圆圈大小均要符合制图标准的规定。要注意区分主轴线和辅助轴线，凡出现在基础平面上的竖向构件的定位轴线才能编为主轴线。

边柱、角柱及梯间两侧的柱，一般以其外边缘定位，中间柱以底层柱中定位，剪力墙以墙中或不收级一侧定位，变形缝以缝两侧的双柱或墙柱净距定位，且必须采用主轴线。

层间的楼梯平台如用梁上起柱（LZ）支承，要标出小柱的定位尺寸。

基础梁的边梁按外边缘定位，中间梁一般以梁中定位，且必须采用主轴线。

基础以中心定位。桩台的中心一般与柱中重合，对联合桩台则应使桩群的重心与荷载合力作用点重合。同一类型桩台应选一个标出桩的相对位置。

各种受力构件（梁、柱、剪力墙等）宜在图中构件旁注上截面尺寸。同一编号的构件可只注其中一个构件的尺寸。

③基础大样应画出剖面、平面、配筋图，内容详尽至满足施工要求。在剖面图中，要正确表示双向配筋的相对位置关系，一般应将弯矩较大的一向放在外层。对于方形桩台，为免施工时放错，应使双向配筋量相等。

④基础说明应包括：

a. 结构总说明和桩基础统一说明中没有提及的基础做法。

b. 桩台面标高、桩顶设计标高、桩的施工方法及施工要求等。

c. 柱与轴线、基础梁与轴线以及基础与柱的位置关系。

d. 与基础定位有关的柱、剪力墙的截面尺寸。

e. 构件编号说明等。

结构图中的文字说明应尽量简短，文法要简要、准确、清楚，叙述的内容应为该图中极少数的特殊情况或者是具有代表性的大量情况。

5）各层结构平面：结构平面图有两种划分方法：按"梁柱表法"绘图时，各层结构平面可分为模板图和板配筋图（当结构平面不太复杂时可合并为一图）；按"平法"绘图时，各层结构平面需分为墙柱定位图、各类结构构件的平法施工图（模板图、板配筋图以及梁、柱、剪力墙、地下室侧壁配筋图等）。

各层的"模板图"及"板配筋图"可按本节所述方法绘制。

①尺寸线标注：通常分为结构平面总尺寸线、柱网尺寸线、构件定位尺寸线及细部尺寸线等。标注要求同前所述。

②平面图中梁、柱、剪力墙等构件的画法：原则是从板面以上剖开往下看，看得见的构件边线用细实线，看不见的用虚线。剖到的承重结构断面应涂黑色。

凡与梁板整体连接的钢筋混凝土构件如窗顶装饰线、花池、水沟、屋面女儿墙等，必须在结构图中表示。构件大样图应加索引。

对平面中凹下去的部分（如凹厕、孔洞等），要用阴影方法表示，并在图纸背面用红色铅笔在阴影部分轻涂。如有凹板，应标出其相对标高及板号。

楼梯间在楼层处的平台梁板应归入楼层结构平面之内。对梯段板及层间平台，应用交叉细实线表示，并写上"梯间"字样。

③绘图顺序：一般按底筋、面筋、配筋量、负筋长度、板号标志、板号、框架梁

号、次梁号、剪力墙号、柱号的顺序进行。

板底、面钢筋均用粗实线表示，宜画在板的 1/3 处。文字用绘图针笔书写，字体大小要均匀（可用数字模板），当受到位置限制时，可跨越梁线书写，以能看清为准。所有直线段都不应徒手绘制。

双向板及单向板应采用表示传力方向的符号加板号表示。

在板号下中应标出板厚。当大部分板厚度相同时，可只标出特殊的板厚，其余在本图内用文字说明。

在各层模板图中，应标出全部构件（板、框架梁、次梁、剪力墙、柱）的编号，不得以对称性等为由漏标。

过梁（GL）应编注于过梁之上的楼层平面中。

梁上起柱（LZ），要标出小柱的定位尺寸，说明其做法。

④底筋的画法：结构平面图中，同一板号的板可只画一块板的底筋（应尽量注于图面左下角首先出现的板块），其余的应标出板号。

底筋一般不需注明长度。绘图时应注意弯钩方向，且弯钩应伸入支座。

对常用的配筋如 Φ6@200、Φ8@200、Φ10@200 等可用简记法表示，与结构总说明配合使用。

分布筋只在结构总说明中注明，图中不画出。

⑤负筋的画法：同一种板号组合的支座负筋只需画一次。如某块板的支座另一边是两块小板时，则只按其中较大的板配置负筋。

板的跨中不出现负弯矩时，负筋从支座边可伸至板的 $L_0/3$（活载大于三倍恒载）、$L_0/4$（活载不大于三倍恒载）或 $L_0/5$（端支座）。L_0 为相邻两跨中较大的净跨度。双向板两个受力方向支座负筋的长度均取短向跨度的 1/4。钢筋长度应加上梁宽并取 50 mm 的倍数。板的跨中有可能出现负弯矩时，板面负筋宜采用直通钢筋。

负筋对称布置时，可采用无尺寸线标注，负筋的总长度直接注写在钢筋下面；负筋非对称布置时，可在梁两边分别标注负筋的长度（长度从梁中计起）；端跨的负筋无尺寸线时直接标注的是总长度；以上钢筋长度均不包括直弯钩长。

板厚较大的悬臂板筋和直通负钢筋，均应加设支撑钢筋，并在图中注明。

⑥其他：对平面图中难以画清楚的内容，如凹厕部分楼板、局部飘出、孔洞构造等，可用引出线标注，或加剖面索引、用大样图表示。

板面标高有变化时，应标出其相对标高。

砌体隔墙下的板内加筋以粗直线表示（钢筋端部不必示出弯钩），并且注明定位尺寸。

三、混凝土结构施工图平面整体表示方法

1. 平法施工图的表达方式与特点

混凝土结构施工图平面整体表示方法简称为平法，其表达形式，概括来讲，是把结构构件的尺寸和配筋等，按照平面整体表示方法制图规则，整体直接表达在各类构件的结构平面布置图上，再与相应的"结构设计总说明"和梁、柱、墙等构件的"标准构造详图"相配合，构成一套完整的结构设计。改变了传统的那种将构件从结构平

面图中索引出来，再逐个绘制配筋详图的烦琐方法。

平法的优点是图面简洁、清楚、直观性强，图纸数量少，设计和施工人员都很欢迎。

为了保证按平法设计的结构施工图实现全国统一，住建部已将平法的制图规则纳入国家建筑标准设计图集——《混凝土结构施工图平面整体表示方法制图规则和构造详图》（GJBT—518 11G101—1）。

2. 《平法图集》的内容组成

《平法图集》由平面整体表示方法制图规则和标准构造详图两大部分内容组成。各章内容如下：

第一部分　建筑结构施工图平面整体表示方法制图规则

第一章　总则

第二章　柱平法施工图制图规则

第三章　剪力墙平法施工图制图规则

第四章　梁平法施工图制图规则

第二部分　标准构造详图

《平法图集》适用于非抗震和抗震设防烈度为6度、7度、8度、9度地区一至四级抗震等级的现浇混凝土框架、剪力墙、框剪和框支剪力墙主体结构施工图的设计。所包含的内容为常用的墙、柱、梁三种构件（也可以说：平法制图规则适用于各种现浇混凝土结构的柱、剪力墙、梁等构件的结构施工图设计）。

3. 平法施工图的一般规定

按平法设计绘制的施工图，一般是由各类结构构件的平法施工图和标准详图两部分构成，但对复杂的建筑物，尚需增加模板、开洞和预埋件等平面图。

现浇板的配筋图仍采用传统表达方法绘制。

按平法设计绘制结构施工图时，应将所有梁、柱、墙等构件按规定编号，同时必须按规定在结构平面布置图上直接表示各构件的尺寸、配筋和所选用的标准构造详图。

出图时，宜按基础、柱、剪力墙、梁、板、楼梯及其他构件的顺序排列。

应当用表格或其他方式注明各层（包括地下和地上）的结构层楼地面标高、结构层高及相应的结构层号。结构层楼面标高是指将建筑图中的各层地面和楼面标高值扣除建筑面层及垫层厚度后的标高，结构层号应与建筑楼层号对应一致。

在平面布置图上表示各构件尺寸和配筋的方式，分平面注写方式、列表注写方式和断面注写方式三种。

结构设计说明中应写明以下内容：

①本设计图采用的是平面整体表示方法，并注明所选用平法标准图的图集号。

②混凝土结构的使用年限。

③抗震设防烈度及结构抗震等级。

④各类构件在其所在部位所选用的混凝土强度等级与钢筋种类。

⑤构件贯通钢筋需接长时采用的接头形式及有关要求。

⑥对混凝土保护层厚度有特殊要求时，写明不同部位构件所处的环境条件。

⑦当标准详图有多种做法可选择时，应写明在何部位采用何种做法。

⑧当具体工程需要对平法图集的标准构造详图作某些变更时，应写明变更的内容。

⑨其他特殊要求。

4. 柱平法施工图制图规则

柱平法施工图有列表注写和断面注写两种方式。柱在不同标准层截面多次变化时，可用列表注写方式，否则宜用断面注写方式。

（1）断面注写方式：在分标准层绘制的柱平面布置图的柱截面上，分别在同一编号的柱中选择一个截面，直接注写截面尺寸和配筋数值。下面以图 2-1 为例说明其表达方法。

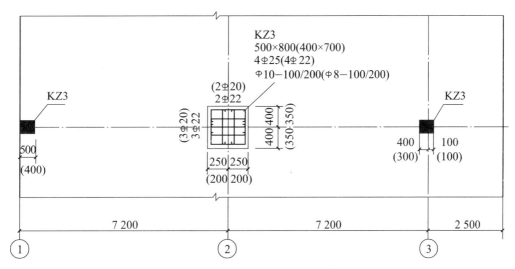

图 2-1　柱平法施工图示例

①在柱定位图中，按一定比例放大绘制柱截面配筋图，在其编号后再注写截面尺寸（按不同形状标注所需数值）、角筋、中部纵筋及箍筋。

②柱的竖筋数量及箍筋形式直接画在大样图上，并集中标注在大样旁边。

③当柱纵筋采用同一直径时，可标注全部钢筋；当纵筋采用两种直径时，需将角筋和各边中部筋的具体数值分开标注；当柱采用对称配筋时，可仅在一侧注写腹筋。

④必要时，可在一个柱平面布置图上用小括号"（　）"和尖括号"〈　〉"区分和表达各不同标准层的注写数值。

（2）列表注写方式

在柱平面布置图上，分别在同一编号的柱中选择一个或几个截面标注几何参数代号（反映截面对轴线的偏心情况），用简明的柱表注写柱号、柱段起止标高、几何尺寸（含截面对轴线的偏心情况）与配筋数值，并配以各种柱截面形状及箍筋类型图。

柱表中自柱根部（基础顶面标高）往上以变截面位置或配筋改变处为界分段注写。

5. 梁平法施工图制图规则

梁平法施工图同样有断面注写和平面注写两种方式。当梁为异型截面时，可用断面注写方式，否则宜用平面注写方式。

梁平面布置图应分标准层按适当比例绘制，其中包括全部梁和与其相关的柱、墙、板。对于轴线未居中的梁，应标注其定位尺寸（贴柱边的梁除外）。当局部梁的布置过密时，可将过密区用虚线框出，适当放大比例后再表示，或者将纵横梁分开画在两张图上。

同样，在梁平法施工图中，应采用表格或其他方式注明各结构层的顶面标高及相应的结构层号。

（1）平面注写方式，是在梁平面布置图上，对不同编号的梁各选一根并在其上注写截面尺寸和配筋数值。

梁平法施工图（平面注写方式）示例见图 2-2。

平面注写包括集中标注与原位标注。集中标注的梁编号及截面尺寸、配筋等代表许多跨，原位标注的要素仅代表本跨。具体表示方法如下：

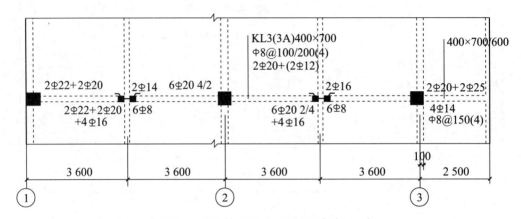

图 2-2 梁平法施工图（平面注写方式）示例

①梁编号及多跨通用的梁截面尺寸、箍筋、跨中面筋基本值采用集中标注，可从该梁任意一跨引出注写；梁底筋和支座面筋均采用原位标注。对与集中标注不同的某跨梁截面尺寸、箍筋、跨中面筋、腰筋等，可将其值原位标注。

②梁编号由梁类型代号、序号、跨数及有无悬挑代号几项组成，应符合下表的规定。

梁类型	代号	序号	跨数及是否带有悬挑
楼层框架梁	KL	××	(××) 或 (××A) 或 (××B)
屋面框架梁	WKL	××	(××) 或 (××A) 或 (××B)
框支梁	KZL	××	(××) 或 (××A) 或 (××B)
非框架梁	L	××	(××) 或 (××A) 或 (××B)
悬挑梁	XL	××	

注：(××A) 为一端有悬挑，(××B) 为两端有悬挑，悬挑不计入跨数。

如：KL7（5A）表示第 7 号框架梁，5 跨，一端有悬挑。

③等截面梁的截面尺寸用 $b \times h$ 表示；加腋梁用 $b \times h Y Lt \times ht$ 表示，其中 Lt 为腋长，ht 为腋高；悬挑梁根部和端部的高度不同时，用斜线"/"分隔根部与端部的高度值。如：300×700 $Y 500 \times 250$ 表示加腋梁跨中截面为 300×700，腋长为 500，腋高为

250；200×500/300 表示悬挑梁的宽度为 200，根部高度为 500，端部高度为 300。

④箍筋加密区与非加密区的间距用斜线"/"分开，当梁箍筋为同一种间距时，则不需用斜线；箍筋肢数用括号括住的数字表示。例：φ8@100/200（4）表示箍筋加密区间距为 100，非加密区间距为 200，均为四肢箍。

⑤梁上部或下部纵向钢筋多于一排时，各排筋按从上往下的顺序用斜线"/"分开；同一排纵筋有两种直径时，则用加号"＋"将两种直径的纵筋相连，注写时角部纵筋写在前面。如：6φ25 4/2 表示上一排纵筋为 4φ25，下一排纵筋为 2φ25；2φ25＋2φ22 表示有四根纵筋，2φ25 放在角部，2φ22 放在中部。

⑥梁中间支座两边的上部纵筋不同时，须在支座两边分别标注；支座两边的上部纵筋相同时，可仅在支座的一边标注。

⑦梁跨中面筋（贯通筋、架立筋）的根数，应根据结构受力要求及箍筋肢数等构造要求而定，注写时，架立筋须写入括号内，以示与贯通筋的区别。如：2φ22＋（2φ12）用于四肢箍，其中 2φ22 为贯通筋，2φ12 为架立筋。

⑧当梁的上、下部纵筋均为贯通筋时，可用"；"号将上部与下部的配筋值分隔开来标注。如：3φ22；3φ20 表示梁采用贯通筋，上部为 3φ22，下部为 3φ20。

⑨梁某跨侧面布有抗扭腰筋时，须在该跨适当位置标注抗扭腰筋的总配筋值，并在其前面加"＊"号。如：在梁下部纵筋处另注写有＊6φ18 时，则表示该跨梁两侧各有 3φ18 的抗扭腰筋。

⑩附加箍筋（密箍）或吊筋直接画在平面图中的主梁上，配筋值原位标注。

⑪多数梁的顶面标高相同时，可在图面统一注明，个别特殊的标高可在原位加注。

（2）断面注写方式，是在分标准层绘制的梁平面布置图上，从不同编号的梁中各选择一根梁用剖面号引出配筋图并在其上注写截面尺寸和配筋数值。断面注写方式既可单独使用，也可与平面注写方式结合使用。

6. 剪力墙平法施工图制图规则

剪力墙平法施工图也有列表注写和断面注写两种方式。剪力墙在不同标准层截面多次变化时，可用列表注写方式，否则宜用断面注写方式。

剪力墙平面布置图可采取适当比例单独绘制，也可与柱或梁平面图合并绘制。当剪力墙较复杂或采用截面注写方式时，应按标准层分别绘制。

在剪力墙平法施工图中，也应采用表格或其他方式注明各结构层的楼面标高、结构层标高及相应的结构层号。

对于轴线未居中的剪力墙（包括端柱），应标注其偏心定位尺寸。

（1）列表注写方式：把剪力墙视为由墙柱、墙身和墙梁三类构件组成，对应于剪力墙平面布置图上的编号，分别在剪力墙柱表、剪力墙身表和剪力墙梁表中注写几何尺寸与配筋数值，并配以各种构件的截面图。在各种构件的表格中，应自构件根部（基础顶面标高）往上以变截面位置或配筋改变处为界分段注写。

（2）断面注写方式：在分标准层绘制的剪力墙平面布置图上，直接在墙柱、墙身、墙梁上注写截面尺寸和配筋数值。下面以图 2-3 为例说明其表达方法：

①选用适当比例原位放大绘制剪力墙平面布置图。对各墙柱、墙身、墙梁分别编号。

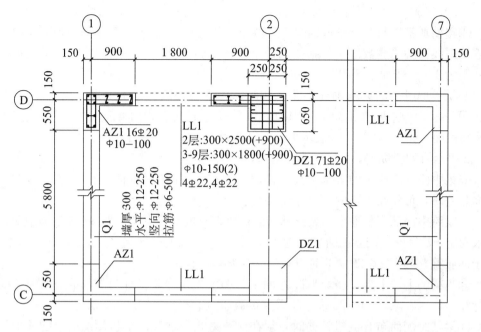

图 2-3 剪力墙平法施工图示例

②从相同编号的墙柱中选择一个截面，标注截面尺寸、全部纵筋及箍筋的具体数值（注写要求与平法柱相同）。

③从相同编号的墙身中选择一道墙身，按墙身编号、墙厚尺寸，水平分布筋、竖向分布筋和拉筋的顺序注写具体数值。

④从相同编号的墙梁中选择一根墙梁，依次引注墙梁编号、截面尺寸、箍筋、上部纵筋、下部纵筋和墙梁顶面标高高差。墙梁顶面标高高差，是指相对于墙梁所在结构层楼面标高的高差值，高于者为正值，低于者为负值，无高差时不注。

⑤必要时，可在一个剪力墙平面布置图上用小括号"（ ）"和尖括号"〈 〉"区分和表达各不同标准层的注写数值。

⑥如若干墙柱（或墙身）的截面尺寸与配筋均相同，仅截面与轴线的关系不同时，可将其编为同一墙柱（或墙身）号。

⑦当在连梁中配交叉斜筋时，应绘制交叉斜筋的构造详图，并注明设置交叉斜筋的连梁编号。

7. 构造详图

如前所述，一套完整的平法施工图通常由各类构件的平法施工图和标准详图两个部分组成，构造详图是根据国家现行《混凝土结构设计规范》、《高层建筑混凝土结构技术规程》、《建筑抗震设计规范》等有关规定，对各类构件的混凝土保护层厚度、钢筋锚固长度、钢筋接头做法、纵筋切断点位置、连接节点构造及其他细部构造进行适当的简化和归并后给出的标准做法，供设计人员根据具体工程情况选用。设计人员也可根据工程实际情况，按国家有关规范对其作出必要的修改，并在结构施工图说明中加以阐述。

第二节　建筑构造

一、民用建筑的构造组成和分类

1. 民用建筑的构造组成及其要求

房屋建筑是由若干个大小不等的室内空间组合而成的，而空间的形成又需要各种各样实体来组合，我们把这些实体称为建筑构配件。一般民用建筑由基础、墙或柱、楼地层、楼梯、屋顶、门窗等构配件组成。

2. 建筑物的分类与分级

根据建筑物的使用功能、规模大小、重要程度等对建筑进行等级划分，建筑物又根据其所属的类型和等级不同，对建筑物的标准和构造做法要求均不同。

（1）民用建筑的分类：

①按建筑高度与层数不同划分为：

A. 低层建筑，指 1～3 层的住宅建筑。

B. 多层建筑，指 4～6 层的住宅建筑。

C. 中高层建筑，指 7～9 层的住宅建筑。

D. 高层建筑，指 10 层以上的住宅建筑和总高度大于 24 m 的公共建筑及综合性建筑（不包括高度超过 24 m 的单层主体建筑）。

E. 超高层建筑，高度超过 100 m 的住宅或公共建筑。

②按建筑的使用性质不同划分为：

A. 民用建筑，指供人们生活起居用的建筑物，包括住宅、宿舍等。民用建筑又可分为居住建筑和公共建筑。

B. 工业建筑，指供人们进行生产活动用的建筑，包括生产用房、辅助生产用房、动力、运输、仓储等用房。

C. 农业建筑，指供人们进行农牧业种植、养殖、储存等用途的建筑。

（2）民用建筑的等级：

①按耐久年限划分为四级。根据建筑物的主体结构，考虑建筑物的重要性和规模大小，建筑物按耐久年限划分为四级。

一级：耐久年限为 100 年以上，适用于重要建筑和高层建筑。

二级：耐久年限为 50～100 年，适用于一般性建筑。

三级：耐久年限为 25～50 年，适用于次要建筑。

四级：耐久年限在 15 年以下，适用于临时性建筑。

②按耐火等级划分为四级。建筑物的耐火等级是根据建筑物主要构件的燃烧性能和耐火极限确定的，共分四级。一级最高，四级最低。

A. 燃烧性能：指建筑构件在明火或高温作用下是否燃烧，以及燃烧的难易程度。建筑构件按燃烧性能分为非燃烧体、难燃烧体和燃烧体。

B. 耐火极限：对任一建筑构件按时间—温度标准曲线进行耐火试验，从构件受到火的作用时起，到构件失去支持能力或完整性被破坏，或失去隔火作用时止的这段时间，就是该构件的耐火极限，用小时（h）表示。

二、基础和地下室

1. 基础的类型和构造

基础的类型可按材料和构造形式不同分类。按材料不同分为砖基础、灰土基础、毛石基础、混凝土基础、钢筋混凝土基础。按构造形式不同分为条形基础、独立基础、筏板基础、箱形基础、桩基础。

（1）砖基础。

砖基础宽出墙的成台阶形状的部分叫大放脚，有等高式和间隔式两种，见图2-4。

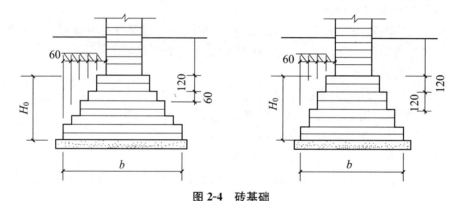

图2-4　砖基础

（2）灰土基础。

灰土基础由熟石灰粉和黏土按体积比为3：7或2：8的比例，加适量水拌和夯实而成的基础，见图2-5。

（3）毛石基础。

毛石基础是由未加工的块石用水泥砂浆砌筑而成的基础，见图2-6。

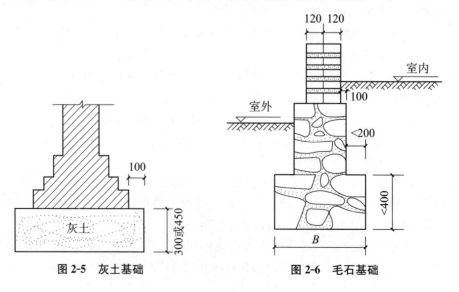

图2-5　灰土基础　　　　　　图2-6　毛石基础

（4）混凝土基础和毛石混凝土基础。

混凝土基础（毛石混凝土基础）是指用混凝土（混凝土内掺毛石）做成的基础。其断面形式有矩形、阶梯形和锥形，一般当基础底面宽度大于 2 000 mm 时，为了节约混凝土常做成锥形，见图 2-7。

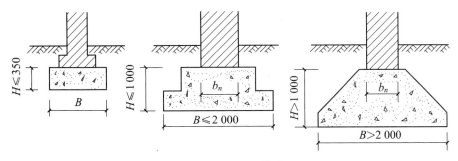

图 2-7　混凝土基础

（5）钢筋混凝土基础。

钢筋混凝土基础指柱下的钢筋混凝土独立基础和墙下的钢筋混凝土条形基础，它们是在混凝土基础下部配置钢筋来承受底面的拉力的基础形式，见图 2-8。

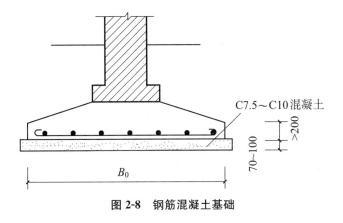

图 2-8　钢筋混凝土基础

（6）条形基础。

条形基础是指墙下连续的长条形状的基础形式。也可用于柱下，见图 2-9。

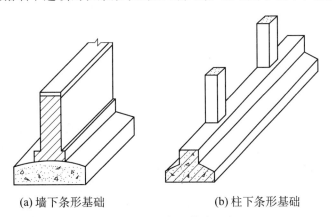

(a) 墙下条形基础　　　　　　(b) 柱下条形基础

图 2-9　条形基础

（7）独立基础。

当建筑物上部采用柱承重，且柱距较大时，将柱下扩大形成独立基础。独立基础的形状有阶梯形、锥形和杯形等，见图 2-10。

(a) 阶梯形　　　　　　　　(b) 锥形　　　　　　　　(c) 杯形基础

图 2-10　柱下独立基础

（8）井格基础。

为了提高建筑物的整体刚度，避免不均匀沉降，常将柱下独立基础沿纵向和横向连接起来，形成井格基础，见图 2-11。

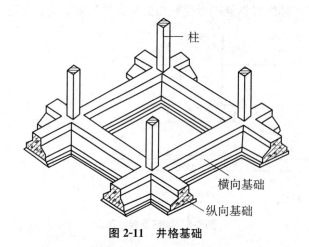

柱

横向基础

纵向基础

图 2-11　井格基础

（9）筏板基础。

筏板基础是指将基础连成整片，像筏板一样，称为筏板基础。筏板基础可以用于墙下和柱下，有板式和梁板式两种，见图 2-12。

（10）箱形基础。

为了提高建筑物的整体刚度和稳定性，常用钢筋混凝土土顶板、底板、外墙和一定数量的内墙组成刚度很大的盒状基础，称为箱形基础，见图 2-13。

（11）桩基础。

桩基础由桩身和承台组成，桩身伸入土中，承受上部荷载。承台用来连接上部结构和桩身。按照桩身的受力特点，分为摩擦型桩和端承型桩，见图 2-14。

2. 地下室的构造

（1）地下室的组成。

地下室一般由墙体、底板、顶板、门窗、楼梯、采光井等部分组成。

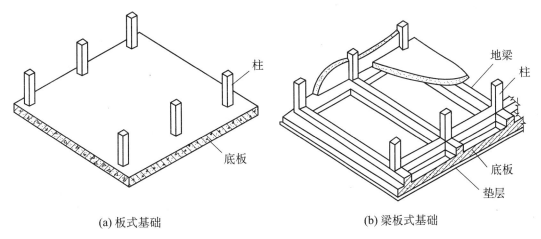

(a) 板式基础   (b) 梁板式基础

图 2-12　筏板基础

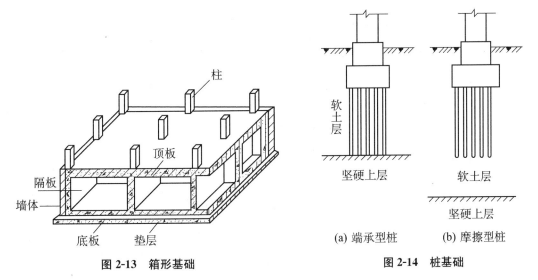

图 2-13　箱形基础　　　　图 2-14　桩基础

①墙体：当采用砖墙时，厚度不宜小于 370 mm。当上部荷载较大或地下水位较高时，最好采用混凝土或钢筋混凝土墙，厚度不宜小于 200 mm。

②底板：地下室的底板应有足够的强度、刚度和抗渗能力，一般采用钢筋混凝土底板。

③顶板：地下室的顶板主要承受建筑物首层的使用荷载，可采用现浇或预制钢筋混凝土楼板。

④楼梯：地下室的楼梯一般与上部楼梯结合设置，对于防空地下室，应至少设置两部楼梯与地面相连，并且必须有一部楼梯通向安全出口。

（2）地下室的防潮。

当地下水的最高水位低于地下室地坪 300～500 mm 时，只需做防潮处理。

（3）地下室的防水。

当地下水的最高水位高于地下室底板时，地下室的外墙和底板必须采取防水措施。具体做法有卷材防水和混凝土构件自防水两种。

三、墙体和门窗

（一）墙体

1. 墙体的类型

按照不同的划分方法，墙体有不同的类型。按所在部位分为内墙和外墙，按方向分为横墙和纵墙，按受力情况分为承重墙和非承重墙，按构成墙体的材料和制品分为砖墙、石墙、砌块墙、板材墙、混凝土墙、玻璃幕墙等，见图 2-15。

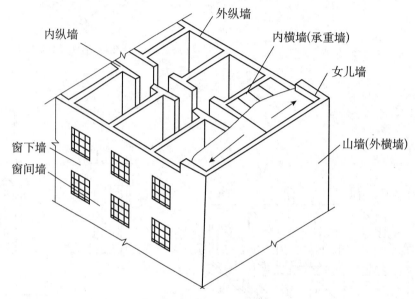

图 2-15　墙体的位置和名称

2. 对墙体的要求

墙体应具有足够的强度和稳定性，满足热工、隔声、防火要求，减轻自重，适应建筑工业化的要求等。

（二）门窗

门和窗是房屋的重要组成部分，也是房屋的维护构件。门窗必须根据建筑的使用和规范要求来确定其形式、尺寸大小及洞口位置等。门窗造型要求美观、坚固、耐久、开启灵活、关闭严密、便于维修和清洁。

1. 门窗的分类

门窗按其制作的材料分为木门窗、钢门窗、铝合金门窗、塑料门窗、塑金属门窗等。

2. 门窗的作用

门的作用主要是交通联系和安全疏散，同时兼起采光与通风。

窗的作用主要是采光、通风和眺望。在不同情况下，门和窗还有其他（如分隔、保温、隔声、隔火、防水等）特殊作用。

3. 门窗的尺寸

（1）门的尺寸。

门的尺寸指门洞的高、宽尺寸。门作为交通疏散，其尺度取决于通行能力和安全疏散能力的要求，还有家具设备的搬运及洞口尺寸与建筑物的比例关系等。

一般民用建筑门的高度不宜小于 2 100 mm，高度一般为 2 400～3 000 mm，公共建筑大门高度可视需要适当提高。

门的宽度：单扇门为 700～1 000 mm，双扇门 1 200～1 800 mm，宽度在 2 100 mm以上时，常做成三扇、四扇门或双扇带固定扇的门。辅助房间的门常为 700～800 mm，如住宅建筑的厨房和厕所的门。

（2）窗的基本尺寸。

窗的尺度主要取决于房间的采光通风、建筑造型等要求。各类窗的高度与宽度尺寸通常采用扩大模数 3 M 数列作为洞口的标志尺寸。

一般民用建筑的门窗均有通用图集，并要符合《建筑模数协调统一标准》的规定。

4. 门窗的形式

1）门的形式通常有平开门、弹簧门、推拉门、折叠门、转门等。

2）窗的形式通常有平开窗、推拉窗、悬转窗、固定窗等。

四、楼板与楼地面

1. 楼板的种类与要求

楼板是房屋水平方向的承重构件，它承受楼面上所有的静荷载、活荷载，以及自重，并把这些荷载传递到墙、柱上去，是房屋建筑的重要构件之一。

（1）楼板的类型。

楼板类型很多，主要有下列四种：预制钢筋混凝土楼板，现浇钢筋混凝土楼板，砖拱楼板，木搁栅楼板。其中采用较多的是钢筋混凝土楼板。

（2）楼板的要求。

①坚固性要求：楼板应坚固、耐久、具有足够的刚度和强度。

②隔声性要求：楼板应有一定的隔声能力，使楼层上活动不影响下一层正常的工作和生活，噪声小于 60 dB（噪声界限）。

③经济方面的要求：楼、地层占总造价的 20％～30％，设计上应经济合理，选择适当的构造方案，以便降低造价，加快施工速度。

④热工和防火的要求：根据建筑等级和房间的功能要求，满足其热工、防火以及防水等方面的要求，如厨房、厕所、浴室、盥洗室等。

2. 楼地面

（1）对楼地面的要求。

①坚固、耐磨、美观、平整。

②易于清洁，不起灰尘。

③地面蓄热系数小，潮湿房间的地面（如厨房、厕所、盥洗室）应耐水和防水，并易排水。

④选用的材料应尽量做到适用、经济、美观、耐久，并且就地取材，施工方便。

楼地面包括面层、基层、顶棚；地层包括面层、垫层、基层。

（2）楼地面的种类及构造。

①楼地面的名称主要是根据面层名称而命名的，如面层是木地板，不论下面是木基层或钢筋混凝土基层，都以面层而命名为木楼面或木地面。

②常用楼地面的构造：水泥砂浆楼地面、现浇水磨石地面、块材楼地面等。

五、楼梯

1. 楼梯的类型

楼梯按材料分：有木楼梯、钢筋混凝土楼梯、钢及其他金属楼梯。

按平面形式分：有单跑楼梯、双跑楼梯、三跑楼梯、双分式楼梯、双合式楼梯等多种形式。

按施工方式分：有预制钢筋混凝土楼梯（又分为墙承式楼梯、悬臂式楼梯、斜梁式楼梯、板式楼梯）和现浇钢筋混凝土楼梯。

2. 楼梯的组成

楼梯一般由楼梯段、平台、栏板或栏杆三部分组成。

楼梯段：由梯梁（斜梁）、梯板等构件组成楼梯段。楼梯段是楼梯的主要组成部分，楼梯段的宽度应根据人流量和安全疏散的要求来决定。一般单人通行应不小于 850 mm，双人通行时 1000～1200 mm，三人通行时 1500～1800 mm。

踏步由水平踏面和垂直踢面组成，楼梯踏步高宽比（mm）经验公式：

A. 踏步宽＋踏步高＝450 即 $b+h=450$

B. 踏步宽＋2×踏步高＝600 即 $b+2h=600$

平台由平台梁、平台板等组成。平台的作用是作为上下楼梯休息之用，中间休息平台的净宽度不小于梯段宽度。楼梯在楼层上下起步处也应有一段平台，作为上下缓冲地段。

栏板或栏杆：由栏板或栏杆、扶手等组成。栏杆和栏板是楼梯的围护构件，作为安全的措施。在栏杆或栏板上部安装扶手，栏杆高为 900 mm，栏杆的净空不应大于 100 mm，以免小孩钻出发生危险。

楼梯宜设置专门的楼梯间，楼梯的净空高度应大于 2 200 mm，以免碰头，尤其在底层楼梯平台下作通道或储藏室时更应注意。

六、屋顶

1. 屋顶的作用及要求

屋顶位于建筑的最上部，覆盖着整个建筑，其作用是抵抗大自然风、雨、雪、霜、太阳辐射等侵袭，因此要求屋面具有良好的防水、保温、隔热性能。屋顶承受屋面传来的风、雪、施工等荷载，并连同屋顶自重全部传给墙体，因此要求屋顶具有足够的强度、刚度和稳定性，地震区还应考虑地震荷载对它的影响，满足抗震的要求，并力求做到自重轻、构造简单；就地取材、施工方便；造价经济、便于维修。

2. 屋顶的类型

按照屋顶的排水坡度和构造形式，屋顶分为平屋顶、坡屋顶和曲面屋顶三种类型。

（1）平屋顶。

平屋顶是指屋面排水坡度小于或等于10%的屋顶，常用的坡度为2%～3%。

（2）坡屋顶。

坡屋顶是指屋面排水坡度在10%以上的屋顶。

（3）曲面屋顶。

曲面屋顶的承重结构多为空间结构，如薄壳结构、悬索结构、张拉膜结构和网架结构等。

3. 屋顶的构造组成

（1）屋面。

屋面主要起防水作用。

（2）承重结构。

平屋顶的承重结构一般采用钢筋混凝土屋面板，其构造与钢筋混凝土楼板类似；坡屋顶的承重结构一般采用屋架、横墙、木构架等；曲面屋顶的承重结构则属于空间结构。

（3）顶棚。

顶棚的构造形式不同，分为直接式顶棚和悬吊式顶棚。

（4）保温隔热层。

屋顶有保温隔热要求时，需要在屋顶中设置相应的保温隔热层。

七、建筑变形缝

变形缝按其使用性质分伸缩缝、沉降缝和防震缝三种类型。

1. 伸缩缝

建筑物受温度变化影响时，会产生胀缩变形，通常沿建筑物高度方向设置缝隙，将建筑物断开，使建筑物分隔成几个独立部分，这种构造缝称为伸缩缝。

伸缩缝要求把建筑物的墙体、楼板层、屋顶等地面以上部分全部断开，基础因埋在土中，受温度变化影响较小，不需断开。

2. 沉降缝

为防止建筑物因其高度、荷载、结构及地基承载力的不同，而出现不均匀沉降，以致发生错动开裂，沿建筑物高度设置竖向缝隙，将建筑划分成若干个可以自由沉降的单元，这种垂直缝为沉降缝。沉降缝须从基础到屋顶所有构件均沿缝断开，其宽度与地基的性质和建筑物的高度有关。

3. 防震缝

防震缝是为了防止建筑物各部位在地震时，相互撞击引起破坏而设置的。防震缝应沿建筑的全高设置，缝的两侧应布置双墙或双柱或一墙一柱，以使各部分都有较好的刚度。

第三章　建筑力学与结构知识

第一节　建筑力学知识

一、基本定义

1. 力

力是物体之间相互的机械作用。这种作用使物体的机械运动状态发生变化或使物体的形状发生改变，前者称为力的外效应或运动效应，后者称为力的内效应或变形效应。力的运动效应又分为移动效应和转动效应。

实践表明，力对物体的作用效果取决于力的三个要素：力的大小、力的方向、力的作用点。在国际单位制中，力的单位是牛顿（N）或千牛顿（kN）。

2. 力系

力系是指作用在物体上的一群力。若对于同一物体，有两组不同力系对该物体的作用效果完全相同，则这两组力系称为等效力系。一个力系用其等效力系来代替，称为力系的等效替换。用一个最简单的力系等效替换一个复杂力系，称为力系的简化。若某力系与一个力等效，则此力称为该力系的合力，而该力系的各力称为此力的分力。

3. 静力学公理

人们通过生活和生产活动中长期的经验总结，又经过实践反复检验，得到了被认为是符合客观实际的最普遍、最一般的规律，称为静力学公理。静力学公理概括了力的基本性质，是建立静力学理论的基础。

【公理 1　二力平衡公理】

作用在刚体上的两个力，使刚体处于平衡的充要条件是：这两个力大小相等，方向相反，且作用在同一直线上。

只在两个力作用下而平衡的刚体称为二力构件或二力杆，根据二力平衡条件，二力杆两端所受两个力大小相等、方向相反，作用线沿两个力的作用点的连线。

【公理 2　加减平衡力系公理】

在作用于刚体的力系中加上或减去任意的平衡力系，并不改变原力系对刚体的作用。这一公理是研究力系等效替换与简化的重要依据。根据上述公理可以导出如下重要推论：力的可传性，即作用于刚体上某点的力，可以沿着它的作用线滑移到刚体内任意一点，并不改变该力对刚体的作用效果。

【公理 3　力的平行四边形公理】

作用在物体上同一点的两个力，可以合成为一个合力。合力的作用点也在该点，合力的大小和方向，由这两个力为邻边构成的平行四边形的对角线确定。

应用上述公理可推导出平面不平行三力平衡时的汇交定理，即若刚体受三个力作用而平衡，且其中两个力的作用线相交于一点，则此三个力必共面且汇交于同一点。

【公理 4　作用与反作用公理】

两个物体间的作用力与反作用力总是同时存在，且大小相等，方向相反，沿着同一条直线，分别作用在两个物体上。

需要注意的是，作用力与反作用力分别作用在两个物体上，因此不能视作平衡力。

【公理 5　力的平移定理】

作用在刚体上的力 F，可以平移到同一刚体上的任一点 O，但必须同时附加一个力偶，其力偶矩等于原力 F 对新作用点 O 之矩。

4. 力矩

力对物体的作用有移动效应，也有转动效应。我们用力的大小与力臂的乘积 F_d，再加上正负号来表示力 F 使物体绕 O 点转动的效应，称为力 F 对 O 点的矩。用符号 M_O（F）表示：

$$M_O（F）=\pm F_d$$

如图 3-1 所示，O 点称为力矩中心，简称矩心；矩心 O 至力 F 的作用线的垂直距离 d 称为力臂。力矩的单位是牛顿·米（N·m）或千牛·米（kN·m）。

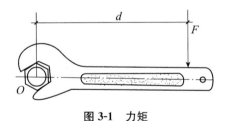

图 3-1　力矩

一般规定：使物体产生逆时针转动的力矩为正，反之为负。所以力对一点的力矩为代数量。

合力矩定理：若平面汇交力系有合力，则其合力对平面上任一点之矩，等于所有分力对同一点力矩的代数和。

5. 力偶

（1）力偶。如图 3-2 所示，由大小相等，方向相反，作用线平行但不共线的两个力组成的特殊力系，称为力偶，记为（F，F'）。组成力偶的两个力之间的距离 d 称为力偶臂。

（2）力偶矩。力偶对刚体的转动效应，取决于力偶中力和力偶臂的大小以及力偶的转向。因此，力学中以 F 和 d 的乘积加上正负号作为度量力偶对物体转动效应的物理量，称为力偶矩。即

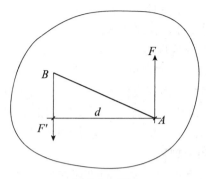

图 3-2　力偶

$$M(F, F') = \pm F \cdot d \text{ 或 } M = \pm F \cdot d$$

力偶矩是一个代数量，其绝对值等于力的大小与力偶臂的乘积，正负号表示力偶的转向。通常规定力偶逆时针旋转时，力偶矩为正，反之为负。力偶的单位与力矩相同，为牛顿·米（N·m）或千牛·米（kN·m）。

（3）力偶的性质

①力偶对对物体不产生移动效应，因此力偶没有合力。一个力偶既不能与力等效，也不能与一个力平衡。力与力偶是表示物体间相互机械作用的两个基本元素。

②任何一个力偶可以在它作用的平面内任意移动，而不改变它对刚体的效应。

③只要保持力偶的转向和力偶矩的大小（即力与力偶臂的乘积）不变，可将力偶中的力和力偶臂做相应的改变，或将力偶在其作用面内任意移转，而不会改变其对刚体的作用效应。

二、平面汇交力系平衡的几何条件

示例：图 3-3（a）为一物体受汇交于 O 点的四个力作用；图 3-3（b）为该力系的力多边形。

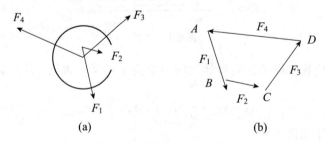

（a）　　　　　　　　　　（b）

图 3-3　平面汇交力系示例

问：此平面汇交力系的合力是多少？物体是否平衡？

分析：

从图 3-3（b）可以看出，力多边形自行闭合，表示该力系合力为零，则物体运动效果与不受力一样，物体处于平衡状态，原 F_1、F_2、F_3 和 F_4 组成平衡力系。反之，若欲使 F_1、F_2、F_3 和 F_4 组成平衡力系，则必须使它们的合力为零，即所画出的力多边形自行闭合。

结论：

平面汇交力系平衡的充分必要的几何条件是：力多边形自行闭合——力系中各力画成一个首尾相接的封闭的力多边形。表达式为：

$$R = 0 \text{ 或 } \sum F = 0$$

三、三力平衡汇交定理

示例：如图 3-4 所示，刚体上平衡力系是由 P_1、P_2、P_3 三个力组成，它们的作用点各为 A、B、C 点，其中 P_1、P_2 作用线交于 O 点，因 P_1、P_2 两力与 P_3 组成平衡力系，那么 P_1、P_2 的合力 R 必与第三力 P_3 相平衡，由两力平衡的条件可知，R 与 P_3 这两力必定等值、反向、共线。故 P_3 必在 P_1、P_2 所决定的平面内，且 P_3 作用线必经 P_1、P_2 作用线的交点。

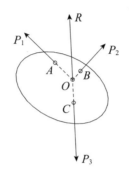

图 3-4 三力平衡汇交示意图

由此可得三力平衡汇交定理：

作用在刚体上平衡的三个力，如果其中两个力的作用线相交于一点，则第三个力必与前面两个力共面，且作用线通过此交点，构成平面汇交力系。

例 1：如图 3-5 表示起吊构件的情形。构件自重 $G = 10$ kN；两钢丝绳与铅垂线的夹角均为 45°，求当构件匀速起吊时两钢丝绳的拉力。

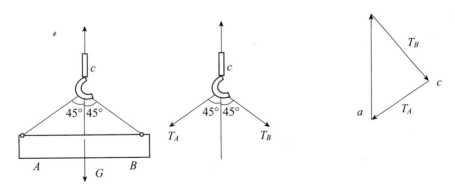

图 3-5 例 1 图示

解：以整个起吊系统为研究对象，系统受拉力 T 和重力 G 作用，且组成平衡力系，所以 $T = G = 10$ kN。

以吊钩 C 为研究对象，吊钩 C 受三个共面汇交力 T、T_A 和 T_B 作用，而处于平衡。

其中 T_A 和 T_B 的方向已知，大小未知，故可应用几何条件求解。

从任一点 a 作 $ab=T$，过 a、b 分别作 T_A 和 T_B 的平行线相交于 c，得到自行闭合的力多边形 abc。故矢量 bc 代表 T_B 的大小和方向，矢量 ca 代表 T_A 的大小和方向，按比例量得：

$$T_A = T_B = 7.07 \text{ kN}$$

例2：如图3-6所示，在 E 处挂有一重量为100 N的物体，由两根绳子保持平衡，绳 AD 保持水平，绳 ABC 是连续的，并跨过无摩擦滑轮 B。求绳 AD 的拉力 N_{AD} 和为平衡重物而在 C 处悬挂的重量 W。

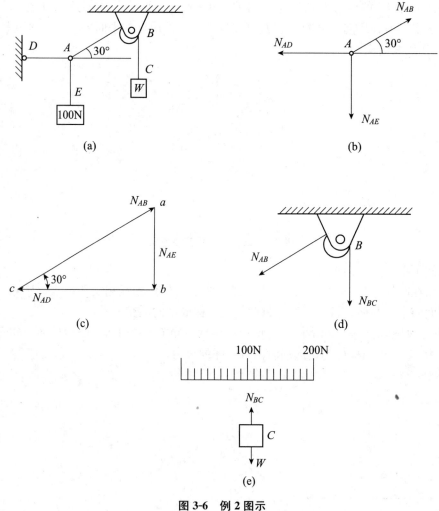

图3-6　例2图示

解：该结构处于平衡状态，那么取任意部位为脱离体均符合平衡条件。

第一步：先分析 A 点的受力情况，如图3-6所示，点 A 作用三个汇交力。绳索 AE 对 A 点作用一个垂直向下，数值等于物体重量100 N的力 N_{AE}，拉力 N_{AD} 与 N_{AB} 的大小未知，而方向已知。

第二步：作力多变形。以20 mm等于100 N的比例画力多变形。如图3-6（c）所示，以任意点 a 为起点，作力 N_{AE} 的方向线 ab 边，取 ab 边长 20 mm 得 b 点，由 b 点作力 N_{AD} 方向线 bc，与过 a 点作力 N_{AB} 的方向线 ac 交于 c 点。

第三步：用相同比例量得 $N_{AD}=100$ N，$N_{AB}=200$ N。

第四步：分析 B 点的平衡。如图 3-6（d）所示，因为绳索 ABC 跨过无摩擦滑轮，力 N_{AB} 在绳索中是常数，故 $N_{BC}=N_{AB}=200$ N。

第五步：研究 C 点的平衡。对于绳索 BC，C 处重物给绳索作用力 N_{BC}，同样绳索给重物的拉力为 $N_{BC}{}'$（如图 3-6（e））。N_{BC} 与 $N_{BC}{}'$ 是一对大小相等、方向相反的作用在两个物体上的作用力和反作用力，故 $N_{BC}{}'=N_{BC}=200$ N。又因 C 点重物处于平衡状态，故 C 点悬挂的重物 $W=N_{BC}{}'=200$ N。

四、应用几何法求解平面汇交力系平衡的步骤

（1）选择研究对象，画出受力图，明确已知力和未知力。

正确运用二力构件的性质和三力平衡汇交定理确定未知力的作用线，未知力指向不定时可假设。

（2）作力多边形，选取合适的比例，先画已知力，再画未知力，按已知力的指向和"首尾相接"的原则画出未知力的指向。

（3）求得未知力，其大小按比例在力多边形上量得，指向由力多边形上已知力的箭头确定。

第二节　结构知识

一、建筑结构荷载和结构类型

1. 建筑结构上的荷载分类

（1）永久荷载，例如结构自重、土压力、预应力等。

（2）可变荷载，例如楼面活荷载、屋面活荷载和积灰荷载、吊车荷载、风荷载、雪荷载等。

（3）偶然荷载，例如爆炸力、撞击力等。

2. 建筑结构类型

我们把承受建筑物的荷载，保证建筑物结构安全的部分，如承重墙、柱、楼板、屋架、楼梯、基础等称为建筑构件，建筑构件相互连接形成的承重骨架，称为建筑结构。建筑结构主要有以下两种分类方法。

（1）按主要承重结构的材料分类。

①土木结构：是以生土墙和木屋架作为建筑物的主要承重结构。

②砖木结构：是以砖墙或砖柱、木屋架作为建筑物的主要承重结构。

③砖混结构：是以砖墙或砖柱、钢筋混凝土楼板、屋面板作为承重结构的建筑。

④钢筋混凝土结构：建筑物的主要承重构件全部采用钢筋混凝土制作。

⑤钢结构：建筑物的主要承重构件全部采用钢材来制作。

（2）按建筑结构的承重方式分类。

①墙承重结构：用墙承受楼板及屋顶传来的全部荷载。

②框架承重结构：由梁柱板形成承重骨架承担荷载。

③空间结构：如网架、悬索、薄壳等结构。

二、建筑结构的可靠性要求

建筑结构的可靠性，是指在规定时间和条件下，建筑结构具有的满足预期的安全性、适用性和耐久性等功能的能力。

1. 建筑结构的安全性

在正常施工和正常使用的条件下，结构应能承受可能出现的各种荷载作用和变形而不发生破坏；在偶然事件发生后，结构仍能保持必要的整体稳定性。

2. 建筑结构的适用性

在正常使用时，结构应具有良好的工作性能。

3. 建筑结构工程的耐久性

在正常维护的条件下，结构应能在预计的使用年限内满足各项功能的要求，也应具有足够的耐久性。

三、震级、地震烈度和抗震设防

（1）震级是表示地震本身强度或大小的一种度量指标，一次地震，震级只有一个。

（2）地震烈度是指某一地区的地面和各种建筑物遭受一次地震影响的强弱程度，不同地区则有不同的抗震烈度。

（3）抗震设防烈度是按照国家规定的权限批准作为一个地区抗震设防依据的地震烈度。也就是说，对于某一个给定的地区来说，每次发生地震的震级是不定的。但是抗震设防烈度是国家规定好的，这个就目前来说是固定不变的。

四、建筑地基的基本概念

在建筑工程中，建筑物与土层直接接触的部分称为基础，支承建筑物重量的土层叫地基。基础是建筑物的组成部分，它承受着建筑物的全部荷载，并将其传给地基。而地基不是建筑物的组成部分，它只是承受建筑物荷载的土壤层。其中，具有一定的地耐力，直接支承基础。持有一定承载能力的土层称为持力层，持力层以下的土层称为下卧层。地基土层在荷载作用下产生的变形，随着土层深度的增加而减少，到了一定深度则可忽略不计。

地基按土层性质不同，分为天然地基和人工地基两大类。凡天然土层具有足够的承载能力，不须经人工改良或加固，可直接在上面建造房屋的称天然地基。当建筑物上部的荷载较大或地基土层的承载能力较弱，缺乏足够的稳定性，须预先对土壤进行人工加固后才能在上面建造房屋的称人工地基。

岗位知识与专业实务篇

第四章 土方与基础工程施工安全技术

第一节 土方工程施工安全技术

（1）人工挖掘土方必须遵守有关规定：

1）根据土方工程开挖深度和工程量的大小，选择机械和人工挖土或机械挖土方案。

2）开挖作业过程中，作业人员相互间必须保持足够的安全距离：

①前后作业，两人间距不小于 3 m。

②左右作业，两人间距不小于 2 m。

3）开挖必须坚持自上而下顺序放坡进行，严禁采用挖空底脚让上部土方自行坍塌的操作方法作业。

（2）在靠近建筑物、设备基础、电杆及各种脚手架附近挖土时，必须采取安全防护措施。

1）靠近建（构）筑物、设备基础挖土时：

①挖深未超过建（构）筑物、设备基础深度时，为防止基础位移，可视情况设置简单水平支撑体系。

②挖深超过建（构）筑物、设备基础深度时，必须视挖深和载荷情况进行个别设计，对坑壁进行支撑加固。

③对建（构）筑物或设备基础预作防水浸泡的排水截流措施。

2）靠近脚手架附近挖土时：

①对脚手架局部提前加固加强。

②对坑壁及时支撑加固。

3）靠近电杆挖土时：

①对不能取消的拉线地垄及杆身应留出土台保护。

②土台应留安全边坡，并视情况做好土台及坡面防护。

（3）在高陡边坡处施工应采取防坠落、防飞石打击和预防坍塌等安全措施。

1）发现坡顶及坡面上有松动的土、石块必须及时清除。

2）在坡面上作业必须佩用安全带。

3）开挖与装运作业在时空安排上应相互错开，严禁上下双重作业。

4）严禁在危石下方作业，亦不能在坡脚处休息和存放机具物料。

5）边坡开挖作业中如遇地下水涌出，应坚持先排水后开挖的原则安排施工，严防边坡坍塌。

6）弃土下方和滚石危及范围内的道路或可能有人接近的区域，应设警告标志和专人警戒，作业过程中坡下严禁通行。

（4）在不良地质地段开挖作业必须遵守相关规定。

1）在分段开挖的同时，应分段修建支挡工程。

2）滑坡地段开挖作业，应从滑坡体两侧向中部自上而下进行。严禁拉槽开挖，弃土不能堆放在主滑区内。

3）在落石与岩堆地段施工，应先清理危石和设置拦截措施后方可开挖。

4）岩溶地区施工，应认真处理好岩溶水的涌出，以免导致突发性坍塌事故。

5）泥沼及淤泥地段施工，宜先行排水引流，并视情况采取防陷没的安全技术措施，以避免人机陷没。

6）在不良地质地段施工，应设专人负责安全警戒和险情观察瞭望。

（5）施工中遇有危及施工安全的险情时，应立即停止作业，并将人机撤至安全地点，待险情排除后方可继续施工。常见险情有：

1）山体不稳发生开裂、落石、有坍塌迹象。

2）山洪暴发、水位暴涨。

3）在爆破警戒区内听到爆破警戒信号。

（6）施工机械在危险地段作业时，应设有明显的安全警告标志，并派专人指挥。

1）警告标志应作到规范、适用、位置显著利于机手观察。

2）指挥人员应熟悉业务，指挥信号应规范，指挥位置既方便机手观察又能满足站位安全的要求。

（7）机械在边坡、沟坎近旁及坡地上作业时应遵守安全技术操作规程，严防倾翻。

（8）人机配合作业时，必须交替、协调作业，严禁在机械作业范围内人机同时作业。

（9）土方开挖及地下工程要尽可能避开雨季施工，当地下水位较高、开挖土方较深时，应尽可能在枯水期施工，尽量避免在水位以下进行土方工程。

第二节　基坑工程施工安全技术

一、基坑支护

（1）基坑开挖要连续施工，尽量减少无支护暴露时间，开挖必须遵循"开槽支撑，先撑后挖，分层开挖，严禁超挖"的原则。利用锚杆做支护结构时，应根据设计要求，及时进行锚杆施工而且必须在锚杆张拉锁定后才可进行下一步开挖。

（2）基坑挖土时，要布置好挖土机械、车辆的通道，安排好挖土顺序等，以防挖土过程中碰撞围护结构，并做好机械上下基坑坡道部位的支护。

（3）坑边不应堆放土方和建筑材料，如避免不了时，一般应距基坑上部边缘不小于 1 m，弃土堆高不超过 1.5 m，并且不超过设计荷载值。在垂直的坑壁边距离还应适当增大，且应注意在软土地区不应在坑边堆置弃土。当重型机构在坑边作业时，应设置专门的平台或深基础，同时还要限制或隔离坑顶周围振动荷载的作用。

（4）基坑周边设围护栏杆和安全标志，严禁从坑顶扔抛物体，且坑内应设安全出口便于人员撤离。所有机械行驶、停放要平稳，坡道要牢固可靠，必要时进行加固。

（5）机械开挖时，为保证基坑土体的原状结构，应预留 150～300 mm 原土层，由人工挖掘修整。基坑开挖完毕后，应及时清底验槽并铺设垫层，以防止暴晒和雨水浸刷破坏原状结构。若基底超挖，应用素混凝土回填或夯实回填，使基底土承载性能满足设计要求。

（6）配合机构作业的清底、平整场地、修坡等施工人员，应在机械回转半径以外工作。当必须在回转半径以内工作时，应停止机械回转并制动好后方可进行作业。

（7）土方机械禁止在离电缆 1 m 距离内作业，机械运行中严禁接触转动部位和进行检修。在修理工作装置时，应使其降至最低位置，并应在悬空部位垫上垫土。

（8）挖掘机正铲作业时，最大开挖高度和深度不超过机械本身性能的规定；反铲作业时，履带距工作面边缘距离应大于 1.5 m。

二、基坑工程土方开挖

基坑土方开挖是基础工程中的一个重要分项工程，也是基坑工程设计的主要内容之一。当有支护结构时，通常将支护结构设计先行完成，而对土方开挖方案提出一些限制条件。有时，土方开挖方案会影响支护结构设计的工况，土方开挖必须符合支护结构设计的工况要求。

1. 放坡开挖

（1）开挖深度不超过 4.0 m 的基坑，当场地条件允许，并经验算能保证土坡稳定性时，可采用放坡开挖。

（2）开挖深度超过 4.0 m 的基坑，有条件采用放坡开挖时，应设置多级平台分层开挖，且每组平台的宽度不宜小于 1.5 m。

（3）放坡开挖的基坑还要符合以下要求：

①坡顶或坑边不宜堆土或堆载，遇有不可避免的附加荷载时，应将稳定性验算计入附加荷载的影响。

②基坑边坡必须经过验算，以保证边坡稳定。

③土方开挖应在降水达到要求后，采用分层开挖的方法施工，分层厚度不宜超过 2.5 m。

④土质较差且施工期较长的基坑，边坡应采用钢丝网水泥或其他材料进行护坡。

⑤放坡开挖应采取相应有效措施降低坑内水位和排除地表水，防止地表水或基坑排出的水倒流回基坑。

（4）基坑开挖应严格按要求放坡，操作时应随时注意边坡的稳定情况，发现问题及时加固处理。

（5）机械挖土，多台阶同时开挖土方时，应验算边坡的稳定。根据规定和验算确定挖土机离边坡的安全距离。

(6) 运土道路的坡度、转变半径要符合有关安全规定。

2. 有支护结构的基坑开挖

(1) 采用机械挖土，坑底应保留 200～300 mm 厚基土，用人工挖除整平，并防止坑底土体扰动。

(2) 采用机械挖土方式时，严禁挖土机械碰撞支撑、井点管、立柱、围护墙和工程桩。

(3) 除设计允许外，挖土机械和车辆不得直接在支撑上行走操作。

(4) 应尽量缩短基坑支撑暴露时间。对一、二级基坑，每一工况下挖至设计标高后，钢支撑的安装周期不应超过一昼夜，钢筋混凝土支撑的完成时间不应超过两昼夜。

(5) 对面积较大的一级基坑，土方宜采用分块、分区对称开挖及分区安装支撑的施工方法，土方挖至设计标高后，立即浇筑垫层。

(6) 基坑中若有局部加深的电梯井、水池等，土方开挖前应对其边坡作必要的加固处理。

3. 基坑开挖的安全措施

(1) 施工机械使用前必须经过验收，合格后方能使用。

(2) 在施工组织设计中，要有单项土方工程施工方案，对施工准备、开挖方法、排水、放坡、边坡支护应根据相关规范要求进行设计，边坡支护要有设计计算书。

(3) 人工挖基坑时，操作人员之间要保持安全距离，一般大于 2.5 m；多台机械开挖，挖土机间距应大于 10 m；挖土要自上而下，逐层进行，严禁先挖坡脚的危险作业。

(4) 挖土方前对周围环境要认真检查，不能在危险岩石或建筑物下面作业。

(5) 深基坑四周设防护栏杆，人员上下要有专用爬梯。

(6) 运土道路的坡度、转弯半径要符合有关安全规定。

(7) 机械挖土，应严格控制开挖面坡度和分层厚度，防止边坡和挖土机下的土体滑动。挖土机作业半径内不得有人进入，司机必须持证作业。

(8) 为防止基坑底的土被扰动，基坑挖好后应尽量减少暴露时间，及时进行下一道工序的施工。如不能立即进行下一道工序，要预留 15～30cm 厚覆盖土层，待基础施工时再挖去。

(9) 如开挖的基坑（槽）比邻近建筑物基础深时，开挖应保持一定的距离和坡度，距离不得小于 1.5 m，以免在施工时影响邻近建筑物的稳定，如不能满足要求，应采取边坡支撑加固措施，并在施工中进行沉降和位移观测。

(10) 为防止基坑浸泡，除做好排水沟外，要在坑四周做挡水堤，防止地面水流入坑内，坑内要做排水沟、集水井以利抽水。

(11) 开挖低于地下水位的基坑（槽）、管沟和其他挖土时，应根据当地工程地质资料、挖方深度和尺寸选用集水坑或井点降水。

三、基础施工其他安全要求

1. 基坑周边的防护措施

(1) 基坑四周及栈桥临空面必须设置防护栏杆，栏杆高度不应低于 1.2 m，并且不得擅自拆除、破坏防护栏杆。

（2）沿基坑适当布置上下基坑的爬梯，爬梯侧边设置护栏。

（3）在基坑围护顶部砌筑挡水坎，防止地面水流入基坑。

（4）严格控制坑边堆载。

（5）因工程建设规模越来越大，基坑面积也越来越大。为了方便，不少操作者或行人常常在支撑上行走，但如果支撑上无任何防护措施，便很容易发生事故。所以应合理选择部分支撑，采取一定的防护措施，作为坑内架空便道。其他支撑上一律不允许人员行走，要采取相应措施将其封堵。

2. 大体积混凝土施工措施中的防火安全

因高层或超高层建筑基础底板厚度多数大于 1.0 m，基础底板施工大多属于大体积混凝土施工。为防止大体积混凝土产生温差裂缝，可采用蓄垫法使混凝土表面与中心的温差控制在 25 ℃以内。通常在混凝土表面先铺盖一层塑料薄膜，再覆盖 2～3 层干草包。要注意大面积干草包的防火工作，不得用碘钨灯烘烤混凝土表面，同时周围应严禁烟火，并配备一定数量的灭火器材。

3. 采用集水坑降水时的规定

（1）根据现场条件，应能保持开挖边坡的稳定。

（2）集水坑应与基础底边有一定距离。边坡如有局部渗出地下水时，应在渗水处设置过滤层，防止土粒流失，并应设置排水沟，将水引出坡面。

（3）采用井点降水，降水前应考虑降水影响范围内的已有建筑物和构筑物可能产生的附加沉降、位移。定期进行沉降和水位观测并做好记录。发现问题，采取措施。

第三节　人工挖孔桩施工安全技术

一、人工挖孔桩的一般要求

（1）采用人工从上至下逐层用镐、锹进行挖土，挖土顺序是：先挖中间后挖周边，按设计桩径加 2 倍护壁厚度控制截面，尺寸的允许误差不超过 30 mm。

（2）扩底部分应先挖桩身圆柱体，再按扩底尺寸从上到下削土修成扩底形。

（3）弃土装入活底吊桶或箩筐内，其垂直运输，由孔上口安装的支架、工字轨道、电葫芦或搭三脚架，用 10～20 kN 慢速卷扬机提升解决。若桩孔较浅时，亦可用木吊架或木辘轳借粗麻绳提升。土吊至地面上后用机动翻斗车或手推车运出。同时应在孔口设水平移动式活动安全盖板，当土吊桶提升到离地面约 1.8 m 时，推活动盖板关闭孔口，将手推车推至盖板上使吊桶中的土卸于车中推走，再开盖板下吊桶装土。严防土块、操作人员掉入孔内伤人。采用电葫芦提升吊桶，桩孔四周应设安全栏杆。

（4）直径大于 1.2 m 以上的桩孔开挖，应设护壁，挖一节浇一节混凝土护壁，以保孔壁稳定和操作安全，护壁高出地面不少于 200 mm。

（5）孔内严禁放炮，以防振塌土壁造成事故，或振裂护壁造成事故。

（6）人员上下可利用吊桶，但要另配滑车、粗绳或绳梯，以供停电时应急使用。

（7）随时加强对土壁涌水情况的观察，发现异常情况，应及时采取处理措施。对于地下水要采取承受挖随用吊桶（用土堵缝隙）将泥水一起吊出。若为大量渗水，可在一侧挖集水坑用高扬程潜水泵排出桩孔外。

（8）多桩孔开挖时，应采用间隔挖孔方法，以减少水的渗透和防止土体滑移。

（9）已扩底的桩，要尽快浇灌桩身混凝土，不能很快浇灌的桩，应暂不扩底，以防扩大塌方。

二、人工挖孔桩的安全要求

（1）参加挖孔的工人，事先必须检查身体，凡患精神病、高血压、心脏病、癫痫病及聋哑的人等不能参加施工。

（2）非机电人员，不允许操作机电设备。如翻斗车、搅拌车、电焊机和电葫芦等应由专人负责操作。

（3）每天上班前及施工过程中，应随时注意检查辘轳轴、支腿、绳、挂钩、保险装置和吊桶等设备的完好程序，发现有破损的现象时，应及时修复或更换。

（4）现场施工人员必须戴安全帽，井下人员工作时，井上配合人员不能擅离职守。孔口边 1 m 范围内不得有任何杂物，堆土应离孔口边 1.5 m 以外。

（5）井孔上、下应设可靠的通话联络，如对讲机等。

（6）挖孔作业进行中，当人员下班休息时，必须盖好孔口，或设 800 mm 高以上的护身栏。

（7）正在开挖的井孔，每天上班工作前，应对井壁、混凝土支护，以及井中空气等进行检查，发现异常情况，应采取安全措施后，方可继续施工。

（8）井底需抽水时，应在挖孔作业人员上地面以后再进行。

（9）夜间一般禁止挖孔作业，如遇特殊情况需要夜班作业时，必须经现场负责人同意，并必须要有领导和安全人员在现场指挥和进行安全检查与监督。

（10）井下作业人员连续工作时间，不宜超过 4 h，应勤轮换井下作业人员。

（11）照明、通风要求：

1）挖井至 4 m 以下时，需用可燃气体测定仪，检查孔内作业面是否有沼气，若发现有沼气应妥善处理后方可作业。

2）下井前，应对井孔内气体进行抽样检查，发现有毒气体含量超过允许值，应将毒气清除后，并不致再产生毒气时，方可下井工作。

3）上班前，先用鼓风机向孔底通风，必要时应送氧气，然后再下井作业。在其他有毒物质存放区施工时，应先检查有毒物质对人体的伤害程度，再确定是否采用人工挖孔方法。

4）井孔内设 100 W 防水带罩灯泡照明，并采用 12 V 的低电压用防水绝缘电缆引下。井上现场可用 24 V 低压照明，现场用电均应安装漏电装置。

第五章 结构工程施工安全技术

第一节 砌筑工程施工安全技术

一、砌筑工程的安全与防护措施

（1）在砌筑操作前，必须检查施工现场各项准备工作是否符合安全要求，如道路是否畅通，机具是否完好牢固，安全设施和防护用品是否齐全，经检查符合要求后才可施工。

（2）施工人员进入现场必须戴好安全帽。砌基础时，应检查和注意基坑土质的变化情况。堆放砖石材料应离开坑边 1 m 以上。砌墙高度超过地坪 1.2 m 以上时，应搭设脚手架。架上堆放材料不得超过规定荷载值，堆砖高度不得超过三皮侧砖，同一块脚手板上的操作人员不应超过两人。按规定搭设安全网。

（3）不准站在墙顶上做画线、刮缝及清扫墙面或检查大角垂直等工作。不准用不稳固的工具或物体在脚手板上垫高操作。

（4）砍砖时应面向墙面，工作完毕应将脚手板和砖墙上的碎砖、灰浆清扫干净，防止掉落伤人。正在砌筑的墙上不准走人。不准站在墙上做画线、刮缝、吊线等工作。山墙砌完后，应立即安装桁条或临时支撑，防止倒塌。

（5）雨天或每日下班时，应做好防雨准备，以防雨水冲走砂浆，致使砌体倒塌。冬期施工时，脚手板上如有冰霜、积雪，应先清除后才能上架子进行操作。

（6）砌石墙时不准在封顶或架上修石材，以免振动墙体影响质量或石片掉下伤人。不准徒手移动上墙的石块，以免压破或擦伤手指。不准勉强在超过胸部的墙上进行砌筑，以免将墙体碰撞倒塌或上石时失手掉下造成安全事故。石块不得往下掷。运石上下时，脚手板要钉装牢固，并钉防滑条及扶手栏杆。

（7）对有部分破裂和脱落危险的砌块，严禁起吊；起吊砌块时，严禁将砌块停留在操作人员的上空或在空中整修；砌块吊装时，不得在下一层楼面上进行其他任何工作；卸下砌块时应避免冲击，砌块堆放应尽量靠近楼板两端，不得超过楼板的承重能力；砌块吊装就位时，应待砌块放稳后，方可松开夹具。

（8）凡脚手架、井架、门架搭设好后，须经专人验收合格后方准使用。

（9）上班时，应对各种起重机械设备、绳索、临时脚手架和其他施工安全设施进行检查。

特别是要检查夹具的有关零件是否灵活牢固，剪刀夹具悬空吊起后夹具是否自动拉拢，夹板齿或橡胶块是否磨损，夹板齿槽中的垃圾是否清除。夹具还应定期进行检查和有关性能的测试，如发现歪曲变形、裂痕、夹板磨损等情况，应及时修理，不应勉强使用。新夹具在使用前，应认真验收，尺寸应准确，并进行性能测试。

（10）砌块在装夹前，应先检查砌块是否平稳，如果有歪斜不齐时，应在撬正后再夹，夹具的夹板在砌块的中心线上，以防止砌块超吊后歪斜。

（11）台灵架或其他楼面起重机、起重机设备，吊装前应检查这些设备的位置、压重、缆绳的锚口等是否符合要求，砌块或其他构件吊装时应注意被吊物体重心的位置，起重量应严格控制在允许范围内，应严格控制起重拔杆的回转半径和变幅角度，不准起吊在台灵架的前支柱之后的砌块或其他构件，不准放长吊索拖拉砌块或构件，起吊砌块后作水平加回转时，应由操作人员过牵引以免摇摆和碰撞墙体或临时脚手架等。

（12）堆放砌块的地方应平整、无杂物、无块状物体以防止砌块在夹具松开后倒下伤人。

在楼面卸下、堆放砌块时，应尽量避免冲击，严禁倾卸，撞击楼板，砌块的堆放应尽量靠近楼板的端部，楼面上砌块的重量，应考虑楼面的承载能力和变形情况，楼面荷载不准超过楼板的允许承载能力，否则应采取相应的加固措施，如在楼板底加设支撑等。

（13）采用内脚手架时，应在房屋四周按照安全技术规定的要求设置安全网，并随施工的高度上升，屋檐下一层安全网，在层面工程完工前不准拆除。

二、砂浆拌和机安全技术要点

（1）进入现场必须遵守安全操作规程和安全生产十大纪律。

（2）砂浆机底座应平整稳固，开关箱离操作位置不大于 3 m，接零保护良好，触电保护器灵敏有效，传动皮带防护罩完好无损。防护棚应符合防晒、防火和抗冲击的要求。

（3）操作人员必须持证上岗，穿胶水鞋、戴安全帽和口罩，不准将机器交给无证人员开动。

（4）砂浆出料应用圆盘式，不得使用倒顺开关。

（5）作业前应检查拌和机的传动部份、工作装置、电线电器，防护装置等应牢固可靠，操作灵活，保险丝符合规定要求。

（6）启动后，先经空机运转，检查拌叶旋转方向，确认一切正常后，方可边加水边加料进行搅拌作业，不准超规定容量投料，不准先加料满负荷启动。

（7）砂浆机在运转过程中，不得用手、脚、木棒、铁铲等伸进拌筒在筒边沿口清理灰浆或扒料，防止拌叶撞击伤人。

（8）加入筒内的砂子、石灰等材料必须经过筛选，防止石子、石碴在筒底卡住搅拌叶，造成机械停转，电机发热损坏设备。

（9）机械发生故障，必须拉闸切断电源停机，将筒内砂浆清出，报告机修组进行检修，排除故障。不准擅自拆除防护装置。

（10）进行机械维修保养时，必须先拉闸切断电源，拔去电源插头，锁好开关箱，挂上"有人维修，严禁合闸"标志，方可检修。入筒内检修时外面必须派专人监护。

（11）作业后，应做好拌和机内外的清洁保养及场地清理工作，不准伸手、脚到筒口清洗，注意电动机不得湿水受潮。

（12）下班时，必须拉闸切断电源，锁好开关箱。

三、脚手架工程施工的安全技术

1. 一般要求

（1）架子工作业时必须戴安全帽，系安全带，穿软底鞋。脚手架上材料应堆放平稳，工具应放入工具袋内，上下传递物件时不得抛掷。

（2）不得使用已经腐朽和严重开裂的竹、木脚手板，或虫蛀、枯脆、劈裂的材料。

（3）在雨、雪、冰冻的天气施工，架子上要有防滑措施，并应在施工前将积雪、冰碴清除干净。

（4）复工工程应对脚手架进行仔细检查，若发现立杆沉陷、悬空、节点松动、架子歪斜等情况，应及时处理。

2. 脚手架搭设要求

（1）脚手架的搭设应符合相关要求，并且应与墙面之间设置足够和牢固的拉结点，不得随意加大脚手杆距离或不设拉结。

（2）脚手架的地基应整平夯实或加设垫木、垫板，保证其具有足够的承载力，防止发生整体或局部沉陷。

（3）脚手架斜道外侧和上料平台应该设置高 1 m 的安全栏杆和高 18cm 的挡脚板或挂防护立网，并随施工高度的升高而升高。

（4）脚手板的铺设要满铺、铺平和铺稳，不得有悬挑板。

（5）在脚手架的搭设过程中，要及时设置连墙杆、剪刀撑以及必要的拉绳与吊索，防止搭设过程中脚手架发生变形、倾倒。

3. 脚手架防电、防雷要求

（1）脚手架与电压为 1～20 kV 的架空输电线路的距离应不小于 2 m，同时应有隔离防护措施。

（2）脚手架应有良好的防电避雷装置。钢管脚手架与钢塔架应有可靠的接地装置，每 50 m 长应设一处；经过钢脚手架的电线要严格检查，防止破皮漏电。

（3）施工照明通过钢脚手架时，应使用 12 V 以下的低压电源。电动机具必须与钢脚手架接触时，应当保证接触具有良好的绝缘效果。

4. 脚手架在使用过程中的防护问题

脚手架应有牢固的骨架，可靠的连接，稳妥的基底，并需按正确的顺序架设和拆卸，这些均是保证安全的重要环节。

（1）防护问题：

①避免人员在脚手架上坠落。

②避免人员受外来坠落物的伤害。

（2）防护措施：

①阻止人和物高处坠落。

②阻止人和物从高处坠落的措施，除了在作业面正确铺设脚手架和安装防护栏杆、挡脚板外，还可在脚手架外侧挂设立网。

③对于高层建筑、高耸构筑物、悬挑结构和临街房屋的防护措施，最好采用全封闭的立网。立网可以采用塑料编织布、竿簓、席子、篷布，还可采用小眼安全网，这样可以有效防止人员从脚手架上闪出和坠落。

④立网也可采用半封闭设置，即仅在作业层设置，但立网的上边缘应高出作业面1.2 m。

5. 阻止高处坠落物件砸伤地面人员

避免高处坠落物品砸伤地面活动人群的主要措施是设置安全的人行通道或运输通道。通道的顶盖应满铺脚手板或其他能可靠承接落物的板篷材料，篷顶临街的一侧尚应设高于篷顶不少于 0.8 m 的挡墙，防止落物又反弹到街上。

6. 保证高处坠落人员安全软着陆

当脚手架不能采用全封闭立网时，有可能出现人员从高处闪出和坠落的情况，应该设置能用于承接坠落人和物的安全平网，使高处坠落人员能安全软着陆。对于高层房屋，为了确保安全应设置多道防线。安全平网一般有下列三种：

1）首层网。它是在离地面 3～5 m 处设立的第一道安全网。当施工高度在 6 层以下或总高≤18 m 时，平网伸出作业层外边缘的宽度为 3～5 m；当施工高度≥18 m 时，平网伸出宽度＞5 m。

2）随层网。当作业层在首层网以上超过 3 m 时，随作业层设置的安全网称为随层网。

3）层间网。对房屋层数较多时，施工作业已离地面较高时，尚需每隔 3～4 层设置一道层间网，网的外挑宽度为 2.5～3 m。

第二节　钢筋混凝土结构工程施工安全技术

一、钢筋加工安全技术

（1）钢筋加工使用的夹具、台座、机械应符合以下要求：

1）机械的安装必须坚实稳固，保持水平位置。固定式机械应有可靠的基础，移动式机械作业时应楔紧行走轮。

2）外作业应设置机棚，机旁应有堆放原料、半成品的场地。

3）加工较长的钢筋时，应有专人帮扶，并听从操作人员指挥，不得随意推拉。

4）作业后，应堆放好成品、清理场地、切断电源、锁好电闸。

对钢筋进行冷拉、冷拔及预应力筋加工，还应严格地遵守有关规定。

（2）焊接必须遵循以下规定：

1）焊机必须接地，以保证操作人员安全，对于焊接导线及焊钳接导处，都应可靠地绝缘。

2）大量焊接时，焊接变压器不得超负荷，变压器升温不得超过 60 ℃。

3）点焊、对焊时，必须开放冷却水，焊机出水温度不得超过 40 ℃，排水量应符合要求。天冷时应放尽焊机内存水，以免冻塞。

4）对焊机闪光区域，须设铁皮隔挡。焊接时禁止其他人员停留在闪光区范围内，以防火花烫伤。焊机工作范围内严禁堆放易燃物品，以免引起火灾。

5）室内电弧焊时，应有排气装置。焊工操作地点相互之间应设挡板，以防弧光刺伤眼睛。

（3）钢筋断料、配料、弯料等工作应在地面进行，不准在高空操作。

（4）搬运钢筋要注意附近有无障碍物、架空电线和其他临时电气设备，防止钢筋在回转时碰撞电线或发生触电事故。

（5）绑扎基础钢筋时按规定摆放支架或马凳架起上部钢筋，不得任意减少，操作前应检查基坑土壁和支撑是否牢固。

（6）绑扎主柱、墙体钢筋，不得站在钢筋前架上操作和攀登骨架上下，柱筋在 4 m 以上时，应搭设工作台，柱、墙梁、骨架应用临时支撑拉牢，以防倾倒。

（7）现场绑扎悬空大梁钢筋时，不得站在模板上操作，必须要在脚手架上操作，绑扎独立柱头钢筋时，不准站在钢筋上绑扎，也不准将木料、管子、钢模板穿在钢箍内作为立人板。

（8）起吊钢筋骨架，下方禁止站人，必须待骨架降到距模板 1 m 以下才准靠近，就位支撑好方可摘钩。

（9）起吊钢筋时，规格必须统一，不准长短参差不一，不准一点吊。

（10）钢筋头子应及时清理，成品堆放要整齐，工作台要稳，钢筋工作棚照明灯必须加网罩。

（11）高空作业时，不得将钢筋集中堆放在模板和脚手板上，也不要把工具、钢箍、短钢筋随意放在脚手板上，以免滑下伤人，在必须操作时，应佩戴安全带。

（12）在雷雨时必须停止露天操作，预防雷击钢筋伤人。

（13）钢筋骨架不论其固定与否，不得在上行走，禁止从柱子上的钢箍上下。

二、模板施工安全技术

（1）模板安装前必须做好以下安全技术准备工作：

1）应进行全面的安全技术交底，操作班组应熟悉设计及施工说明书，并要做好模板安装作业的分工准备。采用爬模、飞模及隧道模等特殊模板施工时，所有参加作业人员必须经过专门技术培训，考核合格后方可上岗。

2）应审查模板结构设计与施工说明书中的荷载、计算方法、节点构造及安全措施，设计审批手续齐全。

3）应对模板和配件进行挑选、检测，不合格者应剔除，并应运到工地指定地点堆放。

4）备齐操作所需的一切安全防护设施与器具。

（2）模板构造与安装应符合下列规定：

1）竖向模板和支架支柱盘支承部分安装在基土上时，应加设垫板；垫板要有足够强度与支承面积，且应中心承载。基土应坚实且有排水措施，对湿陷性黄土应有防水措施；对特别重要的结构工程可采用混凝土、打桩等措施防止支架柱下沉；对冻胀性土要有防冻融措施。

2）模板及其支架在安装过程中，必须设置有效防倾覆的临时固定设施。

3）当满堂或共享空间模板支架立柱高度超过 8 m 时，而地基土又达不到承载要求，无法防止立柱下沉时，应先对地面下的工程施工，再分层回填夯实基土，浇筑地面混凝土垫层，达到强度后再进行支模。

4）模板安装按设计与施工说明书顺序拼装。木杆、铀管与门架等支架立柱不得混用。

5）现浇钢筋混凝土梁（板）的跨度大于 4 m 时，横板应起拱。当设计无具体要求时，起拱高度宜为全跨长度的 1/1000～3/1000。

6）现浇多层或高层房屋和构筑物，安装上层模板及其支架应符合下列规定：

①上层支架立柱应对准下层支架立柱，并在立柱底铺设垫板。

②下层楼板应具有承受上层施工荷载的能力，否则应加设支撑支架。

③当采用悬臂吊模板、行架支模方法时，其支撑结构的承载能力和刚度必须符合设计构造要求。

7）当层间高度大于 5 m 时，应选用桁架支模或钢管立柱支模；当层间高度小于或等于 5 m 时，可采用木立柱支模。

（3）安装模板应保证工程结构和构件各部分形状、尺寸及相互位置的正确，防止漏浆，构造应符合模板设计要求。

模板应具有足够的承载能力、刚度与稳定性，保证承受住新浇混凝土的自重和侧压力，以及施工过程中所产生的荷载。

（4）安装高度 2 m 以上的竖向模板，不得站在下层模板上拼装上层模板。安装过程中要设置临时固定设施。

（5）当承重焊接钢筋骨架和模板一起安装时，应符合下列规定：

1）梁的侧模、底模必须固定在承重焊接钢筋骨架的节点上。

2）安装钢筋模板组合体时，吊索应按模板设计的吊点位置绑扎。

（6）当支架立柱成一定角度倾斜或其立架立柱的顶表面倾斜时，应采取相应可靠措施确保支点稳定，支撑底脚必须有防滑移的可靠措施。

（7）对梁和板安装二次点撑前，其上不得有施工荷载，支撑的位置必须正确。安装后所传给支撑或连接件的荷载不应超过其允许值。

（8）除设计图另有规定外，保证所有垂直支架柱垂直。

（9）支撑梁、板的支架立柱构造与安装应符合下列规定：

1）梁和板的立柱，其纵横向间距应相等或成倍数。

2）木立柱底部应设垫木，顶部应设支撑头。U 形支托与楞梁两侧间如有间隙，必须楔紧，其螺杆伸出钢管顶部不得大于 200 mm。螺杆外径与立柱钢管内径的间隙不得大于 3 mm，安装时应保证下径同心。

3）在距地面 200 mm 高处立柱底，沿纵横水平方向应按纵下横上的程序设扫地杆。可调支托底部的立柱顶端应沿纵横向设置水平拉杆。扫地杆与顶部水平拉杆之间间距要满足模板设计所确定的水平拉杆步距条件，且进行平均分配确定步距后，在每一步距处纵横向应各设一道水平拉杆。当层高在 8～20 m 时，在最顶步距两步水平拉杆中间加设一道水平拉杆；当层高大于 20 m 时，在最顶两步距水平拉杆中间要分别加设一道水平拉杆。所有水平拉杆的端部均应与四周建筑物顶紧、顶牢；无处可顶时，要在水平拉杆端部和中部沿竖向设置连续式剪刀撑。

4）木立柱的扫地杆、水平拉杆及剪刀撑应采用 40 mm×50 mm 木条或 25 mm× 80 mm 的木板条与木立柱钉牢。钢管立柱的扫地杆、水平拉杆及剪刀撑应采用 φ48 mm×3.5 mm 钢管，用扣件与钢管立柱扣牢。木扫地杆、水平拉杆、剪刀撑应采用搭接，并应采用铁钉钉牢；钢管扫地杆、水平拉杆应采用对接，剪刀撑应采用搭接，其搭接长度不得小于 500 mm，并应采用 2 个旋转扣件分别在离杆端不小于 100 mm 处固定。

（10）施工时，施加在已安装好的模板上的实际荷载不得超过设计值。已承受荷载的支架与附件，不应随意拆除或移动。

（11）当模板安装高度超过 3.0 m 时，必须搭设脚手架，脚手架下不得站操作人员以外的其他人员。

（12）安装模板时，安装所需各种配件应放在工具箱或工具袋内，严禁散放在模板、脚手板上。所有安装工具应系挂在作业人员身上或置于所配的工具袋中，以防掉落。

（13）组合钢模板，滑升模板等的构造与安装，还要符合现行国家标准《组合钢模板技术规范》（GB 50214—2001）和《滑动模板工程技术规范》（GB 50113—2005）的相应规定。

（14）吊运模板时，必须符合下列规定：

1）作业前应检查绳索、卡具及模板上的吊环，必须完整有效。在升降过程中应有专人指挥，统一信号，密切配合。

2）吊运模板时，必须码放整齐，在捆绑牢固后方可起吊。

3）吊运大块或整体模板时，竖向吊运不应少于 2 个吊点；水平吊运不应少于 4 个吊点。吊运必须使用卡环连接，并应稳起稳落，待模板就位连接牢固后摘除卡环。

4）遇 5 级及以上大风时，要停止一切吊运作业。

5）严禁起重机在架空输电线路下面工作。

（15）木料应堆放在下风向，离火源不得小于 30 m，且料场四周要设置灭火器材。

三、混凝土施工安全技术

（1）垂直运输设备的规定。

1）垂直运输设备，应有完善可靠的安全保护装置（如起重量及提升高度的限制、制动、防滑、信号等装置及紧急开关等），严禁使用安全保护装置不完善的垂直运输设备。

2）垂直运输设备安装完毕后，应按出厂说明书要求进行无负荷、静负荷、动负荷试验及安全保护装置的可靠性实验。

3）对垂直运输设备应建立定期检修和保养责任制。

4）操作垂直运输设备的司机，必须通过专业培训。考核合格后持证上岗，严禁无证人员操作垂直运输设备。

5）操作垂直运输设备，在有下列情况之一时，不得操作设备。

①司机与起重机之间视线不清、夜间照明不足，而又无可靠的信号和自动停车、限位等安全装置。

②设备的传动机构、制动机构、安全保护装置有故障，问题不清，动作不灵。

③电气设备无接地或接地不良、电气线路有漏电。

④超负荷或超定员。

⑤无明确统一信号和操作规程。

（2）混凝土机械。

1）混凝土搅拌机的安全规定：

①进料时，严禁将头或手介入料斗与机架之间察看或探摸进料情况，运转中不得用手或工具等物伸入搅拌筒内扒料出料。

②料斗升起时，严禁在其下方工作或穿行。料坑底部要设料斗枕垫，清理料坑时必须将料斗用链条扣牢。

③向搅拌筒内加料应在运转中进行；添加新料必须先将搅拌机内原有的混凝土全部卸出来才能进行。不得中途停机或在满载荷时启动搅拌机，反转出料者除外。

④作业中，如发生故障不能继续运转时，应立即切断电源、将筒内的混凝土清除干净，然后进行检修。

2）混凝土泵送设备作业的安全事项：

①支腿应全部伸出并支固，未支固前不得启动布料杆。布料杆升离支架后方可回转。布料杆伸出时应按顺序进行。严禁用布料杆起吊或拖拉物件。

②当布料杆处于全伸状态时，严禁移动车身。作业中需要移动时，应将上段布料杆折叠固定，移动速度不超过 10 km/h。布料杆不得使用超过规定直径的配管，装接的软管应系防脱安全绳带。

③应随时监视各种仪表和指示灯，发现不正常应及时调整或处理。如出现输送管道堵塞时，应进行逆向运转使混凝土返回料斗，必要时应拆管排除堵塞。

④泵送工作应连续作业，必须暂停时应每隔 5～10 min（冬季 3～5 min）泵送一次。若停止较长时间后泵送时，应逆向运转 1～2 个行程，然后顺向泵送。泵送时料斗内应保持一定量的混凝土，不得吸空。

⑤应保持储满清水，发现水质混浊并有较多砂粒时应及时检查处理。

⑥泵送系统受压力时，不得开启任何输送管道和液压管道。液压系统的安全阀不得任意调整，蓄能器只能充入氮气。

⑦混凝土泵的操作人员必须经过专门培训合格后，方可上岗独立操作。混凝土泵与输送管连通后，应按所用混凝土泵使用说明书的规定进行全面检查，符合要求后方能开机进行空运转。

⑧泵送设备必须有出厂合格证和产品使用说明书。现场安装接管，必须按施工方

案执行泵送混凝土所用碎石。不得大于输送管径的 1/3，不得大于混凝土结构截面最小尺寸的 1/4，并不得大于钢筋最小净距的 3/4。泵送设备必须放置在坚实的地基上，与基坑周边保持足够安全距离。

⑨水平泵送管道敷设线路应接近直线，少弯曲，管道支撑必须紧固可靠，管道接头处应密封可靠。Y 型管道应装接锥形管。

⑩垂直管道架设的前端应安装长度不少于 10 m 的水平管，严禁直接装接在泵的软出口上，水平管近泵处应装逆止阀。热天应用湿麻袋或湿草包等遮盖管路。

⑪敷设向下倾斜的管道时，下端应接一段水平管，其长度至少是倾斜高低差的 5 倍，如倾斜度较大时，应在坡道上端装置排气阀。

⑫作业前应检查各部位，操纵开关、调整手柄、手轮、控制杆、旋塞等位置正确，液压系统无泄漏，电气线路绝缘良好，接线正确，开关无损坏，有重复接地和触电保护器，安全阀、压力表等各种仪表正常有效。

⑬泵送混凝土前必须先用按规定配制的水泥砂浆润滑管道，无关人员必须离开管道，高层建筑管道较长，应分段设置监控点。混凝土搅拌运输汽车出料前，应高速转 3～4 min 方可出料至泵机，按工程需要计划多台泵机和泵车配合，保证连续泵送施工。现场门口，应设专人指挥泵车进出安全。

⑭使用布料杆浇筑混凝土时，支腿必须先全部伸出固定平稳，并按顺序伸出布料杆。在全伸状态中，严禁移动车身，严禁使用布料杆起吊或拖拉物件。

⑮泵送过程中发生输送管道堵塞现象时，应进行逆向运转使混凝土返回料斗，必要时应拆管排除堵塞。

⑯浇筑混凝土出料口的软管应系扎防脱安全绳（带），移动时要防碰撞伤人。

⑰作业后，必须将料斗内和管道内的混凝土全部输出，然后对泵机、料斗、管道进行冲洗。用压缩空气冲洗管道时，管道两侧和出口端前方 10 m 内不得站人，并应采用金属网等收集冲出的泡沫及砂、石粒，防止溅出伤人。

⑱严禁用压缩空气冲洗布料杆配管，布料杆的折叠收缩应按顺序进行。

⑲各部位操纵开关、调整手柄、手轮、控制杆、旋塞等均应复位，液压系统应卸荷，拉闸切断电源，锁好电箱。

⑳遇大雨或 5 级大风及其以上时，必须停止泵送作业。

3）混凝土振捣器的使用规定：

①使用前应检查各部件是否连接牢固，旋转方向是否正确。

②振捣器不得放在初凝的混凝土、地板、脚手架、道路和干硬的地面上进行试振。维修或作业间断时，应切断电源。

③插入式振捣器软轴的弯曲半径不得小于 50cm，并不多于两个弯，操作时振动棒应自然垂直地沉入混凝土，不得用力硬插、斜推或使钢筋夹住棒头，也不得全部插入混凝土中。

④振捣器应保持清洁，不得有混凝土黏结在电动机外壳上妨碍散热。

⑤作业转移时，电动机的导线应保持有足够的长度和松度。严禁用电源线拖拉振捣器。

⑥用绳拉平板振捣器时，绳应干燥绝缘，移动或转向时不得用脚踢电动机。

⑦振捣器与平板应保持紧固，电源线必须固定在平板上，电器开关应装在手把上。

⑧在一个构件上同时使用几台附着式振捣器工作时，所有振捣器的频率必须相同。

⑨操作人员必须穿戴绝缘手套。

⑩作业后，必须做好清洗、保养工作。振捣器要放在干燥处。

（3）串搭车道板时，两头需搁置平稳，并用钉子固定，在车道板下面每隔 1.5 m 需加横楞、顶撑，2 m 以上高空串跳，必须装有防护栏杆，车道上应经常清扫垃圾、石子等以防车跳滑跌。

（4）采用现场搅拌混凝土或采用人工运料时，车道板单车行走不小于 1.4 m 宽，双车来回不小于 2.8 m 宽，车子向料斗倒料，应有挡车措施，不得用力过猛和撒把，脚不得踏在料斗上，料升起时斗的下方不得站人。在运料时，前后应保持一定车距，不准奔走、抢道或超车，清理料斗下砂石时，必须将两条斗链扣牢。在搅拌机运转过程中，不得将工具伸入滚筒内。

（5）用塔吊、料斗浇捣混凝土时，指挥扶斗人员与塔吊驾驶员应密切配合，当塔吊放下料斗时，操作人员应主动避让，应随时注意料斗碰头，并应站立稳当，防止料斗碰人坠落。

（6）离地面 2 m 以上浇捣过梁、雨篷、小平台等，不准站在搭头上操作，如无可靠的安全设备时，必须戴好安全带，并扣好保险钩。

（7）使用振动机前应检查电源电压，输电必须安装漏电开关，保护电源线路是否良好，电源线不得有接头，机械运转是否正常，振动机移动时，不能硬拉电线，更不能在钢筋和其他锐利物上拖拉，防止割破拉断电线而造成触电伤亡事故。

（8）用井架运输时，井架吊篮起吊或放下时，必须关好井架安全门，头、手不准伸入井架内，小车车把不得伸出笼外，车轮前后要搂牢，待吊篮停稳，方能进入吊篮内工作。

第三节　结构安装工程施工安全技术

结构安装的特点是：构件重，操作面小，高空作业多，机械化程度高，多工程上下交叉作业等，如果措施不当，极易发生安全事故。

一、常用索具与吊具使用安全技术要求

1. 麻绳

1）由于麻绳强度低、容易磨损和被腐蚀，所以在起重作业中主要用于捆绑物体，起吊 500 kg 以下的物件；机动的机械都不得使用麻绳作业。

2）穿绕滑车时，滑轮直径应大于绳子直径的 10 倍，绳子有结头时，严禁穿过滑轮；长期在滑车上使用，应定期改变穿强方向，使绳磨损均匀。

3）使用时，要将绳抖直，长度不够时，不应打结接长，应尽量采用编结接长；编结绳头、绳套时，编结前每股头上应用细绳扎紧；编结后相互搭接长度，绳套不能小

于绳直径的 15 倍，绳头接长不小于 30 倍。

4）捆绑中如遇有棱角或缺口时，应垫以木板或软性衬垫，防止棱角损伤绳子。

5）使用中应严禁在粗糙的构件上或地上拖拉，并严防砂、石屑嵌入绳的内部磨伤麻绳。

6）吊装作业中，所使用的绳扣应结扣方便，受力后不得松脱，解扣要简易。

2. 钢丝绳

1）吊装作业中必须使用交互捻的钢丝绳。缆风绳应用 6×7（6 股、每股 7 丝）的钢丝绳，吊索和卷扬机应用 6×19 钢丝绳；高速转动的起重机械和穿绕滑轮组应用 6×37 的钢丝绳，起吊精密仪表机器设备应用 6×61 钢丝绳。

2）钢丝绳开卷时，要防止其打结、扭曲，造成钢丝绳损坏和强度降低；切断钢丝绳时，应有相应措施以防止绳股和钢丝的松散。

3）时常保持钢丝绳清洁，定期涂抹无水防锈油或油脂。钢丝绳使用完毕后，应用钢丝刷将其上面的铁锈、脏垢刷去，不用的钢丝绳要进行维护保养，按规格分类存放于干净的地方。在露天存放的钢丝绳应在其下面垫高，上面加盖防寸布罩。

4）使用钢丝绳卡子连接时，应尽量采用骑马式卡子，同时 U 形螺栓内侧净距应与钢丝绳直径大小相适应，不得用大卡子夹细绳。

5）钢丝绳在使用过程中会不断地发生磨损、锈蚀问题和断丝、弯曲变形等现象，当不能保证安全使用时应予以报废，以防发生危险。

6）钢丝绳穿越滑轮时，滑轮槽的直径应比绳的直径大 1～2.5 mm，滑轮边缘破损的不宜使用。钢丝绳和滑轮直径之比，按用途一般要求为 18～30 倍。

7）用钢丝绳绑扎边缘锐利的金属构件时，应加衬垫麻袋、木板板或半圆钢管等物，以保护钢丝绳不受损伤。

8）钢丝绳在卷筒上缠绕时，要逐圈紧密排列整齐，或设置排绳装置，不应错叠或离缝。

9）工作中，钢丝绳不得与其他物体相摩擦，尤其是带棱角的金属物体；着地的钢丝绳应用垫板或滚轮托起。工作中如发现钢丝绳股缝间有大量的油挤出时，表明钢丝绳即将断裂，应立即停吊，并查明原因。

3. 链条

焊接链是一种起重索具，一般用作起重吊装索具。由于焊接链挠性好，可以用较小直径的链轮和卷筒，减少了机构尺寸。但焊接链的缺点是弹性小，自重大、链环接触处易磨损，不能随冲击载荷运动，运行速度低，安全性较差。其使用的要求如下：

1）新链条使用前，应用破断荷载的一半进行试验，试验合格者才可用于起重作业。

2）应采用短环焊接链条吊索。

3）当链条绕过导向滑轮或卷筒时，链条中会产生很大的弯曲应力，这个应力随滑轮或卷筒直径 D 与链条圆钢直径 d 之比的减少而增大。因此要求：人力驱动 $D \geqslant 20 d$，机械驱动 $D \geqslant 30 d$。

4）链条吊索不准随受振动荷载，也不应超载。

4. 卡环

卡环是起重作用中应用得比较广泛且灵便的栓连工具。卡环在使用时，只能垂直受力，不可横向（两侧）受力，禁止超过规定荷载使用。

5. 吊钩

1）吊钩表面应光洁，不能有剥裂、锐角、刻痕、接缝和裂纹等缺陷。

2）吊钩的制作材料必须具有较高的机械强度与冲击韧性。因此要选用 20 号优质碳素钢经锻打等热处理加工，起重机械不应使用铸造的吊钩。

3）吊钩上应装有防止脱钩的安全保险装置。

4）超重机的吊钩严禁补焊。

5）当起重机械的吊钩有下列情况之一的，即应更换：

①危险断面及钩劲有永久变形，扭转变形超过 10°。

②表面有裂纹、破口，开口度比原尺寸增加 15%。

③吊钩衬套磨损超过原厚度的 50%，心轴（销子）磨损超过其直径的 3%～5%。

④挂绳处断面磨损超过原高度的 10%。

6. 横吊梁

横吊梁一般用于柱子和屋架等构件及细长物件的吊装和搬运。

1）吊装 12 t 以下的柱应用钢板横吊梁，它也必须全部用 3 号钢板制作。

2）吊装 8 t 以内的柱应用滑轮横吊梁，其滑轮横吊梁的吊环必须用 3 号钢锻制而成，环圈大小应能保证直接顺利挂上起重吊钩；滑轮的直径应大于起吊柱的厚度。

3）当吊装 18 m 以上跨度屋架时，应采用钢管横吊梁，钢管长为 6～12 m，钢管必须采用 3 号无缝钢管。

4）当屋架翻身或跨度很大，需要多吊点绑扎时，则应采用 3 号型钢焊接而成的三角形桁架式横吊梁。

二、常用起重机械使用安全技术要求

1. 起重机械安全使用的一般要求

1）司机和指挥人员要经过专业培训，考核合格后持证上岗。

2）操作人员对起吊的构件重量不明时，要先进行核实，不能盲目起吊。

3）一般起重机司机应有两个人，一人在机上进行操作，另一个人在机车周围监护。在进行构件安装时可设高空和地面两个指挥员。

4）起重机在输电线路近旁作业时，应采取安全保护措施；起重机与架空输电导线间的安全距离要符合施工现场外电线路的安全距离要求。

5）起重机使用钢丝绳的结构、形式、规格和强度要符合该机型的要求。

2. 履带式起重机的安全使用要求

1）履带式起重机在接近满负荷作业时，要避免将起重机的臂杆回转至与履带成垂直方向的位置，以防失稳，导致起重机倾覆。

2）在满负荷作业时，不得行车。如需短距离移动，吊车所吊的负荷不得超过允许超重量的 70%；所吊重物要在行车的正前方，离地不大于 50cm，并拴好溜绳，控制重物的摆动；缓慢行驶，方能保证安全作业。

3）正确安装和使用安全装置。履带式起重机的安全装置有：超高限位器、重量限位器、防臂杆后仰装置、力矩限制器和防背杆支架。

4）起重作业后，应将臂杆降至 40°～60°，并转到顺风方向，以防止遇大风将臂杆吹向后仰，发生翻车和折杆的事故。

5）履带式起重机作业时的臂杆仰角，一般不超过 78°，臂杆的仰角过大，容易起重机后倾或发生将构件拉斜的现象。

3. 轮胎式起重机的安全使用要求

1）道路需平整坚实，轮胎的气压要符合要求。

2）在不打支腿情况下作业或吊重行走，需减少起重量。

3）重物吊离地面不得超过 50 cm，并拴好溜绳缓慢行驶。

4）荷载要按原机车性能的规定进行，禁止带负荷长距离行走。

轮胎式起重机的安全装置与履带式起重机相同。

4. 汽车式起重机使用的安全要求

1）一般情况下，汽车式起重机在车前作业区不允许吊装作业。

2）作业时，利用水平气泡将支承回转面调平，如在地面松软不平或斜坡上工作时，一定要在支腿垫盘下面垫以木块或铁板或在支腿垫盘下备有定形规格的铁板，将支腿位置调整好。

3）起重机在吊物时，如用于吊重物下降，其重量应小于额定负荷的 1/3～1/5。

4）在吊装柱子作业时，不应采用滑行法起吊。

5）操作中禁止侧拉，以防臂杆侧向受力。

汽车式起重机的主要安全装置有：过卷扬装置、力矩限制器、水平气泡等。

三、吊装作业安全技术要求

（1）吊装作业前，应根据施工现场的情况，编制有针对性的施工方案，并经上级主管部门审批同意后方可施工。

（2）作业前，应向参与作业的人员进行安全技术交底工作。

（3）做好吊装作业前的准备工作十分必要，如检查起吊用具和防护设施；对辅助用具的准备、检查；确定吊物回转半径范围、吊物的落点等情况。

（4）司机、指挥和起重人员必须经过专业培训，经有关部门考核合格后，方能上岗作业。高空作业时，必须按高处作业的要求系好安全带，并做好可靠的防护工作。

（5）对吊装区域的不安全因素和不安全的环境，要进行检查、清除或采取保护措施。

（6）吊装中要熟悉和掌握捆绑技术及捆绑的要点。应根据形状找中心、吊点的数目和绑扎点、捆绑中要考虑吊索间的夹角；起吊过程中必须做到"十不吊"的规定。参与吊装作业的指挥、司机要严格遵守。

（7）严禁人员在已起吊的构件下停留或穿行，已吊起的构件不准长时间在空中停留。

（8）起吊作业前，应对机械进行检查，安全装置要完好、灵敏。起吊满载或接近满载时，应先将吊物吊起离地面 20～50 cm 处，停机检查，检查起重设备的稳定性、制动器的可靠性、吊物的平稳性及绑扎的牢固性。确认无误后方可再行起吊。吊运中起降要平稳，不能忽快忽慢或突然制动。

（9）对自制或改装的起重机械、桅杆起重设备，在使用前，要认真检查和试验、鉴定，确认合格后方准使用。

（10）采用桅杆吊装时，四周应不准有障碍物，缆风绳不准跨越架空线，如相距过近时，必须要搭设防护架。

（11）起重作业人员在吊装过程中要选择安全的位置，防止吊物冲击、晃动、坠落伤人事故的发生。

（12）起重指挥人员必须坚守岗位，准确、及时地传递信号；司机要对指挥人员发出的信号以及对运行通道、吊物的捆绑、起降的空间情况确认无误后，才能进行操作。多人捆扎时，要有一人负责指挥。

四、防止起重机倾翻的措施

（1）起重机的行驶道路必须坚实，松软土层要进行处理。

（2）应尽量避免超载吊装。

（3）禁止斜吊。

（4）尽量避免满负荷行驶。

（5）双机抬吊时要合理分配负荷，密切合作。

（6）不吊重量不明的重大构件设备。

（7）禁止在6级风的情况下进行吊装作业。

（8）操作人员应使用统一操作信号。

五、防止高空坠落的措施

（1）正确使用安全带。

（2）在高空使用撬杠时，人要立稳。

（3）工人如需在高空作业时，应尽可能搭设临时作业台。

（4）如需在悬空的屋架上行走时，应在其上设置安全栏杆。

（5）在雨季或冬期里，必须采取防滑措施。

（6）登高使用的梯子必须牢固。

（7）操作人员在脚手板上行走时，应精力集中，防止踩上挑头板。

（8）安装有预留孔的楼板或屋面板时应及时用木板盖严。

（9）操作人员不得穿硬底皮鞋上高空作业。

六、防止高空落物伤人的措施

（1）地面操作人员必须戴安全帽。

（2）高空操作人员的工具不得随意向下丢掷。

（3）在高空气割或点焊切割时，应采取措施，防止火花落下伤人。

（4）地面操作人员尽量避免在危险地带停留或通过。

（5）构件安装后，必须检查连接质量，只有连接确保安全可靠，才能松钩或拆除临时固定工具。

（6）构件现场周围应设置临时栏杆，禁止非工作人员入内。

第六章　装饰装修工程施工安全技术

第一节　抹灰饰面工程施工安全技术

（1）进入现场必须遵守安全操作规程，安全生产十大纪律和文明施工的规定。

（2）外墙（檐）抹灰是高处作业，作业前应先检查脚手架是否牢固，作业层下方安全网拉设是否完好，杂物是否清除，脚手板是否满铺，应无探头板等。

（3）在脚手架上作业，所用工具和材料要放置稳当不准乱扔，不准超荷堆放材料和水桶。

（4）严格按照灰浆配合比拌料，不合格的水泥等材料不准使用，确保工程质量。

（5）严格控制外墙、柱、梁干湿度，事先应淋水，确保灰浆与基底牢固黏结，防止空鼓、裂缝等质量通病。

（6）不准随意拆除、斩断脚手架与建筑物的拉结、回顶和卸荷措施以及防风抗拔措施、塔吊、井架、施工升降机等附着拉固设施。

（7）塔吊上料时，应有专人指挥，遇 6 级大风及以上时应停止作业（含起吊和抹灰作业）。

（8）砂浆机应由经培训合格的人员专门操作，电气设备绝缘良好，接地和触电保护器符合《施工用电安全技术措施》要求。

（9）在平台口待料时，严禁探头、探身，进出吊笼后应随手关好安全门或栏，保持常闭有效。

（10）室内抹灰使用的木凳、金属支架应搭设平稳牢固，脚手板跨度不得大于 2 m。架上堆放材料不得过于集中，在同一跨度内不应超过 2 人。

（11）不准在门窗、管道等器物上靠设脚手板。阳台部位粉刷，外侧必须挂设安全网。严禁踩踏脚手板的护身栏杆和阳台栏板上进行操作。

（12）机械喷灰喷涂应戴防护用品，压力表、安全阀应灵敏可靠，输浆管各部接口应拧紧卡牢。管路摆放顺直，避免折弯。

（13）输浆应严格按照规定压力进行，超压和管道堵塞，应卸压检查。

（14）贴面使用预制件、大理石、瓷砖等，应堆放整齐平稳，边用边运。安装要稳拿稳放，待灌浆凝固稳定后，方可拆除临时支撑。

（15）使用磨石机，应戴绝缘手套穿胶靴，电源线不得破皮漏电，金刚砂块安装必须牢固，经试运转后正常，方可操作。

（16）高空作业时，应检查脚手架是否牢固，特别是大风、雨后作业。

（17）对脚手架不牢固之处和跷头板等及时处理，要铺有足够的宽度，以保证手推车运灰浆时的安全。

（18）在架子上工作，工具和材料要放置稳当，不准随便乱扔。

（19）严格控制脚手架的施工负载。

（20）不准随意拆除、斩断脚手架的软硬拉结，不准随意拆除脚手架上的安全设施，如妨碍施工必须经项目经理批准后，方可拆除妨碍部位。

（21）操作前应检查架子、高凳等是否牢固，如发现不安全地方立即作加固等处理，不准用 50 mm×100 mm、40 mm×60 mm 的楞木（2 m 以上跨度）、钢模板等作为立人板。

（22）抹灰作业时，尤其在抹顶棚时，应注意灰浆溅入眼内。

（23）在室内推运输小车时，特别是在过道中拐弯时要注意小车挤手。在推小车时不准倒退。

第二节　油漆涂刷工程施工安全技术

（1）进入现场，必须戴好安全帽，扣好帽带，并正确使用个人劳动防护用具。

（2）凡不符合高处作业的人员，一律禁止高处作业，并严禁酒后高处作业。

（3）严格正确使用劳动防护用品。遵守高处作业规定，工具必须入袋，物件严禁高处抛掷。

（4）悬空作业处应有牢靠的立足处，并必须视具体情况，配置防护网、栏杆或其他安全设施。

（5）施工现场应有良好的通风条件，如在通风条件不好的场地施工时必须安装通风设备，方能施工。

（6）在用钢丝刷、板锉、气动、电动工具清除铁锈、铁鳞时，为避免眼睛沾污和受伤，应戴上防护眼镜。

（7）在涂刷或喷涂对人体有害的油漆时，需戴上防护口罩，如对眼睛有害，需戴上密闭眼镜进行保护。

（8）在涂刷红丹防锈漆及含铅颜料的油漆时，应注意防止铅中毒，操作时要戴口罩。

（9）在喷涂硝基漆或其他挥发性、易燃性溶剂稀释的涂料时，严禁使用明火。

（10）高空作业需要系安全带。

（11）为避免静电集聚引起事故，对罐体涂漆或喷涂设备应安装接地线装置。

（12）涂刷大面积场地时，（室内）照明和电气设备必须按防火等级规定进行安装。

（13）操作人员在施工时感觉头痛、心悸或恶心时，应立即离开工作地点，到通风良好处换换空气。如仍不舒服，应去保健站治疗。

（14）在配料或提取易燃品时严禁吸烟，浸擦过清油、清漆、油的棉纱、擦手布不能随便乱丢，应投入有盖的金属容器内及时处理。

（15）使用的人字梯不准有断档，拉绳必须结牢，不得站在最后一层操作，不要站在高梯上移位，在光滑地面操作时，梯子脚下要绑布或其他防滑物。

（16）不得在同一脚手板上交接工作。

（17）油漆仓库严禁明火入内，必须配备相应的灭火机。不准装设小太阳灯。

（18）各类油漆和其他易燃易爆、有毒材料，应存放在专用库房内，不得与其他材料混放，挥发性油料应装入密闭容器内，妥善保管。

（19）库房应通风良好，不准住人，并设置消防器材挂"严禁烟火"明显标志，库房与其他建筑物应保持规定的安全距离。

（20）喷砂除锈时，喷嘴接头要牢固，不准对人。喷嘴堵塞，应停机消除压力后，方可进行修理或更换。

（21）使用煤油、汽油、松香水、丙酮等调配油料时，必须戴好防护用品，严禁火种。

（22）油刷外开扇窗，必须将安全带挂在牢固的地方。刷封板、水落管等应搭脚手架或吊架。在大于25°的铁皮屋面上刷油，应设置活动板梯、防护栏杆和安全网。

（23）使用喷灯，加油不得过满，打气不应过足，使用时间不宜过长、点火时火嘴不准对人。

（24）使用喷浆机，手上沾有浆水时，不准开关电闸，以防漏电。喷嘴堵塞、疏通时不准对人。

第三节　玻璃工程施工安全技术

（1）进入现场，必须戴好安全帽，扣好帽带，并正确使用个人劳动防护用具。

（2）经常检查所用工具是否牢固，防止脱柄伤人。

（3）安装上层窗扇，不要向下乱扔东西，工作时注意脚要踩稳，不要向下看。

（4）搬运门窗时应轻放，不得使用木料穿入框内吊运至操作位置。

（5）门窗不得平放，应该竖立，其竖立坡度不大于20°，并不准人字形堆放。

（6）不准脚踩窗扇芯子，或在窗扇芯子处放置脚手板和悬吊重物。

（7）使用木工机械，禁止戴手套，操作时必须集中思想，认真操作，不得与他人谈笑，锯刨推进速度不能太快，木节应放在推进方向的前面，不能刨过短木料及过薄小条子等材料。

（8）木工机械的基座必须稳固，部件必须齐全，机械的转动和危险部位必须按规定安装防护装置，不准任意换粗保险丝，特别对机械的刀盘部分要严格检查，刀盘螺丝必须旋紧，以防刀片飞出伤人。

（9）木工机械必须有专人负责，操作人员必须熟悉该机械性能，熟悉操作技术，严禁机械无人负责或随便动用,用完后应切断电源并将开关箱关门上锁。

(10) 木工车间、木库、木料堆场严禁吸烟或随便动用明火,废料应及时清理归堆,做到随手清,以免发生意外。

(11) 悬空作业处应有牢靠的立足处,并必须视具体情况,配置防护网、栏杆或其他安全设施。

(12) 悬空作业所用的索具、脚手板、吊篮、吊笼、平台等设备,均需经过技术鉴定或验证方可使用。

第七章　常用施工机械（具）安全使用技术

第一节　混凝土机械安全使用技术

一、一般要求

（1）作业场地应有良好的排水条件，机械近旁应有水源，机棚内应有良好的通风、采光及防雨、防冻设施，并不得有积水。

（2）固定式机械应有可靠的基础，移动式机械应在平坦坚硬的地坪上用方木或撑架架牢，并应保持水平。

（3）当气温降到 5 ℃以下时，管道、水泵、机内均应采取防冻保温措施。

（4）作业后，应及时将机内、水箱内、管道内的存料、积水放尽，并应清洁保养机械，清理工作场地，切断电源，锁好开关箱。

（5）装有轮胎的机械，转移时拖行速度不得超过 15 km/h。

二、混凝土搅拌机

固定式搅拌机应安装在牢固的台座上，当长期固定时，应埋置地脚螺栓；在短期使用时，应在机座上铺设木枕并找平放稳。固定式搅拌机的操纵台，应使操作人员能看到各部工作情况。电动搅拌机的操纵台，应垫上橡胶板或干燥木板。移动式搅拌机的停放位置应选择平整坚实的场地，周围应有良好的排水沟渠。就位后，应放下支腿将机架顶起达到水平位置，使轮胎离地。当使用较长时，应将轮胎卸下妥善保管，轮轴端部用油布包扎好，并用枕木将机架垫起支牢。对需设置上料斗地坑的搅拌机，其坑口周围应垫高夯实，应防止地面水流入坑内。上料轨道架的底端支承面应夯实或铺砖，轨道架的后面应采用木料加以支承，应防止作业时轨道变形。料斗放到最低位置时，在料斗与地面之间，应加一层缓冲垫木。

作业前，应先启动搅拌机空载运转。应确认搅拌筒或叶片旋转方向与筒体上箭头所示方向一致。对反转出料的搅拌机，应使搅拌筒正、反转运转数分钟，并应无冲击抖动现象和异常噪声。应检查并校正供水系统的指示水量与实际水量的一致性；当误差超过 2% 时，应检查管路的漏水点，或应校正节流阀。应检查滑料规格并应与搅拌机性能相符，超出许可范围的不得使用。

　　搅拌机启动后，应使搅拌筒达到正常转速后进行上料，上料时应及时加水。每次加入的拌合料不得超过搅拌机的额定容量并应减少物料黏罐现象，加料的次序应为石子—水泥—砂子或砂子—水泥—石子。进料时，严禁将头或手伸入料斗与机架之间。运转中，严禁用手或工具伸入搅拌筒内扒料、出料。

　　搅拌机作业中，当料斗升起时，严禁任何人在料斗下停留或通过；当需要在料斗下检修或清理料坑时，应将料斗提升后用铁链或插入销锁住。向搅拌筒内加料应在运转中进行，添加新料应先将搅拌筒内原有的混凝土全部卸出后方可进行。作业中，应观察机械运转情况，当有异常或轴承温升过高等现象时，应停机检查；当需检修时，应将搅拌筒内的混凝土清除干净，然后再进行检修。加入强制式搅拌机的骨料最大粒径不得超过允许值，并应防止卡料。每次搅拌时，加入搅拌筒的物料不应超过规定的进料容量。强制式搅拌机的搅拌叶片与搅拌筒底及侧壁的间隙，应经常检查并确认符合规定，当间隙超过标准时，应及时调整。当搅拌叶片磨损超过标准时，应及时修补或更换。

　　作业后，应对搅拌机进行全面清理；当操作人员需进入筒内时，必须切断电源或卸下熔断器，锁好开关箱，挂上"禁止合闸"标牌，并应有专人在外监护。

三、混凝土搅拌站

　　混凝土搅拌站的安装，应由专业人员按出厂说明书规定进行，并应在技术人员主持下，组织调试，在各项技术性能指标全部符合规定并经验收合格后，方可投产使用。应按搅拌站的技术性能准备合格的砂、石骨料，粒径超出许可范围的不得使用。机组各部分应逐步启动。

　　启动后，各部件运转情况和各仪表指示情况应正常，油、气、水的压力应符合要求，方可开始作业。

　　作业过程中，在贮料区内和提升斗下，严禁人员进入。搅拌筒启动前应盖好仓盖。机械运转中，严禁将手、脚伸入料斗或搅拌筒探摸。当拉铲被障碍物卡死时，不得强行起拉，不得用拉铲起吊重物，在拉料过程中，不得进行回转操作。搅拌机满载搅拌时不得停机，当发生故障或停电时，应立即切断电源，锁好开关箱，将搅拌筒内的混凝土清除干净，然后排除故障或等待电源恢复。搅拌站各机械不得超载作业；应检查电动机的运转情况，当发现运转声音异常或温升过高时，应立即停机检查；电压过低时不得强制运行。

　　搅拌机停机前，应先卸载，然后按顺序关闭各部开关和管路。应将螺旋管内的水泥全部输送出来，管内不得残留任何物料。

　　作业后，应清理搅拌筒、出料门及出料斗，并用水冲洗，同时冲洗附加剂及其供给系统。称量系统的刀座、刀口应清洗干净，并应确保称量精度。

四、混凝土搅拌输送车

　　混凝土搅拌输送车的燃油、润滑油、液压油、制动液、冷却水等应添加充足，质量应符合要求。搅拌筒和滑槽的外观应无裂痕或损伤；滑槽止动器应无松弛和损坏；

搅拌筒机架缓冲件应无裂痕或损伤；搅拌叶片磨损应正常。应检查动力取出装置并确认无螺栓松动及轴承漏油等现象。启动内燃机应进行预热运转，各仪表指示值正常，制动气压达到规定值，并应低速旋转搅拌筒 3～5 min，确认一切正常后，方可装料。搅拌运输时，混凝土的装载量不得超过额定容量。搅拌输送车装料前，应先将搅拌筒反转，使筒内的积水和杂物排尽。装料时，应将操纵杆放在"装料"位置，并调节搅拌筒转速，使进料顺利。

运输前，排料槽应锁止在"行驶"位置，不得自由摆动。

运输中，搅拌筒应低速旋转，但不得停转，运送混凝土的时间不得超过规定的时间。搅拌筒由正转变为反转时，应先将操作手柄放在中间位置，待搅拌筒停转后，再将操纵杆手柄放至反转位置。行驶在不平路面或转弯处应降低车速至 15 km/h 及以下，并暂停搅拌筒旋转。通过桥、洞、门等设施时，不得超过其限制高度及宽度。搅拌装置连续运转时间不宜超过 8 h。水箱的水位应保持正常。冬季停车时，应将水箱和供水系统的积水放净。用于搅拌混凝土时，应在搅拌筒内先加入总需水量 2/3 的水，然后再加入骨料和水泥按出厂说明书规定的转速和时间进行搅拌。

作业后，应先将内燃机熄火，然后对料槽、搅拌筒入口和托轮等处进行冲洗及清除混凝土结块。当需进入搅拌筒清除结块时，必须先取下内燃机电门钥匙，在筒外应设监护人员。

五、混凝土泵

混凝土泵应安放在平整、坚实的地面上，周围不得有障碍物，在放下支腿并调整后应使机身保持水平和稳定，轮胎应揳紧。砂石粒径、水泥标号及配合比应按出厂规定，满足泵机可泵性的要求。作业前应检查并确认泵机各部螺栓紧固，防护装置齐全可靠，各部位操纵开关、调整手柄、手轮、控制杆、旋塞等均在正确位置，液压系统正常无泄漏，液压油符合规定，搅拌斗内无杂物，上方的保护格网完好无损并盖严。输送管道的管壁厚度应与泵送压力匹配，近泵处应选用优质管子。管道接头、密封圈及弯头等应完好无损。高温烈日下应采用湿麻袋或湿草袋遮盖管路，并应及时浇水降温，寒冷季节应采取保温措施。应配备清洗管、清洗用品、接球器及有关装置。

开泵前，无关人员应离开管道周围。启动后，应空载运转，观察各仪表的指示值，检查泵和搅拌装置的运转情况，确认一切正常后，方可作业。泵送前应向料斗加入 10L 清水和 0.3 m³ 的水泥砂浆润滑泵及管道。

泵送作业中，料斗中的混凝土平面应保持在搅拌轴线以上。料斗格网上不得堆满混凝土，应控制供料流量，及时清除超粒径的骨料及异物，不得随意移动格网。当进入料斗的混凝土有离析现象时应停泵，待搅拌均匀后再泵送。当骨料分离严重，料斗内灰浆明显不足时，应剔除部分骨料，另加砂浆重新搅拌。泵送混凝土应连续作业；当因供料中断被迫暂停时，停机时间不得超过 30 min。暂停时间内应每隔 5～10 min（冬季 3～5 min）做 2～3 个冲程反泵—正泵运动，再次投料泵送前应先将料搅拌。当停泵时间超限时，应排空管道。垂直向上泵送中断后再次泵送时，应先进行反向推送，使分配阀内混凝土吸回料斗，经搅拌后再正向泵送。泵机运转时，严禁将手或铁锹伸入料斗或用手抓握分配阀。当需在料斗或分配阀上工作时，应先关闭电动机和消除蓄能器压力。水箱内应贮满清水，当水质混浊并有较多砂粒时，应及时检查处理。泵送时，不得开启任何输送管道和液压管道；不得调整、修理正在运转的部件。

作业中，应对泵送设备和管路进行观察，发现隐患应及时处理。对磨损超过规定的管子、卡箍、密封圈等应及时更换。应防止管道堵塞。泵送混凝土应搅拌均匀，控制好坍落度；在泵送过程中，不得中途停泵。当出现输送管堵塞时，应进行反泵运转，使混凝土返回料斗；当反泵几次仍不能消除堵塞，应在泵机卸载情况下，拆管排除堵塞。

作业后，应将料斗内和管道内的混凝土全部输出，然后对泵机、料斗、管道等进行冲洗。当用压缩空气冲洗管道时，进气阀不应立即开大，只有当混凝土顺利排出时，方可将进气阀开至最大。在管道出口端前方 10 m 内严禁站人；并应用金属网篮等收集冲出的清洗球和砂石粒。对凝固的混凝土，应采用刮刀清除，并将两侧活塞转到清洗室位置，并涂上润滑油。各部位操纵开关、调整手柄、手轮、控制杆、旋塞等均应复位，液压系统应卸载。

第二节　钢筋加工机械安全使用技术

一、钢筋调直切断机

（1）料架、料槽应安装平直，并应对准导向筒、调直筒和下切刀孔的中心线。

（2）应用手转动飞轮，检查传动机构和工作装置，调整间隙，紧固螺栓，确认正常后，启动空运转，并应检查轴承无异响，齿轮啮合良好，运转正常后，方可作业。

（3）应按调直钢筋的直径，选用适当的调直块及传动速度。调直块的孔径应比钢筋直径大 2~5 mm，传动速度应根据钢筋直径选用，直径大的宜选用慢速，经调试合格，方可送料。

（4）在调直块未固定、防护罩未盖好前不得送料。作业中严禁打开各部防护罩并调整间隙。

（5）当钢筋送入后，手与曳轮应保持一定的距离，不得接近。

（6）送料前，应将不直的钢筋端头切除。导向筒前应安装一根 1 m 长的钢管，钢筋应先穿过钢管再送入调直前端的导孔内。

（7）经过调直后的钢筋如仍有慢弯，可逐渐加大调直块的偏移量，直到调直为止。

（8）切断 3~4 根钢筋后，应停机检查其长度，当超过允许偏差时，应调整限位开关或定尺板。

二、钢筋切断机

（1）接送料的工作台面应和切刀下部保持水平，工作台的长度可根据加工材料长度确定。

（2）启动前，应检查并确认切刀无裂纹，刀架螺栓紧固，防护罩牢靠。然后用手转动皮带轮，检查齿轮啮合间隙，调整切刀间隙。

（3）启动后，应先空运转，检查各传动部分及轴承运转正常后，方可作业。

（4）机械未达到正常转速时，不得切料。切料时，应使用切刀的中、下部位，紧握钢筋对准刀口迅速投入，操作者应站在固定刀片一侧用力压住钢筋，应防止钢筋末端弹出伤人。严禁用两手分别在刀片两边握住钢筋俯身送料。

（5）不得剪切直径及强度超过机械铭牌规定的钢筋和烧红的钢筋。一次切断多根钢筋时，其总截面积应在规定范围内。

（6）剪切低合金钢时，应更换高硬度切刀，剪切直径应符合机械铭牌规定。

（7）切断短料时，手和切刀之间的距离应保持在 150 mm 以上，如手握端小于 400 mm 时，应采用套管或夹具将钢筋短头压住或夹牢。

（8）运转中，严禁用手直接清除切刀附近的断头和杂物。钢筋摆动周围和切刀周围，不得停留非操作人员。

（9）当发现机械运转不正常、有异常响声或切刀歪斜时，应立即停机检修。

（10）作业后，应切断电源，用钢刷清除切刀间的杂物，进行整机清洁润滑。

（11）液压传动式切断机作业前，应检查并确认液压油位及电动机旋转方向符合要求。启动后，应空载运转，松开放油阀，排净液压缸体内的空气，方可进行切筋。

（12）手动液压式切断机使用前，应将放油阀按顺时针方向旋紧，切割完毕后，应立即按逆时针方向旋松。作业中，手应持稳切断机，并戴好绝缘手套。

三、钢筋弯曲机

（1）工作台和弯曲机台面应保持水平，作业前应准备好各种芯轴及工具。

（2）应按加工钢筋的直径和弯曲半径的要求，装好相应规格的芯轴和成型轴、挡铁轴。芯轴直径应为钢筋直径的 2.5 倍。挡铁轴应有轴套。

（3）挡铁轴的直径和强度不得小于被弯钢筋的直径和强度。不直的钢筋，不得在弯曲机上弯曲。

（4）应检查并确认芯轴、挡铁轴、转盘等无裂纹和损伤，防护罩坚固可靠，空载运转正常后，方可作业。

（5）作业时，应将钢筋需弯一端插入在转盘固定销的间隙内，另一端紧靠机身固定销，并用手压紧；应检查机身固定销并确认安放在挡住钢筋的一侧，方可开动。

（6）作业中，严禁更换轴芯、销子和变换角度以及调速，也不得进行清扫和加油。

（7）对超过机械铭牌规定直径的钢筋严禁进行弯曲。在弯曲未经冷拉或带有锈皮的钢筋时，应戴防护镜。

（8）弯曲高强度或低合金钢筋时，应按机械铭牌规定换算最大允许直径并应调换相应的芯轴。

（9）在弯曲钢筋的作业半径内和机身不设固定销的一侧严禁站人。弯曲好的半成品，应堆放整齐，弯钩不得朝上。

（10）转盘换向时，应待停稳后进行。

（11）作业后，应及时清除转盘及插入座孔内的铁锈、杂物等。

四、钢筋冷拉机

（1）应根据冷拉钢筋的直径，合理选用卷扬机。卷扬钢丝绳应经封闭式导向滑轮并和被拉钢筋水平方向成直角。卷扬机的位置应使操作人员能见到全部冷拉场地，卷扬机与冷拉中线距离不得少于 5 m。

（2）冷拉场地应在两端地锚外侧设置警戒区，并应安装防护栏及警告标志。无关人员不得在此停留。操作人员在作业时必须离开钢筋 2 m 以外。

（3）用配重控制的设备应与滑轮匹配，并应有指示起落的记号，没有指示记号时应有专人指挥。配重框提起时高度应限制在离地面 300 mm 以内，配重架四周应有栏杆及警告标志。

（4）作业前，应检查冷拉夹具，夹齿应完好，滑轮、拖拉小车应润滑灵活，拉钩、地锚及防护装置均应齐全牢固。确认良好后，方可作业。

（5）卷扬机操作人员必须看到指挥人员发出信号，并待所有人员离开危险区后方可作业。冷拉应缓慢、均匀。当有停车信号或见到有人进入危险区时，应立即停拉，并稍稍放松卷扬钢丝绳。

（6）用延伸率控制的装置，应装设明显的限位标志，并应有专人负责指挥。

（7）夜间作业的照明设施，应装设在张拉危险区外。当需要装设在场地上空时，其高度应超过 5 m。灯泡应加防护罩，导线严禁采用裸线。

（8）作业后，应放松卷扬钢丝绳，落下配重，切断电源，锁好开关箱。

五、常用焊接机械设备

1. 交流电焊机

（1）使用前，应检查并确认初、次级线接线正确，输入电压符合电焊机的铭牌规定，接通电源后，严禁接触初级线路的带电部分。

（2）次级抽头连接铜板应压紧，接线桩应有垫圈。合闸前，应详细检查接线螺帽、螺栓及其他部件并确认完好齐全、无松动或损坏。

（3）多台电焊机集中使用时，应分接在三相电源网络上，使三相负载平衡。多台焊机的接地装置，应分别由接地极处引接，不得串联。

（4）移动电焊机时，应切断电源，不得用拖拉电缆的方法移动焊机。当焊接中突然停电时，应立即切断电源。

2. 旋转式直流电焊机

（1）新机使用前，应将换向器上的污物擦干净，换向器与电刷接触良好。

（2）启动时，应检查并确认转子的旋转方向符合焊机标志的箭头方向。

（3）启动后，应检查电刷和换向器，当有大量火花时，应停机查明原因，排除故障后方可使用。

（4）当数台焊机在同一场地作业时，应逐台启动。

（5）运行中，当需调节焊接电流和极性开关时，不得在负荷时进行。调节不得过快、过猛。

3. 硅整流直流焊机

（1）焊机应在出厂说明书要求的条件下作业。

（2）使用前，应检查并确认硅整流元件与散热片连接紧固，各接线端头紧固。

（3）使用时，应先开启风扇电机，电压表指示值应正常，风扇电机无异响。

（4）硅整流直流电焊机主变压器的次级线圈和控制变压器的次级线圈严禁用摇表测试。

（5）硅整流元件应进行保护和冷却。当发现整流元件损坏时，应查明原因，排除故障后，方可更换新件。

（6）整流元件和有关电子线路应保持清洁和干燥。启用长期停用的焊机时，应空载通电一定时间进行干燥处理。

（7）搬运由高导磁材料制成的磁放大铁芯时，应防止强烈震击引起磁能恶化。

（8）停机后，应清洁硅整流器及其他部件。

4. 氩弧焊机

（1）应检查并确认电源、电压符合要求，接地装置安全可靠。

（2）应检查并确认气管、水管不受外压和无外漏。

（3）应根据材质的性能、尺寸、形状先确定极性，再确定电压、电流和氩气的流量。

（4）安装的氩气减压阀、管接头不得沾有油脂。安装后，应进行试验并确认无障碍和漏气。

（5）冷却水应保持清洁。水冷型焊机在焊接过程中，冷却水的流量应正常，不得断水施焊。

（6）高频引弧的焊机，其高频防护装置应良好，亦可通过降低频率进行防护；不得发生短路，振荡器电源线路中的联锁开关严禁分接。

（7）使用氩弧焊时，操作者应戴防毒面罩，钍钨棒的打磨应设有抽风装置，贮存时宜放在铅盒内。钨极粗细应根据焊接厚度确定。更换钨极时，必须切断电源。磨削钨极端头时，操作人员必须戴手套和口罩，磨削下来的粉尘，应及时清除，钍、铈、钨极不得随身携带。

（8）焊机作业附近不宜装置有震动的其他机械设备，不得放置易燃、易爆物品。工作场所应有良好的通风措施。

（9）氮气瓶和氩气瓶与焊接地点不应靠得太近，并应直立固定放置，不得倒放。

（10）作业后，应切断电源，关闭水源和气源。焊接人员必须及时脱去工作服、清洗手脸和外露的皮肤。

第三节 土方机械安全使用技术

一、单斗挖掘机

（1）单斗挖掘机的作业和行走场地应平整坚实，对松软地面应垫以枕木或垫板，沼泽地区应先作路基处理，或更换湿地专用履带板。

（2）轮胎式挖掘机使用前应支好支腿并保持水平位置，支腿应置于作业面的方向，转向驱动桥应置于作业面的后方。采用液压悬挂装置的挖掘机，应锁住两个悬挂液压缸。履带式挖掘机的驱动轮应置于作业面的后方。

（3）平整作业场地时，不得用铲斗进行横扫或用铲斗对地面进行夯实。

（4）挖掘岩石时，应先进行爆破。挖掘冻土时，应采用破冰锤或爆破法使冻土层破碎。

（5）挖掘机正铲作业时，除松散土壤外，其最大开挖高度和深度，不应超过机械本身性能规定。在拉铲或反铲作业时，履带距工作面边缘距离应大于1.0 m，轮胎距工作面边缘距离应大于1.5 m。

（6）作业前重点检查项目应符合下列要求：

1）照明、信号及报警装置等齐全有效。

2）燃油、润滑油、液压油符合规定。

3）各铰接部分连接可靠。

4）液压系统无泄漏现象。

5）轮胎气压符合规定。

（7）启动前，应将主离合器分离，各操纵杆放在空挡位置。

（8）启动后，接合动力输出，应先使液压系统从低速到高速空载循环10~20 min，无吸空等不正常噪声，工作有效，并检查各仪表指示值，待运转正常再接合主离合器，进行空载运转，顺序操纵各工作机构并测试各制动器，确认正常后，方可作业。

（9）作业时，挖掘机应保持水平位置，将行走机构制动住，并将履带或轮胎揳紧。

（10）遇较大的坚硬石块或障碍物时，应待清除后方可开挖，不得用铲斗破碎石块，冻土，或用单边斗齿硬啃。

（11）挖掘悬崖时，应采用防护措施。作业面不得留有伞沿及松动的大块石，当发现有塌方危险时，应立即处理或将挖掘机撤至安全地带。

（12）作业时，应待机身停稳后再挖土，当铲斗未离开工作面时，不得做回转、行走等动作。回转制动时，应使用回转制动器，不得用转向离合器反转制动。

（13）作业时，各操纵过程应平稳，不宜紧急制动。铲斗升降不得过猛，下降时，不得撞碰车架或履带。

（14）斗臂在抬高及回转时，不得碰到洞壁、沟槽侧面或其他物体。

（15）向运土车辆装车时，宜降低挖铲斗，减小卸落高度，不得偏装或砸坏车厢。在汽车未停稳或铲斗需越过驾驶室而司机未离开时不得装车。

（16）作业中，当液压缸伸缩将达到极限位时，应动作平稳，不得冲撞极限块。

（17）作业中，当需制动时，应将变速阀置于低速挡位置。

（18）作业中，当发现挖掘力突然变化，应停机检查，严禁在未查明原因时擅自调整分配阀压力。

（19）作业中不得打开压力表开关，且不得将工况选择阀的操纵手柄放在高速挡位置。

（20）反铲作业时，斗臂应停稳后再挖土。挖土时，斗柄伸出不宜过长，提斗不得过猛。

（21）作业中，履带式挖掘机做短距离行走时，主动轮应在后面，斗臂应在正前方与履带平行，制动住回转机构，铲斗应离地面1 m。上、下坡道不得超过机械本身允许最大坡度，下坡应慢速行驶。不得在坡道上变速和空挡滑行。

（22）轮胎式挖掘机行驶前，应收回支腿并固定好，监控仪表和报警信号灯应处于正常显示状态。气压表压力应符合规定，工作装置应处于行驶方向的正前方，铲斗应离地面 1 m。长距离行驶时，应采用固定销将回转平台锁定，并将回转制动板踩下后锁定。

（23）当在坡道上行走且内燃机熄火时，应立即制动并揳住履带或轮胎，待重新发动后，方可继续行走。

（24）作业后，挖掘机不得停放在高边坡附近和填方区，应停放在坚实、平坦、安全的地带，将铲斗收回平放在地面上，所有操纵杆置于中位，关闭操纵室和机棚。

（25）履带式挖掘机转移工地应采用平板拖车装运。短距离自行转移时，应低速缓行，每行走 500～1 000 m 应对行走机构进行检查和润滑。

（26）保养或检修挖掘机时，除检查内燃机运行状态外，必须将内燃机熄火，并将液压系统卸荷，铲斗落地。

（27）利用铲斗将底盘顶起进行检修时，应使用垫木将抬起的轮胎垫稳，并用木楔将落地轮胎揳牢，然后将液压系统卸荷，否则严禁进入底盘下工作。

二、挖掘装载机

（1）挖掘作业前应先将装载斗翻转，使斗口朝地，并使前轮稍离开地面，踏下并锁住制动踏板，然后伸出支腿，使后轮离地并保持水平位置。

（2）作业时，操纵手柄应平稳，不得急剧移动；支臂下降时不得中途制动。挖掘时不得使用高速挡。

（3）回转应平稳，不得撞击并用于砸实沟槽的侧面。

（4）动臂后端的缓冲块应保持完好；如有损坏时，应修复后方可使用。

（5）移位时，应将挖掘装置处于中间运输状态，收起支腿，提起提升臂后方可进行。

（6）装载作业前，应将挖掘装置的回转机构置于中间位置，并用拉板固定。

（7）在装载过程中，应使用低速挡。

（8）铲斗提升臂在举升时，不应使用阀的浮动位置。

（9）在前四阀工作时，后四阀不得同时进行工作。

（10）在行驶或作业中，除驾驶室外，挖掘装载机任何地方均严禁乘坐或站立人员。

（11）行驶中，不应高速和急转弯。下坡时不得空挡滑行。

（12）行驶时，支腿应完全收回，挖掘装置应固定牢靠，装载装置宜放低，铲斗和斗柄液压活塞杆应保持完全伸张位置。

（13）当停放时间超过 1 h 时，应支起支腿，使后轮离地；停放时间超过 1 d 时，应使后轮离地，并应在后悬架下面用垫块支撑。

三、推土机

（1）推土机在坚硬土壤或多石土壤地带作业时，应先进行爆破或用松土器翻松。在沼泽地带作业时，应更换湿地专用履带板。

（2）推土机行驶通过或在其上作业的桥、涵、堤、坝等，应具备相应的承载能力。

（3）不得用推土机推石灰、烟灰等粉尘物料和用作碾碎石块的作业。

（4）牵引其他机构设备时，应有专人负责指挥。钢丝绳的连接应牢固可靠。在坡道或长距离牵引时，应采用牵引杆连接。

（5）作业前重点检查项目应符合下列要求：

1）各部件无松动、连接良好。

2）燃油、润滑油、液压油等符合规定。

3）各系统管路无裂纹或泄漏。

4）各操纵杆和制动踏板的行程、履带的松紧度或轮胎气压均符合要求。

（6）启动前，应将主离合器分离，各操纵杆放在空挡位置。

（7）启动后应检查各仪表指示值，液压系统应工作有效；当运转正常、水温达到55℃、机油温度达到45℃时，方可全载荷作业。

（8）推土机行驶前，严禁有人站在履带或刀片的支架上，机械四周应无障碍物，确认安全后，方可开动。

（9）采用主离合器传动的推土机接合应平稳，起步不得过猛，不得使离合器处于半接合状态下运转；液力传动的推土机，应先解除变速杆的锁紧状态，踏下减速器踏板，变速杆应在一定挡位，然后缓慢释放减速踏板。

（10）在块石路面行驶时，应将履带张紧。当需要原地旋转或急转弯时，应采用低速挡进行。当行走机构夹入块石时，应采用正、反向往复行驶使块石排除。

（11）在浅水地带行驶或作业时，应查明水深，冷却风扇叶不得接触水面。下水前和出水后，均应对行走装置加注润滑脂。

（12）推土机上、下坡或超过障碍物时应采用低速挡。上坡不得换挡，下坡不得空挡滑行。横向行驶的坡度不得超过10°。当需要在陡坡上推土时，应先进行填挖，使机身保持平衡，方可作业。

（13）在上坡途中，当内燃机突然熄灭，应立即放下铲刀，并锁住制动踏板。在分离主离合器后，方可重新启动内燃机。

（14）下坡时，当推土机下行速度大于内燃机传动速度时，转向动作的操纵应与平地行走时操纵的方向相反，此时不得使用制动器。

（15）填沟作业驶近边坡时，铲刀不得越出边缘。后退时，应先换挡，方可提升铲刀进行倒车。

（16）在深沟、基坑或陡坡地区作业时，应有专人指挥，其垂直边坡高度不应大于2m。

（17）在推土或松土作业中不得超载，不得做有损于铲刀、推土架、松土器等装置的动作，各项操作应缓慢平稳、无液力变矩器装置的推土机，在作业中有超载趋势时，应稍微提升刀片或变换低速挡。

（18）推树时，树干不得倒向推土机及高空架设物。推屋墙或围墙时，其高度不宜超过2.5m。严禁推带有钢筋或与地基基础连接的混凝土桩等建筑物。

（19）两台以上推土机在同一地区作业时，前后距离应大于8.0m；左右距离应大于1.5。在狭窄道路上行驶时，未得前机同意，后机不得超越。

（20）推土机顶推铲运机作助铲时，应符合下列要求：

1）进行助铲位置进行顶推中，应与铲运机保持同一直线行驶。

2）铲刀的提升高度应适当，不得触及铲斗的轮胎。

3）助铲时应均匀用力，不得猛推猛撞，应防止将铲斗后轮胎顶离地面或使铲斗吃土过深。

4）铲斗满载提升时，应减少推力，待铲斗提高地面后即减速脱离接触。

5）后退时，应先看清后方情况，当需绕过正后方驶来的铲运机倒向助铲位置时，宜从来车的左侧绕行。

（21）推土机转移行驶时，铲刀距地面宜为400 mm，不得用高速挡行驶和进行急转弯；不得长距离倒退行驶。

（22）作业完毕后，应将推土机开到平坦安全的地方，落下铲刀，有松土器的，应将松土器爪落下。在坡道上停机时，应将变速杆挂低速挡，接合主离合器，锁住制动踏板，并将履带或轮胎揳住。

（23）停机时，应先降低内燃机转速，变速杆放在空挡，锁紧液力传动的变速杆，分开主离合器，踏下制动踏板并锁紧，待水温降到75 ℃以下，油温度降到90 ℃以下时，方可熄火。

（24）推土机长途转移工地时，应采用平板拖车装运。短途行走转移时，距离不宜超过10 km，并在行走过程中应经常检查和润滑行走装置。

（25）在推土机下面检修时，内燃机必须熄火，铲刀应放下或垫稳。

四、拖式铲运机

（1）拖式铲运机牵引用拖拉机的使用应符合上节关于推土机的有关规定。

（2）应先采用松土器翻松。铲运作业区内应无树根、树桩、大的石块和过多的杂草等。

（3）铲运机行驶道路应平整结实，路面比机身应宽出2 m。

（4）作业前，应检查钢丝绳、轮胎气压、铲土斗及卸土板回缩弹簧、拖把万向接头、撑架以及各部滑轮等；液压式铲运机铲斗与拖拉机连接叉座与牵引连接块应锁定，各液压管路连接应可靠，确认正常后，方可启动。

（5）开动前，应使铲斗离开地面，机械周围应无障碍物，确认安全后，方可动。

（6）作业中，严禁任何人上下机械，传递补物件，以及在铲斗内、拖把或机架上坐立。

（7）多台铲运机联合作业时，各机之间前后距离不得小于10 m（铲土时不得小于5 m），左右距离不得小于2 m。行驶中，应遵守下坡让上坡、空载让重载、支线让干线的原则。

（8）在狭窄地段运行时，未经前机同意，后机不得超越。两机交会或超越平行时应减速，两机间距不得小于0.5 m。

（9）铲运机上、下坡道时，应低速行驶，不得中途换挡，下坡时不得空挡滑行，行驶的横向坡度不得超过6°，坡宽应大于机身2 m以上。

（10）在新填筑的土堤上作业时，离堤坡边缘不得小于1 m。需要在斜坡横向作业时，应先将斜坡挖填，使机身保持平衡。

（11）在坡道上不得进行检修作业。在陡坡上严禁转弯、倒车或停车。在坡上熄火时，应将铲斗落地、制动牢靠后再行启动。下陡坡时，应将铲斗触地行驶，帮助制动。

（12）铲土时，铲土与机身应保持直线行驶。助铲时应有助铲装置，应正确掌握斗门开启的大小，不得切土过深。两机动作应协调配合，做到平稳接触，等速助铲。

（13）在下陡坡铲土时，铲斗装满后，在铲斗后轮未达到缓坡地段前，不得将铲斗提离地面，应防铲斗快速下滑冲击主机。

（14）在凹凸不平地段行驶转弯时，应放低铲斗，不得将铲斗提升到最高位置。

（15）拖拉陷车时，应有专人指挥，前后操作人员应协调，确认安全后，方可起步。

（16）作业后，应将铲运机停放在平坦地面，并应将铲斗落在地面上。液压操纵的铲运机应将液压缸缩回，将操纵杆放在中间位置，进行清洁、润滑后，锁好门窗。

（17）非作业行驶时，铲斗必须用锁紧链条挂牢在运输行驶位置上，机上任何部位均不得载人或装载易燃、易爆物品。

（18）修理斗门或在铲斗下检修作业时，必须将铲斗提起后用销子或锁紧链条固定，再用垫木将斗身顶住，并用木楔揳住轮胎。

五、自行式铲运机

（1）自行式铲运机的行驶道路应平整坚实，单行道宽度不应小于 5.5 m。

（2）多台铲运机联合作业时，前后距离不得小于 20 m（铲土时不得小于 10 m），左右距离不得小于 2 m。

（3）作业前，应检查铲运机的转向和制动系统，并确认灵敏可靠。

（4）铲土时，或在利用推土机助铲时，应随时微调转向盘，铲运机应始终保持直线前进。不得在转弯情况下铲土。

（5）下坡时，不得空挡滑行，应踩下制动踏板辅助以内燃机制动，必要时可放下铲斗，以降低下滑速度。

（6）转弯时，应采用较大回转半径低速转向，操纵转向盘不得过猛；当重载行驶或在弯道上、下坡时，应缓慢转向。

（7）不得在大于 15°的横坡上行驶，也不得在横坡上铲土。

（8）沿沟边或填方边坡作业时，轮胎离路肩不得小于 0.7 m，并应放低铲斗，降速缓行。

（9）在坡道上不得进行检修作业。遇在坡道上熄火时，应立即制动，下降铲斗，把变速杆放在空挡位置，然后方可启动内燃机。

（10）穿越泥泞或软地面时，铲运机应直线行驶，当一侧轮胎打滑时，可踩下差速器锁止踏板。当离开不良地面时，应停止使用差速器锁止踏板。不得在差速器锁止时转弯。

第四节　木工机具、手持电动工具及其他机械设备安全使用技术

一、木工机具

木材是应用最为广泛的一种材料。木材加工或制作各种木制品，都大量地使用各

种木工机械。由于在使用中用手扶持木材的工作量较大，而且两手又与刀具较近，所以危险性较大，极易发生伤手、断指的事故。

（1）木材加工时，木工机械上应装设合适的安全防护装置和吸尘、排屑装置。凡外露的皮带轮、转盘或旋转轴都应有可靠的防护罩，防止把衣袖卷进去。

（2）使用木工机械时，要穿紧袖口的工作服，不准戴手套，禁止穿宽松式的衣服，女工的头发必须套进工作帽内。

（3）木工机械的刀轴应与电器有联锁，避免在拆装或更换刀具时，误触电钮使刀具突然旋转而造成伤害。

（4）在木料有飞出或下落的地方操作，应戴安全帽或穿劳保防护鞋。

（5）木工机械要设法改进，安装自动进料装置和防护罩，以此防止人身受到伤害。在木料有回弹危险的地方，应设防弹装置并要经常检查它的可靠性。

（6）新工人上机操作前，必须先进行培训，操作上要达到一定的熟练程度，同时要全面了解各种伤害的可能性及防护方法。

（7）机械周围要经常清理，防止工人被碎木绊倒或被木屑、刨花滑倒。

二、手持电动工具

（1）使用刃具的机具，应保持刃磨锋利，完好无损，安装正确，牢固可靠。

（2）使用砂轮的机具，应检查砂轮与接盘间的软垫并安装稳固，螺帽不得过紧，凡受潮、变形、裂纹、破碎、磕边缺口或接触过油、碱类的砂轮均不得使用，并不得将受潮的砂轮片自行烘干使用。

（3）在潮湿地区或在金属构架、压力容器、管道等导电良好的场所作业时，必须使用双重绝缘或加强绝缘的电动工具。

（4）非金属壳体的电动机、电器，在存放和使用时不应受压、受潮，并不得接触汽油等溶剂。

（5）作业前的检查应符合下列要求：

1）外壳、手柄不出现裂缝、破损。

2）电缆软线及插头等完好无损，开关动作正常，保护接零连接正确牢固可靠。

3）各部防护罩齐全牢固，电气保护装置可靠。

（6）机具启动后，应空载运转，应检查并确认机具联动灵活无阻。作业时，加力应平稳，不得用力过猛。

（7）严禁超载使用。作业中应注意音响及温升，发现异常应立即停机检查。在作业时间过长、机具温升超过 60 ℃时，应停机，自然冷却后再行作业。

（8）作业中，不得用手触摸刃具、模具和砂轮，发现其有磨钝、破损情况时，应立即停机修整或更换，然后再继续进行作业。

（9）机具转动时，不得撒手不管。

（10）使用冲击电钻或电锤时，应符合下列要求：

1）作业时应掌握电钻或电锤手柄，打孔时先将钻头抵在工作表面，然后开动，用力适度，避免晃动；转速若急剧下降，应减少用力，防止电机过载，严禁用木杠加压。

2）钻孔时，应注意避开混凝土中的钢筋。

3）电钻和电锤为40%断续工作制，不得长时间连续使用。

4）作业孔径在25 mm以上时，应有稳固的作业平台，周围应设护栏。

（11）使用瓷片切割机时应符合下列要求：

1）作业时应防止杂物、泥尘混入电动机内，并应随时观察机壳温度，当机壳温度过高及产生炭刷火花时，应立即停机检查处理。

2）切割过程中用力应均匀适当，推进刀片时不得用力过猛。当发生刀片卡死时，应立即停机，慢慢退出刀片，应在重新对正后方可再切割。

（12）使用角向磨光机时应符合下列要求：

1）砂轮应选用增强纤维树脂型，其安全限速度不得小于80 m/s。配用的电缆与插头应具有加强绝缘性能，并不得任意更换。

2）磨削作业时，应使砂轮与工件面保持15°～30°的倾斜位置；切削作业时，砂轮不得倾斜，并不得横向摆动。

（13）使用电剪时应符合下列要求：

1）作业前应先根据钢板厚度调节刀头间隙量。

2）作业时不得用力过猛，当遇刀轴往复次数急剧下降时，应立即减少推力。

（14）使用射钉枪时应符合下列要求：

1）严禁用手掌推压钉管和将枪口对准人。

2）击发时，应将射钉枪垂直压紧在工作面上，当两次扣动扳机，子弹均不击发时，应保持原射击位置数秒钟后，再退出射钉弹。

3）在更换零件或断开射钉枪之前，射枪内均不得装有射钉弹。

（15）使用拉铆枪时应符合下列要求：

1）被铆接物体上的铆钉孔应与铆钉滑配合，并不得过盈量太大。

2）铆接时，当铆钉轴未拉断时，可重复扣动扳机，直到拉断为止，不得强行扭断或撬断。

3）作业中，接铆头子或并帽若有松动，应立即拧紧。

三、其他机械设备

1. 卷扬机

（1）安装时，基座应平稳牢固、周围排水畅通、地锚设置可靠，并应搭设工作棚。操作人员的位置应能看清指挥人员和拖动或起吊的物件。

（2）作业前，应检查卷扬机与地面的固定，弹性联轴器不得松旷。并应检查安全装置、防护设施、电气线路、接零或接地线、制动装置和钢丝绳等，全部合格后方可使用。

（3）使用皮带或开式齿轮传动的部分，均应设防护罩，导向滑轮不得用开口拉板式滑轮。

（4）以动力正反转的卷扬机，卷筒旋转方向应与操纵开关上指示的方向一致。

（5）从卷筒中心线到第一导向滑轮的距离，带槽卷筒应大于卷筒宽度的15倍；无槽卷筒应大于卷筒宽度的20倍。当钢丝绳在卷筒中间位置时，滑轮的位置应与卷筒轴线垂直，其垂直度允许偏差为6°。

（6）钢丝绳应与卷筒及吊笼连接牢固，不得与机架或地面摩擦，通过道路时，应设过路保护装置。

（7）在卷扬机制动操作杆的行程范围内，不得有障碍物或阻卡现象。

（8）卷筒上的钢丝绳应排列整齐，当重叠或斜绕时，应停机重新排列，严禁在转动中用手拉脚踩钢丝绳。

（9）作业中，任何人不得跨越正在作业的卷扬钢丝绳。物件提升后，操作人员不得离开卷扬机，物件或吊笼下面严禁人员停留或通过。休息时应将物件或吊笼降至地面。

（10）作业中如发现异响、制动不灵、制动带或轴承等温度剧烈上升等异常情况时，应立即停机检查，排除故障后方可使用。

（11）作业中停电时，应切断电源，将提升物件或吊笼降至地面。

（12）作业完毕，应将提升吊笼或物件降至地面，并应切断电源，锁好开关箱。

2. 装修机械

（1）装修机械上的刀具、胎具、模具、成型辊轮等应保证强度和精度，刃磨锋利，安装稳妥，紧固可靠。

（2）装修机械上外露的传动部分应有防护罩，作业时，不得随意拆卸。

（3）装修机械应安装在防雨、防风沙的机棚内。

（4）长期搁置再用的机械，在使用前必须测量电动机绝缘电阻，合格后方可使用。

3. 灰浆搅拌机

（1）固定式搅拌机应有牢靠的基础，移动式搅拌机应采用方木或撑架固定，并保持水平。

（2）作业前应检查并确认传动机构、工作装置、防护装置等牢固可靠，三角胶带松紧度适当，搅拌叶片和筒壁间隙在 $3\sim5$ min，搅拌轴两端密封良好。

（3）启动后，应先空运转，检查搅拌叶旋转方向正确，方可加料加水，进行搅拌作业。加入的砂子应过筛。

（4）运转中，严禁用手或木棒等伸进搅拌筒内，或在筒口清理灰浆。

（5）作业中，当发生故障不能继续搅拌时，应立即切断电源，将筒内灰浆倒出，排除故障后方可使用。

（6）固定式搅拌机的上料斗应能在轨道上移动。料斗提升时，严禁斗下有人。

（7）作业后，应清除机械内外砂浆和积料，用水清洗干净。

4. 柱塞式、隔膜式灰浆泵

（1）灰浆泵应安装平稳。输送管路的布置宜短直、少弯头；全部输送管道接头应紧密连接，不得渗漏；垂直管道应固定牢固；管道上不得加压或悬挂重物。

（2）作业前应检查并确认球阀完好，泵内无干硬灰浆等物，各连接紧固牢靠，安全阀已调整到预定的安全压力。

（3）泵送前，应先用水进行泵送试验，检查并确认各部位无渗漏。当有渗漏时，应先排除。

（4）被输送的灰浆应搅拌均匀，不得有干砂和硬块；不得混入石子或其他杂物；灰浆稠度应为 $80\sim120$ mm。

（5）泵送时，应先开机后加料；应先用泵压送适量石灰膏润滑输送管道，然后再加入稀灰浆，最后调整到所需稠度。

（6）泵送过程应随时观察压力表的泵送压力，当泵送压力超过预调的 1.5 MPa 时，应反向泵送，使管道内部分灰浆返回料斗，再缓慢泵送；当无效时，应停机卸压检查，不得强行泵送。

（7）泵送过程不宜停机。当短时间内不需泵送时，可打开回浆阀使灰浆在泵体内循环运行。当停泵时间较长时，应每隔 3～5 min 泵送一次，泵送时间宜为 0.5 min，应防灰浆凝固。

（8）故障停机时，应打开泄浆阀使压力下降，然后排除故障。灰浆泵压力未达到零时，不得拆卸空气室、安全阀和管道。

（9）作业后，应采用石灰膏或浓石灰水把输送管道里的灰浆全部泵出，再用清水将泵和输送管道清洗干净。

5. 挤压式灰浆泵

（1）使用前，应先接好输送管道，往料斗加注清水，启动灰浆泵，当输送胶管出水时，应折起胶管，待升到额定压力时停泵、观察各部位应无渗漏现象。

（2）作业前，应先用水，再用白灰膏润滑输送管道后，方可加入灰浆，开始泵送。

（3）料斗加满灰浆后，应停止振动，待灰浆从料斗泵送完时，再加新灰浆振动筛料。

（4）泵送过程应注意观察压力表。当压力迅速上升，有堵管现象时，应反转泵送 2～3 转，使灰浆返回料斗，经搅拌后再泵送，当多次正反泵仍不能畅通时，应停机检查，排除堵塞。

（5）工作间歇时，应先停止送灰，后停止送气，并应防气嘴被灰堵塞。

（6）作业后，应将泵机和管路系统全部清洗干净。

第八章　季节性施工安全技术

第一节　雨季施工

（1）根据总图利用自然地形确定排水方向，按照规定坡度挖好排水沟，以便确保施工工地和一切临时设施的安全。雨季应设专人负责，随时随地及时疏通，确保施工现场排水顺畅。

（2）临时道路起拱应为 5‰，两侧做宽 300 mm、深 200 mm 的排水沟，以防陷车和翻车事故的发生。对路基易受冲刷部分，应铺石块、焦渣、砾石等渗水防滑材料，或设涵管排泄，以便保证路基的稳固。雨期中应指定专人负责维修路面，对路面不平或积水处应抓紧抢修或晴天及时修好，以便消除隐患。

（3）施工现场的大型临时设施，在雨期前后应整个加固完毕，应保证不漏、不塌、不倒、周围不积水，脚手架、井架底脚的埋深，缆风绳的地锚等应进行全面检查，特别是大风大雨过后要及时检查，发现问题及时处理，雨季前应检查照明和动力线有无混线，电杆有无腐蚀，埋设是否牢靠等，保证雨季中正常供电。

（4）怕雨、怕潮、怕裂的原材料、构件和设备等，应放入室内或设立坚实的基础，堆放在地面较高处，或用篷布封盖严密等措施进行分别处理。

（5）根据土的性质、温度和挖槽深度按规程中规定放坡，并在建筑物四周做好截水沟或挡水堤，严防场内雨水倒灌。基槽也要挖引水沟、集水坑随时抽水，若基坑开挖发现地下水较多时，可沿槽底引挖同一方向的引水边沟，沟宽一般为 200～300 mm，沟深比槽底深 200～300 mm，将基槽地下水引向集水坑口，用抽水机排出，挖出的土方要及时运出场外，如要回填，应集中堆置于槽边 3 m 以外。若槽外有机械行驶，应距槽边 5 m，手推车距槽边应大于 1 m。

第二节　冬季施工

（1）冬季拌制混凝土时，水及骨料的加热温度应根据热工计算确定。

（2）冬季施工中，混凝土的入模温度除满足热工计算要求外，一盘以 15～25 ℃为好。

（3）当温度低于－20 ℃时，严禁对低合金钢进行冷弯。以避免在钢筋冷弯点处发生脆化，造成钢筋脆断。

（4）采用暖棚法以火炉为热源时，应注意加强消防和防止煤气中毒。

（5）各种有毒物品、油料、氧气、乙炔等要设专库存放，专人管理，并建立严格的领发料制度。

（6）脚手架和上人楼梯、斜道、浇筑混凝土的临时运输等应牢靠平稳，大风雪后要认真清扫，并及时消除隐患。

（7）冬期混凝土强度必须有技术人员批准后，方可拆模。拆模过程中，如发现冻害，应暂停，经处理后，方可继续拆除；对已拆除的模板应用保温材料对混凝土加以遮盖。

（8）冬期施工前应组织现场职工进行冬期安全和消防的宣传教育。并建立安全生产、防滑、防冻、防火、防爆、防中毒等的各项规章制度，并教育职工严格遵守。

第九章　拆除与爆破工程施工安全技术

第一节　拆除工程施工常用的方法和安全技术要求

一、拆除工程施工常用的方法

1. 人工拆除

（1）进行人工拆除作业时，楼板上严禁人员聚集或堆放材料，作业人员应站在稳定的结构或脚手架上操作，被拆除的构件应有安全的放置场所。

（2）人工拆除施工应从上至下、逐层拆除分段进行，不得垂直交叉作业。作业面的孔洞应封闭。

（3）人工拆除建筑墙体时，严禁采用掏掘或推倒的方法。

（4）拆除建筑的栏杆、楼梯、楼板等构件，应与建筑结构整体拆除进度相配合，不得先行拆除。建筑的承重梁、柱，应在其所承载的全部构件拆除后，再进行拆除。

（5）拆除梁或悬挑构件时，应采取有效的下落控制措施，方可切断两端的支撑。

（6）拆除柱子时，应沿柱子底部剔凿出钢筋，使用手动倒链定向牵引，再采用气焊切割柱子三面钢筋，保留牵引方向正面的钢筋。

（7）拆除管道及容器时，必须在查清残留物的性质，并采取相应措施确保安全后，方可进行拆除施工。

2. 机械拆除

（1）当采用机械拆除建筑时，应从上至下、逐层分段进行；应先拆除非承重结构，再拆除承重结构。拆除框架结构建筑，必须按楼板、次梁、主梁、柱子的顺序进行施工。对只进行部分拆除的建筑，必须先将保留部分加固，再进行分离拆除。

（2）施工中必须由专人负责监测被拆除建筑的结构状态，做好记录。当发现有不稳定状态的趋势时，必须停止作业，采取有效措施，消除隐患。

（3）拆除施工时，应按照施工组织设计选定的机械设备及吊装方案进行施工，严禁超载作业或任意扩大使用范围。供机械设备使用的场地必须保证足够的承载力。作业中机械不得同时回转、行走。

（4）进行高处拆除作业时，对较大尺寸的构件或沉重的材料，必须采用起重机具及时吊下。拆卸下来的各种材料应及时清理，分类堆放在指定场所，严禁向下抛掷。

（5）采用双机抬吊作业时每台起重机载荷不得超过允许载荷的 80 ％，且应对第一吊进行试吊作业。施工中必须保持两台起重机同步作业。

（6）拆除吊装作业的起重机司机，必须严格执行操作规程。信号指挥人员必须按照现行国家标准《起重吊运指挥信号》（GB 5082—1985）的规定作业。

（7）拆除钢屋架时，必须采用绳索将其拴牢，待起重机吊稳后，方可进行气焊切割作业。吊运过程中，应采用辅助措施使被吊物处于稳定状态。

（8）拆除桥梁时应先拆除桥面的附属设施及挂件、护栏等。

3. 爆破拆除

（1）爆破拆除工程应根据周围环境作业条件、拆除对象、建筑类别、爆破规模，按照现行国家标准《爆破安全规程》（GB 6722—2011）将工程分为 A、B、C 三级，并采取相应的安全技术措施。爆破拆除工程应做出安全评估，并经当地有关部门审核批准后方可实施。

（2）从事爆破拆除工程的施工单位，必须持有工程所在地法定部门核发的《爆炸物品使用许可证》，承担相应等级的爆破拆除工程。爆破拆除设计人员应具有承担爆炸拆除作业范围和相应级别的爆破工程技术人员作业证。从事爆破拆除施工的作业人员应持证上岗。

（3）爆破器材必须向工程所在地法定部门申请《爆炸物品购买许可证》，到指定的供应点购买，爆破器材严禁赠送、转让、转卖、转借。

（4）运输爆破器材时，必须向工程所在地法定部门申请领取《爆炸物品运输许可证》，派专职押运员押送，按照规定路线运输。

（5）爆破器材临时保管地点，必须经当地法定部门批准。严禁同室保管与爆破器材无关的物品。

（6）爆破拆除的预拆除施工应确保建筑安全和稳定。预拆除施工可采用机械和人工方法拆除非承重的墙体或不影响结构稳定的构件。

（7）对烟囱、水塔构筑物采用定向爆破拆除工程时，爆破拆除设计应控制建筑倒塌时的触地振动。必要时，应在倒塌范围铺设缓冲材料或开挖防振沟。

（8）为保护临近建筑和设施的安全，爆破振动强度应符合现行国家标准《爆破安全规程》（GB 6722—2011）的有关规定。建筑基础爆破拆除时，应限制一次同时使用的药量。

（9）爆破拆除施工时，应对爆破部位进行覆盖和遮挡，覆盖材料和遮挡设施应牢固可靠。

（10）爆破拆除应采用电力起爆网路和非电导爆管起爆网路。电力起爆网路的电阻和起爆电源功率应满足设计要求；非电导爆管起爆应采用复式交叉封闭网路。爆破拆除不得采用导爆索网路或导火索起爆方法。

（11）装药前，应对爆破器材进行性能检测。试验爆破和起爆网路模拟试验应在安全场所进行。

（12）爆破拆除工程的实施应在工程所在地有关部门领导下成立爆破指挥部，应按照施工组织设计确定的安全距离设置警戒。

（13）爆破拆除工程的实施，必须按照现行国家标准《爆破安全规程》（GB 6722—2011）的规定执行。

二、拆除工程安全技术要求

1. 拆除工程的一般规定

（1）项目经理必须对拆除工程的安全生产负全面领导责任。项目经理部应按有关规定设专职安全员，检查落实各项安全技术措施。

（2）施工单位应全面了解拆除工程的图纸和资料，进行现场勘察，编制施工组织设计或安全专项施工方案。

（3）拆除工程施工区域应设置硬质封闭围挡及醒目警示标志，围挡高度不应低于1.8 m，非施工人员不得进入施工区。当临街的被拆除建筑与交通道路的安全跨度不能满足要求时，必须采取相应的安全隔离措施。

（4）拆除工程必须制定生产安全事故应急救援预案。

（5）施工单位应为从事拆除作业的人员办理意外伤害保险。

（6）拆除施工严禁立体交叉作业。

（7）作业人员使用手持机具时，严禁超负荷或带故障运转。

（8）楼层内施工垃圾，应采用封闭的垃圾道或垃圾袋运下，不得向下抛掷。

（9）根据拆除工程施工现场作业环境，应制定相应的消防安全措施。施工现场应设置消防车通道，保证充足的消防水源，配备足够的灭火器材。

2. 拆除工程的施工准备

（1）拆除工程的建设单位与施工单位在签订施工合同时，应签订安全生产管理协议，明确双方的安全管理责任。建设单位、监理单位应对拆除工程施工安全负检查督促责任，施工单位应对拆除工程的安全技术管理负直接责任。

（2）建设单位应将拆除工程发包给具有相应资质等级的施工单位。建设单位应在拆除工程开工前 15 日，将下列资料报送建设工程所在地的县级以上地方人民政府建设行政主管部门备案。

1）施工单位资质登记证明。

2）拟拆除建筑物、构筑物及可能危及毗邻建筑的说明。

3）拆除施工组织方案或安全专项施工方案。

4）堆放、清除废弃物的措施。

（3）建设单位应向施工单位提供下列资料：

1）拆除工程的有关图纸和资料。

2）拆除工程涉及区域的地上、地下建筑及设施分布情况资料。

（4）建设单位应负责做好影响拆除工程安全施工的各种管线的切断、迁移工作。当建筑外侧有架空线路或电缆线路时，应与有关部门取得联系，采取防护措施，确认安全后方可施工。

（5）当拆除工程对周围相邻建筑安全可能产生危险时，必须采取相应保护措施，对建筑内的人员进行撤离安置。

（6）在拆除作业前，施工单位应检查建筑内各类管线情况，确认全部切断后方可施工。

（7）在拆除工程作业中，发现不明物体，应停止施工，采取相应的应急措施，保护现场，及时向有关部门报告。

3. 拆除工程安全防护措施

（1）拆除施工采用的脚手架、安全网，必须由专业人员按设计方案搭设，由相关人员验收合格后方可使用。水平作业时，操作人员应保持安全距离。

（2）安全防护设施验收时，应按类别逐项查验，并有验收记录。

（3）作业人员必须配备相应的劳动保护服务器，并正确使用。

（4）施工单位必须依据拆除工程安全施工组织设计或安全专项施工方案，在拆除施工现场划定危险区域，并设置警戒线和相关的安全标志，并派专人监管。

（5）施工单位必须落实防火安全责任制，建立义务消防组织，明确责任人，负责施工现场的日常防火安全管理工作。

4. 拆除工程的安全技术管理

（1）拆除工程开工前，应根据工程特点、构造情况、工程量等编制施工组织设计或安全专项施工方案，应经技术负责人和总监理工程师签字批准后实施。施工过程中，如需变更，应经原审批人批准，方可实施。

（2）在恶劣的气候条件下，严禁进行拆除作业。

（3）当日拆除施工结束后，所有机械设备应远离被拆除建筑。施工期间的临时设施，应与被拆除建筑保持安全距离。

（4）从业人员应办理相关手续，签订劳动合同，进行安全培训，考试合格后方可上岗作业。

（5）拆除工程施工前，必须对施工作业人员进行书面安全技术交底。

（6）拆除工程施工必须建立安全技术档案，并应包括下列内容：

1）拆除工程施工合同及安全管理协议书。

2）拆除工程安全施工组织设计或安全专项施工方案。

3）安全技术交底。

4）脚手架及安全防护设施检查验收记录。

5）劳务用工合同及安全管理协议书。

6）机械租赁合同及安全管理协议书。

（7）施工现场临时用电必须按照国家现行标准《施工现场临时用电安全技术规范》（JGJ 46—2005）的有关规定执行。

（8）拆除工程施工过程中，当发生重大险情或生产安全事故时，应及时启动应急预案排除险情、组织抢救、保护事故现场，并向有关部门报告。

5. 拆除工程的文明施工管理

（1）清运渣土的车辆应封闭或覆盖，出入现场时应有专人指挥。清运渣土的作业时间应遵守工程所在地的有关规定。

（2）对地下的各类管线，施工单位应在地面上设置明显标识。对水、电、气的检查井、污水井应采取相应的保护措施。

（3）拆除工程施工时，应有防止扬尘和降低噪声的措施。

（4）拆除工程完工后，应及时将渣土清运出场。

（5）施工现场应建立健全动火管理制度。施工作业动火时，必须办理动火审批手续，领取动火证后，方可在指定时间、地点作业。

（6）拆除建筑时，当遇有易燃、可燃物及保温材料时，严禁明火作业。

第二节 爆破工程施工的安全技术要求

爆破施工是一种危险作业，必须杜绝各种事故的发生，做到安全生产。对于爆破作业的每一道工序，要按有关规范、操作规程有组织、有计划、有步骤地进行施工。

一、爆破器材贮存和运送的安全措施

爆破材料的运输、贮存和领取，必须严格按规章制度执行。

（1）爆破器材仓库必须干燥、通风、温度保持在 18～30 ℃，其周围 5 m 范围内，须清除一切树木和干草。仓库内须有消防设备。仓库必须离开工厂和住宅区 800 m 以上。炸药和雷管须分开存放，不同性质的炸药也不要放在一起，尤其是硝化甘油类炸药必须单独贮存。仓库要有专人保卫，严防发生事故。

（2）雷管和炸药必须分开运送，不得同车装运，搬运人员须彼此相距 10 m 以上，严禁把雷管放在口袋内，中途不得在非规定的地点休息或逗留。如为汽车运输时，相距不小于 50 m，行驶速度不得超过 20 km/h。中途停车地点须离开民房、桥梁、铁路 200 m 以上。

二、爆破施工的安全措施

（1）装药必须用木棒把炸药轻轻压入炮孔，严禁冲捣和使用金属棒；堵塞炮泥时，切不可击动雷管。

（2）炮孔深度超过 4 m 时，须用两个雷管起爆；如深度超过 10 m，则不得用火花起爆。

（3）在闪电鸣雷时，禁止装药、安装电雷管和连接电线等操作，应迅速将雷管的脚线和电线的主线两端连成短路。此时，所有工作人员离开装药地点，隐蔽于安全区。

（4）放炮前必须划出警戒范围，立好标志，并有专人警戒。裸露药包、深孔、洞室爆破法的安全距离不小于 400 m；浅孔、药壶爆破法不小于 200 m。

三、瞎炮的处理措施

（1）应由原装炮人员当班处理，如不可能时，原装炮人员应现场将装炮的详细情况交待给处理人员。

（2）如果炮孔外的电线、导火索或导爆索经检查完好，可以重新起爆。

（3）可用木制或竹制工具将堵塞物轻轻掏出，另装入雷管或起爆药卷重新起爆。

绝对禁止拉动导火索或雷管脚线，以及掏动炸药内的雷管。

（4）如系硝铵炸药，可在清除部分堵塞物后，向炮孔内灌水，使溶解，或用压力水冲洗，重新装药爆破。

（5）距炮眼近旁 40 cm 以上（深孔时不少于 2 m）处打一平行于原炮孔的炮孔，装药爆破，但如果不知道原炮孔的位置，或附近可能有其他瞎炮时，此法不得采用。

第十章 高处作业安全技术要求

第一节 高处作业的基本安全要求

一、高处作业的定义

凡在坠落高度基准面 2 m 以上（含 2 m）有可能坠落的高处进行的作业均称为高处作业。所谓高处作业是指人在一定位置为基准的高处进行的作业。国家标准《高处作业分级》（GB/T 3608—2008）规定："凡在坠落高度基准面 2 m 以上（含 2 m）有可能坠落的高处进行的作业，都称为高处作业。"根据这一规定，在建筑业中涉及高处作业的范围是相当广泛的。在建筑物内作业时，若在 2 m 以上的架子上进行操作，即为高处作业。

二、高处作业分级与分类

1. 分级

（1）高处作业高度在 2～5 m 时，称为一级高处作业。

（2）高处作业高度在 5 m 以上至 15 m 时，称为二级高处作业。

（3）高处作业高度在 15 m 以上至 30 m 时，称为三级高处作业。

（4）高处作业高度在 30 m 以上时，称为特级高处作业。

2. 分类

高处作业的种类分为一般高处作业和特殊高处作业两种。

特殊高处作业包括以下几个类别：

（1）在阵风风力 6 级（风速 10.8 m/s）以上的情况下进行的高处作业，称为强风高处作业。

（2）在高温或低温环境下进行的高处作业，称为异温高处作业。

（3）降雪时进行的高处作业，称为雪天高处作业。

（4）降雨时进行的高处作业，称为雨天高处作业。

（5）室外完全采用人工照明时进行的高处作业，称为夜间高处作业。

（6）在接近或接触带电体条件下进行的高处作业，统称为带电高处作业。

（7）在无立足点或无牢靠立足点的条件下进行的高处作业，统称为悬空高处作业。

（8）对突然发生的各种灾害事故，进行抢救的高处作业，称为抢救高处作业。

三、高处作业的基本安全要求

从事高处作业的人员要佩戴安全帽、安全带等安全防护用具。安全带必须系挂在施工作业处上方的牢固构件上，防止挂钩滑脱，不得系挂在有尖锐棱角位，系挂点下方应有足够的净空，各种部件不得任意拆除，有损坏的不得使用。安全带应高挂低用，不得采用低于腰部水平的系挂方法

作业点下方要设安全警戒区，有明显警戒标志，并设专人监护，提醒作业人员和其他有关人员注意安全。禁区围栏（墙）与作业位置外侧间距一般为：Ⅰ级高处作业2～4 m、Ⅱ级高处作业3～6 m、Ⅲ级高处作业4～8 m、Ⅳ级高处5～10 m，任何人不准在禁区内休息或工作。

第二节　临边、洞口、攀登、悬空作业的安全防护要求

一、临边作业的安全防护要求

1. 临边高处作业的要求

（1）基坑周边，尚未安装栏杆或栏板的阳台、料台与挑平台两边、雨篷与挑檐边，无外脚手的屋面与楼层周边及水箱与水塔周边等处，都必须设置防护栏杆。

（2）首层墙高度超过3.2 m的2层楼面周边，以及无外脚手的高度超过3.2 m楼层周边，必须在外围架设安全平网一道。

（3）分层施工的楼梯口和梯段边，必须安装临时护栏。顶层楼梯口应随工程结构进度安装正式防护栏杆。

（4）井架与施工用电梯和脚手架等与建筑物通道的两侧边，必须设防护栏杆。地面通道上部应装设安全防护棚。双笼井架通道中间，应予隔离封闭。

（5）各种垂直运输接料平台，除两侧设防护栏杆外，平台口还应设置安全门或活动防护栏杆。

2. 临边防护栏杆杆件的规格及连接要求

（1）毛竹横杆小头不应小于70 mm，栏杆柱小头直径不应小于80 mm，用不小于16号的镀锌钢丝、竹篾或塑料篾绑扎，不应小于3圈，并无泻滑。

（2）原木横杆上杆梢径不应小于70 mm，下杆梢径不应小于60 mm，用不小于12号的镀锌钢丝、竹篾或塑料篾绑扎，不应少于3圈，要求表面平顺和稳固无动摇。

（3）钢筋横杆上杆直径不应小于16 mm，下杆直径不应小于14 mm，栏杆柱直径不应小于18 mm，采用电焊或镀锌钢丝绑扎固定。

（4）钢管横杆及栏杆柱均应采用48 mm×（2.75～3.5）mm的管材，以扣件或电焊固定。

（5）以其他钢材（如角钢等）做防护栏杆时，应选用强度相当的规格，以电焊固定。

3. 搭设临边防护栏时的要求

（1）防护栏杆应由上、下两道横杆及栏杆柱组成，上杆离地面高度为 1.0～1.2 m，下杆离地面高度为 0.5～0.6 m。坡度大于 1∶2.2 的屋面，防护栏杆应高 1.5 m，并加挂安全网。除经设计计算外，横杆长度大于 2 m 时，必须加设栏杆柱。

（2）栏杆柱的固定应符合下列要求：

当在基坑四周固定时，可采用钢管并打入地面 50～70 cm。钢管离边口的距离，不应小于 50 cm。当基坑周边采用板桩时，钢管可打在板桩外侧。当在混凝土楼面、屋面和墙面固定时，可用预埋件与钢管或钢筋焊牢。采用竹、木栏杆时，可在预埋件上焊接 30 cm 的 L50×5 角钢，其上下各钻一孔，然后用 10 mm 螺栓与竹、木杆件拴牢。当在砖或砌块等砌体上固定时，可预先砌入规格相适应的 80×6 弯转扁钢做预埋铁的混凝土块，然后用上述方法固定。栏杆柱的固定及其与横杆的连接，其整体构造应使防护栏杆在上杆任何处，能经受任何方向的 1 000 N 外力。当栏杆所处位置有发生人群拥挤、车辆冲击或物件碰撞等可能时，应加大横杆截面或加密柱距。防护栏杆必须自上而下用安全立网封闭，或在栏杆下边设置严密固定的高度不低于 18 cm 的挡脚板或 40 cm 的挡脚笆。挡脚板与挡脚笆上如有孔眼，不应大于 25 mm。板与笆下边距离底面的空隙不应大于 10 mm。接料平台两侧的栏杆，必须自上而下加挂安全立网或满扎竹笆。当临边的外侧面临街道时，除防护栏杆外，敞口立面必须采用满挂安全网或其他可靠措施做全封闭处理。

二、洞口作业的安全防护要求

（1）板与墙的洞口，必须设置牢固的盖板、防护栏杆、安全网或其他防坠落的防护设施。

（2）电梯井口必须设防护栏杆或固定栅门；电梯井内应每隔两层并最多隔 10 m 设一道安全网。

（3）钢管桩、钻孔桩等桩孔上口，杯形、条形基础上口，未填土的坑槽，以及人孔、天窗、地板门等处，均应按洞口防护设置稳固的盖件。

（4）施工现场通道附近的各类洞口与坑槽等处，除设置防护设施与安全标志外，夜间还应设红灯示警。

（5）洞口根据具体情况采取设防护栏杆、加盖件、张挂安全网与装栅门等措施时，必须符合规范要求。

（6）垃圾井道和烟道，应随楼层的砌筑或安装而消除洞口，或参照预留洞口做防护。管道井施工时，还应加设明显的标志。如有临时性拆移，需经施工负责人核准，工作完毕后必须恢复防护设施。

（7）位于车辆行驶道旁的洞口、深沟与管道坑、槽所加盖板应能承受不小于当地额定卡车后轮有效承载力 2 倍的荷载。

（8）墙面等处的竖向洞口，凡落地的洞口应加装开关式、工具式或固定式的防护门，门栅网格的间距不应大于 15cm，也可采用防护栏杆，下设挡脚板（笆）。

（9）下边沿至楼板或底面低于 80 cm 的窗台等竖向洞口，如侧边落差大于 2 m 时，应加设 1.2 m 高的临时护栏。

三、攀登作业的安全防护要求

在施工现场，凡借助于登高用具或登高设施，在攀登条件下进行的高处作业，称为攀登作业。攀登作业容易发生危险，因此在施工过程中，各类人员都应在规定的通道内行走，不允许在阳台间与非正规通道做登高或跨越，也不能利用臂架或脚手架杆件与施工设备中进行攀登。

1. 登高用梯的使用要求

（1）不得有缺档，因其极易导致失足，尤其对过重或较弱的人员危险性更大。

（2）梯脚底部除须坚固外，还须采取包紧、钉胶皮、锚固或夹牢等措施，以防滑跌倾倒。

（3）接长时，接头只允许有一处，且连接后梯梁强度不变。

（4）常用固定式直爬梯的材料、宽度、高度及构造等许多方面，标准内都有具体规定，不得违反。

（5）上下梯子时，必须面向梯子，且不得手持器物。

2. 钢结构安装用登高设施的防护要求

（1）钢柱安装登高时，应使用钢柱挂梯或设置在钢柱上的爬梯；钢柱的接长应使用梯子或操作平台。

（2）登高安装钢梁时，应视钢梁高度，在两端设置挂梯或搭设脚手架，梁面上需行走时，其一侧的临时护栏，横杆可采用钢索。当改用扶手绳时，绳的自然下垂度不应大于 $L/20$，并应控制在 10 cm 以内。

（3）在钢屋架上下弦登高作业时，对于三角形屋架的屋脊处，梯形屋架的两端，设置攀登时上下用的梯架，其材料可选用毛竹或原木，踏步间距不大于 40 cm，毛竹梢径不小于 70 cm。

屋架吊装以前，应事先在上弦处设置防护栏杆，下弦挂设安全网，吊装完毕后，即将安全网铺设固定。

四、悬空作业的安全防护要求

在周边临空状态下，无立足点或无牢靠立足点的条件下进行的高处作业，称为悬空作业。因此，在悬空高处作业时，需要建立有牢固的立足点，如设置防护栏网、栏杆或其他安全设施。这里所指的悬空作业，是指建筑安装工程中，从事建筑物和构筑物结构主体施工的操作人员。悬空作业在建筑施工现场较为常见的，主要有构件吊装、钢筋绑扎、混凝土浇筑以及门窗安装和油漆等多种作业。

1. 构件吊装与管道安装安全防护

（1）构件吊装：钢结构吊装，应尽量先在地面上组装构件，避免或减少在悬空状态下进行的作业，同时还要预先搭设好在高处要进行的临时固定、电焊、高强螺栓连接等工序的安全防护设施，并随构件同时起吊就位。对拆卸时的安全措施，也应该一并考虑和予以落实。

预应力钢筋混凝土屋架、桁架等大型构件，在吊装前，也要搭设好进行作业所需要的安全防护设施。

（2）管道安装：安装管道时，可将结构或操作平台作为立足点，在安装中的管道上行走和站立，是十分不安全的。尤其是横向的管道，尽管看起来表面上是平的，但并不具有承载施工人员重量的能力，稍不留意就会发生危险，所以绝不可站立或依靠。

2. 钢筋绑扎安全防护

进行钢筋绑扎和安装钢筋骨架的高处作业，都要搭设操作平台和挂安全网。悬空大梁的钢筋绑扎，施工作业人员要站在操作平台上进行操作。绑扎柱和墙的钢筋，不能在钢筋骨架上站立或攀登上下。绑扎 2 m 以上的柱钢筋，还需在柱的周围搭设作业平台。2 m 以下的钢筋，可在地面或楼面上绑扎，然后竖立。

3. 混凝土浇筑的安全防护

（1）浇筑离地面高度 2 m 以上的框架、过梁、雨篷和小平台等，需搭设操作平台，不得站在模板或支撑杆件上操作。

（2）浇筑拱形结构，应自两边拱角对称地相向进行。浇筑储仓，下口应先行封闭，并搭设脚手架以防人员坠落。

（3）特殊情况下进行浇筑，如无安全设施，必须系好安全带，并扣好保险钩或架设安全网防护。

4. 支搭和拆卸模板时的安全防护

（1）支撑和拆卸模板，应按规定的作业程序进行。前一道工序所支的模板未固定前，不得进行下一道工序。严禁在连接件和支撑件上攀登上下，并严禁在上下同一垂直面上装、卸模板。结构复杂的模板，其装、卸应严格按照施工组织设计的措施规定执行。支大空间模板的立柱的竖、横向拉杆必须牢固稳定。防止立柱走动发生坍塌等事故。

（2）支设高度在 2 m 以上的柱模板，四周应设斜撑，并设有操作平台。低于 2 m 的可使用马凳操作。

（3）支搭悬挑式模板时，应有稳固的立足点。支搭凌空构筑物模板时，应搭设支架或脚手架。模板面上有预留洞时，应在安装后将洞口盖严。混凝土板面拆模后，形成的临边或洞口，必须按有关规定予以安全防护。

（4）拆模高处作业，应配置登高用具或设施，不得冒险操作。

5. 门窗工程悬空作业的安全操作规定

（1）安装和油漆门、窗及安装玻璃时，严禁操作人员站在樘子或阳台栏板上操作。门、窗临时固定，封填材料未达到强度，以及电焊时，严禁手拉门、窗或进行攀登。

（2）在高处外墙安装门、窗，无外脚手架时，应张挂水平安全网。无水平安全网时，操作人员必须系好安全带，其保险钩应挂在操作人员上方的可靠物体上，并设专门人员加以监护，以防脱钩酿成事故。

（3）进行高处窗户、玻璃安装和油漆作业时，操作人员的重心应位于室内，并系好安全带进行操作。

第三节　操作平台及交叉作业的安全技术要求

一、操作平台的安全技术要求

（1）移动式操作平台的面积不应超过 10 m²，高度不应超过 5 m，并采取措施减少立柱的长细比。

（2）移动式操作平台上人作业前，应将立柱与地面之间垫实，避免车轮传力。

（3）装设轮子的移动式操作平台，轮子与平台的结合处应牢固可靠，立柱底端离地面不超出 80 mm。

（4）悬挑式钢平台由型钢材料制作，可设计成上部斜拉或下部支撑形式。无论何种形式悬挑结构都必须自成承力系统，并与工程结构连接。当与脚手架连接时，其产生的力矩不但破坏脚手架自身的稳定性，同时由于脚手架的变形也给悬挑平台的使用带来危险。斜拉式钢平台一般两边各设两道斜拉杆或钢丝绳，计算时为安全计，均以一道受力验算。钢丝绳安全系数（考虑平台上人作业）$K \geqslant 10$。

（5）操作平台台面铺满脚手架，四周必须设置防护栏杆，并设置上下扶梯。

（6）考虑平台上料的规格种类无规律情况，必须在平台明显处标明最大荷载限定值，防止超载。

（7）操作平台应按规定进行设计，其计算书及图纸应编入施工组织设计中。

二、交叉作业的安全技术要求

（1）支模、粉刷、砌墙等各工种进行上下立体交叉作业时，不得在同一垂直方向上操作。下层操作必须在上层高度确定的可能坠落半径范围以外，不能满足时，应设置硬隔离安全防护层。

（2）钢模板、脚手架等拆除时，下方不得有其他人员操作，并应设专人监护。

（3）钢模板拆除后其临边堆放处应离楼层边沿不小于 1 m，且堆放高度不得超过1 m。楼层边口、通道口、脚手架边缘处，严禁堆放任何拆下物件。

（4）结构施工自 2 层起，凡人员进出的通道口（包括井架、施工用电梯的进出通道口），均应搭设安全防护棚。高度超过 24 m 的层次上的交叉作业，应设双层防护。

第四节　建筑施工安全"三宝"的检验及使用要求

"安全三宝"是指安全帽、安全带、安全网。操作工人进入施工现场首先必须熟练掌握"三宝"的正确使用方法，达到辅助预防的效果。

一、安全帽

安全帽是用来避免或减轻外来冲击和碰撞对手头部造成伤害的防护用品。使用中应注意以下几点：

（1）检查外壳是否破损，如有破损，其分解和削减外来冲击力的性能已减弱或丧失，不可再用。

（2）检查有无合格的帽衬，帽衬的作用在于吸收和缓解冲击力，安全帽无帽衬，就失去了保护头部的功能。

（3）检查帽带是否齐全。

（4）佩戴前调整好帽衬间距（4～5cm），调整好帽箍；戴帽后必须系好帽带。

（5）现场作业中，不得随意将安全帽脱下搁置一旁，或当坐垫使用。

二、安全带

（1）应使用经质检部门检查合格的安全带。

（2）不得私自拆换安全带的各种配件，在使用前，应仔细检查各部分构件无破损时才能佩系。

（3）使用过程中，安全带应高挂低用，并防止摆动、碰撞，避开尖刺和不接触明火，不能将钩直接挂在安全绳上，一般应挂在连接环上。

（4）严禁使用打结和继接的安全绳，以防坠落时腰部受到较大冲击力伤害。

（5）作业时应将打结和继接的安全带的钩、环牢挂在系留点上，各卡接紧扣，以防止脱漏。

（6）在温度较低的环境中使用安全带时，要注意防止安全绳的硬化割裂。

（7）使用后，将安全带、绳卷成盘放在无化学试剂、阳光的场所中，切不可折叠。在金属配件上涂些机油，以防生锈。

（8）安全带的使用期为3～5年，在此期间安全绳磨损时应及时更换，如果带子破裂应提前报废。

三、安全网

安全网是用来防止人、物坠落，或用来避免、减轻坠落物及物击伤害的网具。使用时应注意：

（1）施工现场使用的安全网必须有产品质量检验合格证，旧网必须有允许使用的证明书。

（2）根据安装形式和使用目的，安全网可分为平网和立网。施工现场立网不能代替平网。

（3）安装前必须对网及支撑物（架）进行检查，要求支撑物（架）有足够的强度、刚性和稳定性，并系网处无撑角及尖锐边缘，确认无误时方可安装。

（4）安全网搬运时，禁止使用钩子，禁止把网拖过粗糙的表面或锐边。

（5）在施工现场安全网的支搭和拆除要严格按照施工负责人的安排进行，不得随意拆毁安全网。

（6）在使用过程中不得随意向网上乱抛杂物或撕坏网片。

（7）安装时，在每个系节点上，边绳应与支撑物（架）靠紧，并用一根独立的系绳连接，系节点沿网边均匀分布，其距离不得大于 750 mm。系节点应符合打结方便、连接牢固又容易解开、受力后又不会散脱的原则。有筋绳的网在安装时，也必须把筋绳连接在支撑物（架）上。

（8）多张网连接使用时，相邻部分应靠紧或重叠，连接绳材料与网相同，强力不得低于网绳强力。

（9）安装平网应外高里低，以 15°为宜，网不宜绑紧。

（10）装立网时，安装平面应与水平面垂直，立网底部必须与脚手架全部封严。

（11）要保证安全网受力均匀。必须经常清理网上落物，网内不得有积物。

（12）安全网安装后，必须经专人检查验收合格签字后才能使用。

第十一章　脚手架

第一节　脚手架构配件及搭设、验收、使用与拆除安全注意事项

一、脚手架构配件安全注意事项

1. 钢管

(1) 钢管采用外径 48～51 mm、壁厚 3～3.5 mm 的管材。

(2) 钢管应平直光滑，无裂缝、节疤、分层、错位、硬弯、毛刺、压痕和深的划道。

(3) 钢管应有产品质量合格证，钢管必须涂有防锈漆并严禁打孔。

(4) 钢管两端截面应平直，切斜偏差不大于 1.7 mm。严禁有毛口、卷口和斜口等现象。

(5) 脚手架钢管的尺寸应按表 11-1 采用，每根钢管的最大重量不应大于 25 kg。

表 11-1　脚手架钢管尺寸

截面尺寸		最大长度	
外径 ϕ	壁厚 t	横向水平杆	其他杆
48	3.5	2 200	6 500
51	3		

2. 木杆

(1) 木脚手架搭设一般采用剥皮杉木、落叶松或其他坚韧的硬杂木，其材质应符合现行国家标准《木结构设计规范》（GB 50005—2010）中的有关规定。不得采用杨木、柳木、桦木、椴木、油松等材质松脆的树种。

(2) 重复使用中，凡腐朽、折裂、枯节等有瑕疵现象的杆件，应认真剔除，不宜采用。

(3) 各种杆件具体尺寸要求见表 11-2。

表 11-2　脚手架木杆件尺寸要求

杆件名称	梢径 D	长度 L
立杆	180 mm$\geqslant D \geqslant$70 mm	$L\geqslant$6 m
纵向水平杆	杉木：$D\geqslant$80 mm 落叶松：$D\geqslant$70 mm	$L\geqslant$6 m
小横杆	杉木：$D\geqslant$80 mm 硬木：$D\geqslant$70 mm	2.3 m$>L\geqslant$2.1 m

3. 竹竿

（1）竹脚手架搭设，以取用4～6年生的毛竹为宜，且应无虫蛀、白麻、黑斑和枯脆现象。

（2）横向水平杆（小横杆）、顶杆等没有连通2节以上的纵向裂纹；立杆、纵向水平杆（大横杆）等没有连通4节以上的纵向裂纹。

（3）各杆件具体尺寸要求见表11-3。

表 11-3　脚手架竹杆件尺寸要求

杆件名称	小头有效直径 D
立杆、大横杆、斜杆	脚手架总高度 H：$H<$20 m，$D=$60 mm $H\geqslant$20 m，$D\geqslant$75 mm
小横杆	脚手架总高度 H：$H<$20 m，$D=$75 mm $H\geqslant$20 m，$D\geqslant$90 mm
防护栏杆	$D\geqslant$50 mm

4. 扣件

（1）采用可锻造铸铁制作的扣件，其材质应符合现行国家标准《钢管脚手架扣件》（GB 15831—2006）的规定。

（2）扣件必须有产品合格证或租赁单位的质量保证证明。

（3）旧扣件使用前应进行质量检查，有裂缝、变形的严禁使用，出现滑丝的螺栓必须更换。

5. 绑扎材料

绑扎材料根据脚手架类型选用，具体要求见表11-4。

表 11-4　脚手架绑扎材料要求

脚手架类型	材料名称	材料要求
木脚手架	镀锌钢丝 回火钢丝	①立杆连接必须选择8号镀锌钢丝或回火钢丝； ②纵横向水平杆（大、小横杆）接头可以选择10号镀锌钢丝或回火钢丝； ③严禁绑扎钢丝重复使用，且不得有锈蚀斑痕
	机制麻、棕绳	①如使用期3个月以内或架体较低、施工荷载较小时，可采用直径不小于12 mm的机制麻、棕绳； ②凡受潮、变质、发霉的绳子不得使用

脚手架类型	材料名称	材料要求
竹脚手架	镀锌铁丝	①一般选用 18 号以上的规格； ②如使用 18 号镀锌铁丝应双根并联进行绑扎，每个节点应缠绕 5 圈以上
	竹篾	①应选用新鲜竹子劈成的片条，厚度 0.6～0.8 mm、宽度 5 mm 左右、长度约 2.6 m； ②要求无断腰、霉点、枯脆和有节疤或受过腐蚀； ③每个节点应使用 2～3 根进行绑扎，使用前应隔天用水浸泡； ④使用 1 个月后应对脚手架的绑扎节点进行检查保养

6. 脚手板

脚手板可以采用钢、木、竹材料制作，每块重量不宜大于 30 kg。具体材料要求见表 11-5。

表 11-5　脚手板材料要求

类型		材料要求
钢脚手板		①冲压新钢脚手板，必须有产品质量保证书； ②板长度为 1.5～3.6 m，厚 2～3 mm，肋高 5 cm，宽 23～25 cm； ③旧板表面锈蚀斑点直径不大于 5 mm，并沿横截面方向不得多于 3 处； ④脚手板一端应压连接卡口，以便铺设时扣住另一块的板端，板面应设有防滑圆孔； ⑤不得使用裂纹和凹陷变形严重的脚手板
木脚手板		①应使用厚度不小于 50 mm 的杉木或松木板； ②板宽应为 200～300 mm，板长一般为 3～6 m，端部还应用 10～14 号钢丝绑扎，以防开裂； ③不得使用腐朽、虫蛀、扭曲、破裂和有大横透节的木板
竹脚手板	竹笆脚手板	①用平放带竹青的竹片纵横编织而成； ②板长一般为 2～2.5 m，宽为 0.8～1.2 m； ③每根竹片宽度不小于 30 mm，厚度不小于 8 mm，横筋一正一反，边缘处纵横筋相交点用钢丝扎紧
	竹串片脚手板	①用螺栓将侧立的竹片并列连接而成； ②板长一般为 2～2.5 m，宽为 0.25 m，板厚一般不小于 50 mm； ③螺栓直径为 8～10 mm，间距为 500～600 mm，首个螺栓离板端 200～250 mm； ④有虫蛀、枯脆、松散现象的竹脚手板不得使用

7. 安全网

（1）必须使用维纶、锦纶等材料制成。

（2）安全网宽度不得小于 3 m，长度不得大于 6 m，网眼不得大于 10 cm。

（3）严禁使用损坏或腐朽的安全网和丙纶网。

（4）密目安全网只准做立网使用。

二、脚手架搭设安全注意事项

1. 搭设前准备工作

（1）技术人员要对脚手架搭设及现场管理人员进行技术、安全交底，未参加交底的人员不得参与搭设作业；脚手架搭设人员须熟悉脚手架的设计内容。

（2）对钢管、扣件、脚手板、爬梯、安全网等材料的质量、数量进行清点、检查、验收，确保满足设计要求，不合格的构配件不得使用，材料不齐时不得搭设，不同材质、不同规格的材料、构配件不得在同一脚手架上使用。

（3）清除搭设场地的杂物，在高边坡下搭设时，应先检查边坡的稳定情况，对边坡上的危石进行处理，并设专人警戒。

（4）根据脚手架的搭设高度、搭设场地地基情况，对脚手架基础进行处理，确认合格后按设计要求放线定位。

（5）对参与脚手架搭设和现场管理人员的身体状况要进行确认，凡有不适合从事高处作业的人员不得从事脚手架的搭设和现场施工管理工作。

2. 搭设基本要求

（1）脚手架的搭设必须按照经过审批的方案和现场交底的要求进行，严禁偷工减料，严格遵守搭设工艺，不得将变形或校正过的材料作为立杆。

（2）脚手架搭设过程中，现场须有熟练的技术人员带班指导，并有安全员跟班检查监督。

（3）脚手架搭设过程中严禁上下交叉作业。要采取切实措施保证材料、配件、工具传递和使用安全，并根据现场情况在交通道口、作业部位上下方设安全哨监护。

（4）脚手架须配合施工进度搭设，一次搭设高度不得超过相邻连墙件（锚固点等）以上两步。

（5）脚手架搭设中，跳板、护栏、连墙件（锚固、缆风绳等）、安全网、交通梯等必须同时跟进。

3. 搭设技术要求

（1）脚手架在满足使用要求的构架尺寸的同时，应满足以下安全要求：

1）构架结构稳定，构架单元不缺基本的稳定构造杆部件；整体按规定设置斜杆、剪刀撑、连墙件或撑、拉、提件；在通道、洞口以及其他需要加大尺寸（高度、跨度）或承受超规定荷载的部位，根据需要设置加强杆件或构造。

2）连结节点可靠，杆件相交位置符合节点构造规定；连结件的安装和紧固力符合要求。

3）脚手架钢管按设计要求进行搭接或对接，端部扣件盖板边缘至杆端距离不应小于 100 mm，搭接时应采用不少于 2 个旋转扣件固定，无设计说明时搭接长度不应小于 50 cm（模板支撑架立杆搭接长度不应小于 1 m）。

（2）基础（地）和拉撑承受结构：

1）脚手架立杆的基础（地）应平整夯实，具有足够的承载力和稳定性，设于坑边或台上时，立杆距坑、台的边缘不得小于 1 m，且边坡的坡度不得大于土的自然安息角，否则应做边坡的保护和加固处理。

2）脚手架立杆之下不平整、不坚实或为斜面时，须设置垫座或垫板。

3）脚手架的连墙点（锚固点）、撑拉点和悬空挂（吊）点必须设置在能可靠地承受撑拉荷载的结构部位，必要时须进行结构验算，设置尽量不能影响后续施工，以防在后续施工中被人为拆除。

（3）单排脚手架不适用于下列情况：

1）墙体厚度小于或等于 180 mm。

2）建筑物高度超过 24 m。

3）空斗砖墙、加气块墙等轻质墙体。

4）砌筑砂浆强度等级小于或等于 M1.0 的砖墙。

（4）安全防护：脚手架上的安全防护设施应能有效地提供安全防护，防止架上的物件发生滚落、滑落，防止发生人员坠落、滑倒、物体打击等。

三、脚手架验收安全注意事项

（1）脚手架搭设完毕，架设作业班组首先按施工要求先进行全面自检，合格后通知项目部施工管理部门进行检查验收，并办理《脚手架使用许可证》，验收人员对验收结论要签字认可。

（2）脚手架验收应随施工进度进行，实行工序验收制度。脚手架的搭设分单元进行的，单元中每道工序完工后，必须经过现场施工技术人员检查验收，合格后方可进入下道工序和下一单元施工。25 m 以上的脚手架，应在搭设过程中随进度分段验收。

（3）由业主、监理提供设计的脚手架和报请施工监理审批的脚手架，验收时必须请业主，监理派人参加验收，并对验收结论签字认可。

（4）脚手架检查验收的方法应按逐层、逐流水段进行。

四、脚手架使用安全注意事项

（1）脚手架搭设完成后，未经检查验收或检查验收中发现的问题没有整改完毕的或安全防护设施不完善的，不得投入使用。

（2）在脚手架醒目的位置应挂告示牌，注明脚手架通过验收时间、使用期限、一次允许在脚手架上作业人数、最大承受荷载等。

（3）脚手架在使用过程中，实行定期检查和班前检查制度。

（4）使用单位应根据脚手架的设计要求，合理使用，作业层上的施工荷载应符合设计要求，严禁超载。

（5）较重的施工设备（如电焊机等）不得放置在脚手架上，不得将模板支架、缆风绳、混凝土泵车的输送管等固定在脚手架上，严禁在脚手架上悬挂起重设备。

（6）脚手架在使用期间，严禁拆除主节点处的纵、横向水平杆，纵、横向扫地杆、连墙件及撑、拉、提、吊设施，未经主管部门同意，不得任意改变脚手架的结构、用途或拆除构件，如必须改变排架结构，应征得原设计同意，重新修改设计；脚手架上的安全防护设施禁止随意拆除，未设置或设置不符合要求时，必须加设或改善后，方可上脚手架作业。

（7）在施工中，若发现脚手架有异常情况，应及时报告脚手架的设计部门和安全部门，由设计部门和安全部门对脚手架进行检查鉴定，确认脚手架的安全稳定性后方可使用。

（8）在脚手架上进行电、气焊或在有脚手架的部位从事吊装作业时，必须采取防电、防火和防撞击脚手架的措施，并派专人监护。

五、脚手架拆除安全注意事项

（1）拆除顺序应逐层从上而下进行，严禁上下同时作业。

（2）拆下的架杆、连接件、跳板等材料，应采用溜放，严禁向下投掷。已卸（解）开的脚手杆、板，应一次性全部拆完。

（3）所有连墙件应随脚手架逐层拆除，严禁先将连墙件整层或数层拆除后再拆脚手架；分段拆除高差不应大于两步，如高差大于两步应增设连墙件加固。

（4）当脚手架拆至下部最后一根长钢管的高度时，根据现场需要先在适当位置搭临时支撑加固，后拆连墙件。

（5）当脚手架采取分段分立面拆除时，对不拆除的脚手架两端应先设置连墙件和横向支撑加固。

（6）各构配件必须及时分段集中运至地面，严禁抛扔；脚手架拆除后，必须做到工完场清，材料堆放整齐、安全稳定，并及时转运。

（7）运至地面的构配件应按规定的要求及时检查整修与保养，并按品种、规格随时堆码存放，置于干燥通风处，防止锈蚀。

第二节　吊篮、悬挑式脚手架及附着式升降
脚手架施工安全监控

一、吊篮式脚手架

1. 吊篮式脚手架吊篮平台制作应符合的规定

（1）吊篮平台应经设计计算并应采用型钢、钢管制作，其节点应采用焊接或螺栓连接，不得使用钢管和扣件（或碗扣）组装。

（2）吊篮平台宽度宜为 0.8～1.0 m，长度不宜超过 6 m。当底板采用木板时，厚度不得小于 50 mm，采用钢板时应有防滑构造。

（3）吊篮平台四周应设防护栏杆，除靠建筑物一侧的栏杆高度不应低于 0.8 m 外，其余侧面栏杆高度均不得低于 1.2 m。栏杆底部应设 180 mm 高挡脚板，上部应用钢板网封严。

（4）吊篮应设固定吊环，其位置距底部不应小于 800 mm。吊篮平台应在明显处标明最大使用荷载（人数）及注意事项。

2. 吊篮式脚手架悬挂结构应符合的规定

（1）悬挂结构应经设计计算，可制作成悬挑梁或悬挑架，尾端与建筑结构锚固连

接；当采用压重方法平衡挑梁的倾覆力矩时，应确认压重的质量，并应有防止压重移位的锁紧装置。悬挂结构抗倾覆应专门计算。

（2）悬挂结构外伸长度应保证悬挂平台的钢丝绳与地面呈垂直。挑梁与挑梁之间应采用纵向水平杆连成稳定的结构整体。

3. 吊篮式脚手架提升机应符合的规定

（1）提升机的设计计算应按允许应力法，提升钢丝绳安全系数不应小于 10，提升机的安全系数不应小于 2。

（2）提升机可采用手拉葫芦或电动葫芦，应采用钢芯钢丝绳。手拉葫芦可用于单跨（两个吊点）的升降，当吊篮平台多跨同时升降时，必须使用电动葫芦且应有同步控制装置。

4. 吊篮式脚手架安全装置应符合的规定

（1）使用手拉葫芦应装设防止吊篮平台发生自动下滑的闭锁装置。

（2）吊篮平台必须装设安全锁，并应在各吊篮平台悬挂处增设一根与提升钢丝绳相同型号的安全绳，每根安全绳上应安装安全锁。

（3）当使用电动提升机时，应在吊篮平台上、下两个方向装设对其上、下运行位置、距离进行限定的行程限位器。

（4）电动提升机宜配两套独立的制动器，每套制动器均可使带有额定荷载 125% 的吊篮停住。

（5）吊篮式脚手架吊篮安装完毕，应以 2 倍的均布额定荷载进行检验平台和悬挂结构的强度及稳定性的试压试验。提升机应进行运行试验，其内容应包括空载、额定荷载、偏载及超载试验，并应同时检验各安全装置并进行坠落试验。

（6）吊篮式脚手架必须经设计计算、吊篮升降应采用钢丝绳传动、装设安全锁等防护装置并经检验确认。严禁使用悬空吊椅进行高层建筑外装修清洗等高处作业。

二、悬挑式脚手架

1. 悬挑一层的脚手架应符合的规定

（1）悬挑架斜立杆的底部必须搁置在楼板、梁或墙体等建筑结构部位并有固定措施。立杆与墙面的夹角不得大于 30°，挑出墙外宽度不得大于 1.2 m。

（2）斜立杆必须与建筑结构进行连接固定，不得与模板支架进行连接。

（3）斜立杆纵距不得大于 1.5 m，底部应设置扫地杆，并按不大于 1.5 m 的步距设置纵向水平杆。

（4）作业层除应按规定满铺脚手板和设置临边防护外，还应在脚手板下部挂一层平网，在斜立杆里侧用密目网封严。

2. 悬挑多层的脚手架应符合的规定

（1）悬挑支撑结构必须专门设计计算，应保证有足够的强度、稳定性和刚度，并将脚手架的荷载传递给建筑结构。悬挑式脚手架的高度不得超过 24 m。

（2）悬挑支撑结构可采用悬挑梁或悬挑架等不同结构形式。悬挑梁应采用型钢制作，悬挑架应采用型钢或钢管制作成三角形桁架，其节点必须是螺栓或焊接的刚性节点，不得采用扣件（或碗扣）连接。

（3）支撑结构以上的脚手架应符合落地式脚手架搭设规定，并按要求设置连墙件。脚手架立杆纵距不得大于 1.5 m，底部与悬挑结构必须进行可靠连接。

三、附着式升降脚手架

附着式升降脚手架的架体结构和附着支撑结构应按"概率极限状态法"进行设计计算，升降机应按"允许应力计算法"进行设计计算。荷载标准值应分别按使用、升降、坠落三种状态确定。

附着式升降脚手架架体构造应符合下列规定：

（1）架体尺寸应符合下列规定：

①架体高度不应大于 15 m，宽度不应大于 1.2 m，架体构架的全高与支撑跨度的乘积不应大于 110 m²。

②升降和使用情况下，架体悬臂高度均不应大于 6.0 m 和 2/5 架体高度。

（2）架体结构应符合下列规定：

①水平梁架应满足承载和架体整体作用的要求，采用焊接或螺栓连接的定型桁架梁式结构，不得采用钢管扣件、碗扣等脚手架连接方式。

②架体必须在附着支撑部位沿全高设置定型的竖向主框架，且应采用焊接或螺栓连接结构，并应能与水平梁架和架体构架整体作用，且不得使用钢管扣件或碗扣等脚手架杆件组装。

③架体外立面必须沿全高设计剪刀撑；悬挑端应与主框架设置对称斜拉杆；架体遇塔吊、施工电梯、物料平台等设施而需断开处应采取加强构造措施。

（3）附着式升降脚手架的附着支撑结构必须满足附着式脚手架在各种情况下的支撑、防倾和防坠落的承载力要求。在升降和使用情况下，确保每一竖向主框架的附着支撑不得少于两套，且每一套均应能独立承受该跨全部设计荷载和倾覆作用。

（4）附着式升降脚手架必须设置防倾装置、防坠装置及整体（或多跨）同时升降作业的同步控制装置，并应符合下列规定：

1）防倾装置应符合下列规定：

①防倾装置必须与建筑结构、附着支撑或竖向主框架可靠连接，应采用螺栓连接，不得采用钢管扣件或碗扣方式连接。

②升降和使用情况下在同一竖向平面的防倾装置不得少于两处，两处的最小间距不得小于架体全高的 1/3。

2）防坠装置应符合下列规定：

①防坠装置应设置在竖向主框架部位，且每一竖向主框架提升设备处必须设置一个。

②防坠装置与提升设备必须分别设置在两套互不影响的附着支撑结构上，当有一套失效时，另一套必须能独立承担全部坠落荷载。

③防坠装置应有专门的以确保其工作可靠、有效的检查方法和管理措施。

3）同步控制装置应符合下列规定：

①升降脚手架的吊点超过两点时，不得使用手拉葫芦，且必须装设同步装置。

②同步装置应能同时控制各提升设备间的升降差和荷载值，同步装置应具备超载

报警、欠载报警和自动显示功能，在升降过程中，应显示各机位实际荷载、平均高度、同步差，并自动调整使相邻机位同步差控制在限定值内。

（5）附着升降脚手架必须按要求用密目式安全立网封闭严密，脚手架底部应用平网及密目网双层网兜底，脚手架与建筑物的间隙不得大于 200 mm。单跨或多跨提升的脚手架，其两端断开处必须加设栏杆并用密目网封严。

（6）附着升降脚手架组装完毕后应经检查、验收确认合格后方可进行升降作业。且每次升降到位架体固定后，必须进行交接验收，确认符合要求时，方可继续作业。

第十二章 施工用电

第一节 外电线路防护、防雷安全技术要求

一、施工临时用电施工组织设计

1. 编制说明

根据《施工现场临时用电安全技术规范》（JGJ 46—2005）的规定：临时用电设备在 5 台以上或设备总容量在 50 kW 及 50 kW 以上者，应编制临时用电施工组织设计。

编制临时用电施工组织设计的目的一方面在于使施工现场临时用电工程有一个可遵循的科学依据，从而保障其运行的安全可靠性；另一方面，临时用电组织设计作为临时用电工程的主要技术资料，有助于加强对临时用电工程的技术管理，从而保障其使用的安全和可靠性。因此，编制临时用电施工组织设计是保障施工现场临时用电安全可靠的、首要的、不可少的基础性技术措施。

临时用电施工组织设计的任务是为现场施工设计一个完备的临时用电工程，制定一套安全用电技术措施和电气防火措施，即所设计的临时用电的要求，同时还要兼顾用电的便利和经济。

2. 临时用电施工组织设计的主要内容

（1）工程概况：

1）工程名称。

2）工程所处的地理位置。

3）工程结构及占地面积。

（2）临时用电设计思路：

1）根据现场实际情况选择配电线路型式（放射式、树干式、链式或环形配线）。

2）根据总计算负荷和峰值电流选择电源和备用电源。

3）根据总负荷、支路负荷计算出的总电流、支路电流和架设方式选择总电源线线径和支路线径。

（3）现场勘测：现场勘测工作包括：调查测绘现场的地形，地貌，正式工程的位置，上下水等地上、地下管线和沟道的位置，建筑材料，器具堆放位置，生产、生活

暂设建筑物位置，用电设备装设位置以及现场周围环境等。

临时用电施工组织设计的现场勘测工作与建筑工程施工组织设计的现场勘测工作同时进行，或直接借用其勘测资料。

现场勘测资料是整个临时用电施工组织设计的地理环境条件。

（4）负荷计算：

1）负荷计算的目的：电力负荷是指通过电气设备或线路上的电流或功率。它是以功率或热能的形式消耗于电气设备。建筑施工现场的供电系统所需要的电能通常是经过降压变电所从电力系统中获得的。

2）计算负荷确定方法：计算负荷是按发热条件选择电气设备的一个假定负荷，它所产生的热效应与实际变动负荷产生的最大热效应相等。根据计算负荷选择导线及电气设备，在运行中的最高温升不超过导线和电器的温升允许值。它的确定方法较多，目前施工中常采用的方法是需要系数法，在确定计算负荷计算之前，应首先要确定设备的容量。

（5）配电线路设计：配电线路设计主要是选择和确定线路走向，配电方式（架空线或埋地电缆等），敷设要求，导线排列，选择和确定配线型号、规格，选择和确定其周围的防护设施等。

配电线路设计不仅要与变电所设计相衔接，还要与配电箱设计相衔接，尤其要与变电系统的基本防护方式（应采用 TN—S 保护系统）相结合，统筹考虑零线的敷设和接地装置的敷设。

（6）配电箱与开关箱的设计：配电箱与开关箱设计是指为现场所用的非标准配电箱与开关箱的设计，配电箱与开关箱的设计是选择箱体材料，确定和箱体结构尺寸，确定箱内电器配置和规格，确定箱内电器接线方式和电气保护措施等。

（7）接地与接地装置设计：接地是现场临时用电工程配电系统安全、可靠运行和防止人身直接或间接触电的基本保护措施。

（8）防雷设计：包括防雷装置装设位置的确定，防雷装置型号的选择，以及相关防雷接地的确定。

防雷设计应保证根据设计所设置的防雷装置，并保护范围可靠地覆盖整个施工现场，并对雷害起到有效的防护作用。

（9）编制安全用电技术措施和电气防火措施：编制安全用电技术措施和电气防火措施要和现场的实际情况相适应，其中主要重点是：电气设备的接地（重复接地），接零（TN—S 系统）保护问题；装设漏电保护器问题；一机、一闸、一漏、一箱问题；外用防护问题；开关电器的装设、维护、检修、更换问题；对水源、火源腐蚀变质，易燃易爆物的妥善处置问题等。

（10）电气设计施工图：对于施工现场临时用电工程来说，由于其设置一般只具有暂设的意义，所以可综合绘出体现设计要求的设计施工图。又由于施工现场临时用电工程相对来说是一个比较简单的用电系统，同时其中一些主要的，相对比较复杂的用电设备的控制系统已由制造厂家确定，无须重新设计。临时供电施工图是施工组织设计的具体表现，也是临电设计的重要内容。进行计算后的导线截面及各种电气设备的选择都要体现在施工图中，施工人员依照施工图布置配电箱、开关箱，按照图纸进行线路敷设。它主要分供电系统图和施工现场平面图。

二、外电线路防护安全技术要求

（1）在建工程不得在外电架空线路正下方施工、搭设作业棚、建造生活设施或堆放构件、架具、材料及其他杂物等。

（2）在建工程（含脚手架）的周边与外电架空线路的边线之间的最小安全操作距离应符合表 12-1 规定。

表 12-1　在建工程（含脚手架）的周边与架空线路的边线之间的最小安全操作距离

外电线路电压等级/kV	<1	1～10	35～110	220	330～500
最小安全操作距离/m	4.0	6.0	8.0	10	15

（3）施工现场的机动车道与外电架空线路交叉时，架空线路的最低点与路面的最小垂直距离应符合表 12-2 规定。

表 12-2　施工现场的机动车道与架空线路交叉时的最小垂直距离

外电线路电压等级/kV	<1	1～10	35
最小垂直距离/m	6.0	7.0	7.0

（4）起重机严禁越过无防护设施的外电架空线路作业。在外电架空线路附近吊装时，起重机的任何部位或被吊物边缘在最大偏斜时与架空线路边线的最小安全距离应符合表 12-3 规定。

表 12-3　起重机与架空线路边线的最小安全距离

安全距离/m	<1	10	35	110	220	330	500
沿垂直方向	1.5	3.0	4.0	5.0	6.0	7.0	8.5
沿水平方向	1.5	2.0	3.5	4.0	6.0	7.0	8.5

（5）施工现场开挖沟槽边缘与外电埋地电缆沟槽边缘之间的距离不得小于 0.5 m。

（6）当达不到第（1）～（4）条中的规定时，必须采取绝缘隔离防护措施，并应悬挂醒目的警告标志。架设防护设施时，必须经有关部门批准，采用线路暂时停电或其他可靠的安全技术措施，并应有电气工程技术人员和专职安全人员监护。防护设施与外电线路之间的安全距离不应小于表 12-4 所列数值。防护设施应坚固、稳定，且对外电线路的隔离防护应达到 IP30 级。

表 12-4　防护设施与外电线路之间的最小安全距离

外电线路电压等级/kV	≤10	35	110	220	330	500
最小安全距离/m	1.7	2.0		4.0	5.0	6.0

（7）当第（6）条规定的防护措施无法实现时，必须与有关部门协商，采取停电、迁移外电线路或改变工程位置等措施，未采取上述措施的严禁施工。

（8）在外电架空线路附近开挖沟槽时，必须会同有关部门采取加固措施，防止外电架空线路电杆倾斜、悬倒。

三、外电线路防雷安全技术要求

（1）在土壤电阻率低于 200Ω·m 区域的电杆可不另设防雷接地装置，但在配电室的架空进线或出线处应将绝缘子铁脚与配电室的接地装置相连接。

（2）施工现场内的起重机、井字架、龙门架等机械设备，以及钢脚手架和正在施工的在建工程等的金属结构，当在相邻建筑物、构筑物等设施的防雷装置接闪器的保护范围以外时，应按相关规范规定装防雷装置。当最高机械设备上避雷针（接闪器）的保护范围能覆盖其他设备，且又最后退出于现场，则其他设备可不设防雷装置。

（3）机械设备或设施的防雷引下线可利用该设备或设施的金属结构体，但应保证电气连接。

（4）机械设备上的避雷针（接闪器）长度应为 1～2 m。塔式起重机可不另设避雷针（接闪器）。

（5）安装避雷针（接闪器）的机械设备，所有固定的动力、控制、照明、信号及通信线路，宜采用钢管敷设。钢管与该机械设备的金属结构体应做电气连接。

（6）施工现场内所有防雷装置的冲击接地电阻值不得大于 30Ω。

（7）做防雷接地机械上的电气设备，所连接的 PE 线必须同时做重复接地，同一台机械电气设备的重复接地和机械的防雷接地可共用同一接地体，但接地电阻应符合重复接地电阻值的要求。

第二节　接地接零、配电室、临时用电线路架设、配电箱、开关箱及现场照明安全技术

一、接地接零安全技术

接地线的电气安全技术措施：

（1）工作之前必须检查接地线。

（2）挂接地线前必须先验电，未验电挂接地线是基层中较普遍的习惯性违章行为，在悬挂时接地线导体不能和身体接触。

（3）在工作地点两端悬挂接地线，以免用户倒送电、感应电的可能，深受其害的例子不少。

（4）要爱护接地线。接地线在使用过程中不得扭花，不用时应将软铜线盘好，接地线在拆除后，不得从空中丢下或随地乱摔，要用绳索传递，注意接地线的清洁工作。

（5）新工作人员必须经过对接地线使用的培训、学习，考核合格后，方能单独从事接地线操作或使用工作。

（6）按不同电压等级选用对应规格的接地线。

（7）严禁使用其他金属线代替接地线。

二、配电室及临时用电线路架设安全技术

1. 配电室安全技术措施

（1）配电室应靠近电源，并应设在灰尘少、潮气少、振动小、无腐蚀介质、无易燃易爆物及道路畅通的地方。

（2）成列的配电柜和控制柜两端应与重复接地线及保护零线做电气连接。

（3）配电室和控制室应能自然通风，并应采取防止雨雪侵入和动物进入的措施。

（4）配电室布置应符合下列要求：

1）配电柜正面的操作通道宽度，单列布置或双列背对背布置不小于 1.5 m，双列面对面布置不小于 2 m。

2）配电柜后面的维护通道宽度，单列布置或双列面对面布置不小于 0.8 m，双列背对背布置不小于 1.5 m，个别地点有建筑物结构凸出的地方，则此点通道宽度可减少 0.2 m。

3）配电柜侧面的维护通道宽度不小于 1 m。

4）配电室的顶棚与地面的距离不低于 3 m。

5）配电室内设置值班或检修室时，该室边缘距配电柜的水平距离大于 1 m，并采取屏障隔离。

6）配电室内的裸母线与地面垂直距离小于 2.5 m 时，采用遮栏隔离，遮栏下面通道的高度不小于 1.9 m。

7）配电室围栏上端与其正上方带电部分的净距不小于 0.075 m。

8）配电装置的上端距顶棚不小于 0.5 m。

9）配电室内的母线涂刷有色油漆，以标志相序；以柜正面方向为基准，其涂色应符合表 12-5 的规定。

表 12-5　母线涂色

相　别	颜　色	垂直排列	水平排列	引下排列
L1（A）	黄		后	左
L2（B）	绿		中	
B（C）	红	下	一L 删	右
N	淡蓝			

10）配电室的建筑物和构筑物的耐火等级不低于 3 级，室内配置砂箱和可用于扑灭电气火灾的灭火器。

11）配电室的门向外开，并配锁。

12）配电室的照明分别设置正常照明和事故照明。

（5）配电柜应装设电度表，并应装设电流、电压表。电流表与计费电度表不得共用一组电流互感器。

（6）配电柜应装设电源隔离开关及短路、过载、漏电保护电器。电源隔离开关分断时应有明显可见分断点。

（7）配电柜应编号，并应有用途标记。

（8）配电柜或配电线路停电维修时，应挂接地线，并应悬挂"禁止合闸、有人工作"停电标志牌。停送电必须由专人负责。

（9）配电室应保持整洁，不得堆放任何妨碍操作、维修的杂物。

2. 临时用电工程安全技术要求

（1）严格执行《施工现场临时用电安全技术规范》（JGJ 46—2005），按照施工用电组织设计架设三相五线制的电气线路，所有电线均应架空，过道或穿墙均要用钢管或胶套管保护，严禁利用大地作为工作零线。认真贯彻《建筑施工安全检查标准》（JGJ 59—2011）中临时用电规定。

（2）配电箱、开关箱内电气设备完好无缺。箱体下方进出线，开关箱应符合"一机、一闸、一漏、一箱"的要求，门、锁完善，有防雨、防尘措施，箱内无杂物，箱前通道畅通，并应对电箱统一编号，刷上危险标志。保护零线（PE、绿/黄线）中间和末端必须重复接地，严禁与工作零线混接；产生振动的设备的重复接地不少于两处。

（3）临时用电施工组织设计和临时安全用电技术措施及电气防火措施，必须由电气工程技术人员编制，技术负责人审核，经主管部门批准后实施。

（4）安装、维修或拆除临时用电工程，必须由持证电工完成，无证人员禁止上岗。电工等级应同工程的难易程度和技术复杂性相适应。

（5）使用设备必须按规定穿戴和配备好相应的劳动保护用品，并应检查电气装置和保护设施是否完好，严禁设备带病运转和进行运转中维修。

（6）停用的设备必须拉闸断电，锁好开关箱。负载线、保护零线和开关箱发现问题应及时报告解决。搬迁或移动的用电设备，必须由专业电工切断电源并作妥善处理。

（7）按规范做好施工现场临时安全用电的安全技术档案。

（8）在建工程与外电线路的安全距离及外电防护和接地与防雷等应严格按规范执行。

（9）配电线路的架空线必须采用绝缘铜线和绝缘铝线。架空线必须设置在专用电杆上，严禁架设在树木或脚手架、龙门架或井字架上。

（10）空线的接头、相序排列、挡距、线间距离及横担的垂直距离和横担的选择及规格，严格执行规范规定。

（11）动力配电箱与照明配电箱应分别设置，如合置在同一配电箱内，动力和照明线路应分路设置。

（12）开关箱应由末级配电箱配电，配电箱、开关箱制作所用的材料、箱的规格设置要求及安装技术应按规范执行。配电箱、开关箱最好购合格的成品使用。

（13）配电箱、开关箱内的开关电器安装，绝缘要求和箱壳保护接零应按规范执行。

（14）每台用电设备应有各自专用的开关箱，必须实行"一机一闸"制。严禁用同一个开关电器直接控制2台及2台以上用电设备（含插座）。

（15）开关箱内必须装设漏电保护器，漏电保护器的选择应符合国标《漏电保护器》（GB 6829—86）（剩余电流动作保护）的要求。漏电保护器的安装要求和额定漏电动作应符合规范要求。

（16）总配电箱和开关箱中两级漏电保护器的额定漏电动作时间作合理配合，使之具有分段保护的功能。

（17）手动开关电器只许用于直接控制照明电器和容量不大于 5.5 kW 的动力电路。容量大于 5.5 kW 的动力电路应采用自动开关电器或降压启动装置控制。各种开关电器的额定值与其控制用电设备的额定值相适应。

（18）所有配电箱、开关箱应由专人负责。且应每月定期检修一次。检查、维修人员必须是专业电工，检查、维修时必须按规定穿戴绝缘鞋、手套、必须使用电工绝缘工具。

（19）对配电箱、开关箱进行检查、维修时，必须将其前一级相应的电源开关分闸断电，并悬挂停电检修标志牌，严禁带电作业。

（20）移动的用电设备使用的电源线路，必须使用绝缘胶套管式电缆。

（21）用电设备和电气线路必须有保护接零。

（22）严禁施工现场非正式电工乱接用电线和安装用电开关。

（23）残缺绝缘盖的闸刀开关禁止使用，开关不得采用铜、铁、铝线作熔断保险丝。

三、配电箱、开关箱安全技术

（1）从现场总配电装置至各用电设备，应经过多级配电装置，各级配电装置的容量应与实际负载匹配，其结构型式、盘面布置和系统接线，要做到规范化：

1）箱内开关、熔断器、插座等设备齐全完好。

2）配线及设备排列整齐，压接牢固，操作面无带电体外露。

3）总开关及各分路开关上端设熔断器。

4）金属电箱外壳设接地保护；设接零排与接地排。

5）每个回路设漏电开关。

6）动力和照明分开控制，单独设置单相三眼不等距安全插座，上设漏电开关。

7）门锁齐全、有防雨措施。

（2）Ⅰ型电源配电箱（下杆电箱）作为总变配电装置后的第二级配电装置，应靠近用电集中处。

（3）Ⅱ型电源配电箱（分电箱）作为第三级配电装置，可直接向负载供电，应做到一闸一机，开关应采用与用电设备相匹配的漏电开关。

（4）Ⅲ型电源配电箱，作为搅拌机、卷扬机等专用设备使用的第四级配电装置，应设在设备附近；箱内可设由漏电开关控制的备用插座，供维修时另接设备用。

（5）拖线箱作为移动式配电装置，必须有可靠的防雨措施和接地保护，开关或分路熔断器必须与用电设备匹配，同一箱内不得用单相三眼和三相四眼不同电源的插座。

（6）各类插座必须符合国家标准，并保护完好，单相电源的设备，必须使用单相三眼插座，插座上方应有单独分路熔断丝保护，插座的接地线不准串联。

（7）电力容量在 3 kW 以下的电源总开关可以采用瓷底胶木闸刀开关。用刀闸作直接控制操作用电设备时，应在刀闸出线侧加装瓷插入式熔断器作保护，并用铜丝将刀闸内熔丝部分直连。刀闸的静触头应接电源线，动触头接负载，严禁倒送电。

（8）各种熔断器的熔体必须严格按规定合理选用，各级熔体应相互匹配。熔体应采用合格的铅合金熔丝，严禁用铁丝、铝丝等非专用熔丝替代，严禁用多股熔丝代替一根较大的熔丝。容量在 60A 以上的，可以采用合格的铜熔丝。

（9）各级配电箱应明确专人负责，做好检查维修和清洁工作。箱内应保持整洁，不准存放任何东西，箱周围应保持通道的畅通。

（10）施工现场的固定露天电箱、分电箱必须架空设置，其底边距地高度不小于 0.5 m。

四、现场照明安全技术

（1）用电单位必须建立用电安全岗位责任制，明确各级用电安全负责人。

（2）用电作业人员必须持证上岗。

（3）照明灯具和器材必须绝缘良好，并应符合现行国家有关标准的规定。

（4）照明线路应布线整齐，相对固定。室内安装的固定式照明灯具悬挂高度不得低于 2.5 m，室外安装的照明灯具不得低于 3 m。安装在露天工作场所的照明灯具应选用防水型灯头。

（5）现场办公室、宿舍、工作棚内的照明线，除橡套软电缆和塑料护套线外，均应固定在绝缘子上，并应分开敷设；穿过墙壁时应套绝缘管。

（6）照明电源线路不得接触潮湿地面，并不得接近热源和直接绑挂在金属构架上。在脚手架上安装临时照明时，在竹、木脚手架上应加绝缘子，在金属脚手架上应设木横担和绝缘子。

（7）照明开关应控制相线。当采用螺口灯头时，相线应接在中心触头上。

（8）变电所及配电所内的配电盘、配电柜及母线的正上方，不得安装灯具（封闭母线及封闭式配电盘、配电柜除外）。

第三节　安全用电和电气防火措施

一、安全用电技术措施

（1）临时用电工程的施工，严格按施工组织设计进行，总配电箱、分配电箱、设备开关箱、用电设备及供电线路的安装，使用与维护严格按本设计及建设部《施工现场临时用电安全技术规范》（JGJ 46—2005）要求进行，增减用电设备改变配电装置，必须办理相关变更手续，并在补充设计中增补变更文件。

（2）施工现场周围外电线路与在建工程水平距离小于 10 m 的，必须采取防护措施，如增设屏障，遮栏、围栏或保护网等，并悬挂醒目的警告标志牌。

（3）做好用电设备的安全保护接地及在建工程的防雷击措施。

（4）配电系统采用三级配电三级保护方式，在总配电箱及设备开关箱内设漏电断路器，分配电箱内设空气断路器，设备开关箱实行"一机、一闸、一漏电"保护方式，漏电断分器，额定漏电动作电流和动作时间采用 30 mA 和 0.1s。危险场所、潮湿、大面积金属体上等易触电场所，漏电断路器额定漏电动作电流采用 15 mA，动作时间 0.1s。各级配电箱、开关箱内的电气装置必须完好，安装整齐牢固，线头压接牢固，接触良好，不得有过热现象。各配电箱、开关箱应标明箱编号及各回路名称、编号、用途及责任人并全部设门加锁。

（5）水泵的负荷线采用 YHS 型防水橡皮护套电缆，不得承受任何外力。

（6）焊接机械：一次线长度不大于 5 m，二次线采用 YHS 型橡皮护套铜芯多股软电缆，电缆长度不大于 30 m。进出线处必须设置防护罩。使用焊接机械必须按规定穿戴防护用品。

（7）电动机械及手持电动工具的使用，必须满足安全使用要求，电动机械必须按要求装设配套的漏电断路器及隔离开关，焊接设备的电源线一般不大于 5 m，二次焊线不超过 30 m；手持式电动工具中的金属外壳型（Ⅰ）除采用漏电保护外还必须采用接零保护，Ⅱ类手持电动工具装设额定漏电动作电流为 15 mA，动作时间 0.1s 的漏电保护开关；在金属构件、潮湿场所作业必须采用Ⅱ类手持式电动工具；在特别狭窄场所（如锅炉、金属容器、管道、地沟等处）作业一律选用带隔离变压器的Ⅲ类手持式电动工具。

（8）照明要求，一般场所采用 220 V 的照明电器，为提高安全性，楼内施工面的局部照明一律采用 36 V 低压灯，在特别潮湿导电良好的地面、锅炉、金属容器内作业，照明电压一律采用 12 V，现场大面积照明采用固定安装在塔吊、外脚手架上的大型投光灯，既能提高光效，又利于安全。

（9）配电室做到"五防一通"，即防火、防雨、防雪、防汛、防小动物，通风良好；门向外并上锁，金属门做好保护接零。

（10）电缆线路敷设：电缆采用直埋或沿墙架空敷设。电缆直埋时敷设深度不小于 0.6 m，并在电缆上下均匀铺设不少于 60 mm 厚的细砂，然后覆盖砖等硬质保护层；架空敷设时，采用绝缘子固定，严禁使用金属裸线作绑线。固定点加装绝缘子，间距应保证电缆能承受自重所带来的荷重；电缆穿越建筑物、构筑物、道路、易受机械损伤的场所及引出地面从 2 m 高度至地下 0.2 m 处，加设保护套管。保护套管的内径大于电缆外径的 1.5 倍。

二、电气防火措施

（1）科学合理配置、检修、更换各类保护电器，做到动作参数准确，确保对线路及设备的过载、短路、漏电进行可靠的保护，以便发生各类电气故障时，开关电器能及时迅速地切断电源，避免发生设备过热带电现象。

（2）加强检查巡视，防止出现线路接地短路及绝缘强度降低。线路与设备的压线端应牢固可靠，防止电弧闪烁及接触而产生高温高热，合理设置各类防雷击措施，防雷击引起的电气火灾。

（3）在电气装置及线路周围严禁堆放易燃、易爆和强腐蚀介质；不得在电气设备旁使用火源，进入油料仓库的线路及照明开关灯具一律采取防爆措施。

（4）为保证临时兼消防水泵在火灾发生时，不因现场断开配电线路而不能启动，延缓对火灾进行有效的扑救，需将消防水泵电源接在总配电断路器电源侧，保证消防电源不因任何情况而断开。

（5）在配电房、变压器房、柴油发电机房及用电设备较集中的地点，配备足够数量的干粉灭火器和二氧化碳灭火器。

（6）木工间和电焊棚是防火重点，必须设置足够数量的灭火器，而且要求干粉灭火器和二氧化碳灭火器及泡沫灭火器分开放置，标志明确，防止误用。

（7）灯具的架设要离开易燃物 30cm 以上，固定架设高度不低于 3 m。

（8）油库、油漆库除通风良好外，其灯具必须是防爆型，拉线开关应装于库门外。

（9）配电箱、开关箱材质选用铁板或优质绝缘材料制作，不得采用木质材料，铁板的厚度应大于 1.5 mm。配电箱内的电器安装在金属或非木质的绝缘电器安装板上。

（10）配电箱、开关箱设置电器元件之间的距离和与箱体之间的距离应符合电气规范。

（11）熔断器的保险丝不宜过大，够用即可。严禁用铜丝替代保险丝。

（12）焊接机械放置在防雨和通风良好的地方。焊接现场不准堆放易燃易爆物品。

第十三章　施工现场消防管理

第一节　消防基本常识

一、消防基本常识

（1）《消防法》规定消防工作方针："预防为主，防消结合"。实施时间为 1998 年 9 月 1 日。

（2）"预防为主"——抓三落实：组织上落实；人员上落实；技术上落实。

（3）"防消结合"——"一手抓防火，一手抓灭火"；"防中有消，消中有防"；防为消作准备，消为防作补充；防可以减少火灾事故的发生，消可以减少火灾发生后的损失降低到最低限度。

二、施工现场的消防方式

工程开工前，应对施工现场的临时消防设施进行设计。

临时消防设施包括灭火器、临时消防给水系统和临时消防应急照明等。

施工现场应合理利用已施工完毕的在建工程永久性消防设施兼作施工现场的临时消防设施。

临时消防设施的设置宜与在建工程结构施工保持同步。对于房屋建筑，与主体结构工程施工进度的差距不应超过 3 层。

隧道内的作业场所应配备防毒面具，其数量不应少于预案中确定的需进入隧道内进行灭火救援的人数。

1. 灭火器

（1）施工现场的下列场所应配置灭火器：可燃、易燃物存放及其使用场所；动火作业场所；自备发电机房、配电房等设备用房；施工现场办公、生活用房；其他具有火灾危险的场所。

（2）灭火器配置应符合下列规定：灭火器的类型应与配备场所的可能火灾类型相匹配；灭火器的最低配置标准应符合表 13-1 的规定。

表 13-1　灭火器的最低配置标准

项目		易燃、易爆物存放及使用场所	动火作业场所	可燃物存放及使用场所	自备发电机房、配电房等设备用房	施工现场办公、生活用房
固体物质火灾	单具灭火器的最小灭火级别	3A	3A	2A	1A	1A
	单位灭火器级别的最大保护面积/（m²/A）	50	50	75	100	100
液体或气体火灾	单具灭火器最小灭火级别	89B	89B	55B	21B	21B
	单位灭火级别最大保护面积/（m²/B）	0.5	0.5	1.0	1.5	1.5
带电火灾	单具灭火器最小灭火级别	3A 或 89B		2A 或 55B	1A 或 21B	
	单位灭火级别最大保护面积	50 m²/A 或 0.5 m²/B		75 m²/A 或 1.0 m²/B	100 m²/A 或 1.5 m²/B	

（3）每个部位配置的灭火器数量不应少于 2 具。灭火器的最大保护距离应符合表 13-2 的规定。

表 13-2　灭火器的最大保护距离　　　　　　　　　　　　单位：m

灭火器配置场所	固体物质火灾	液体或气体类火灾	带电火灾
易燃、易爆物存放及使用场所	15	9	9
动火作业场所	15	9	9
可燃物存放及使用场所	20	12	12
自备发电机房、配电房等使用设备用房	25	15	15
施工现场办公、生活用房	25	15	15

（4）施工现场因无水源而未设置临时消防给水系统时，每个部位配置的灭火器数量不应少于 3 具，且单位灭火级别最大保护面积不应大于表 13-1 规定的 2/3。

2. 消防给水系统

（1）施工现场或其附近应有稳定、可靠的水源，并应能满足施工现场临时生产、生活和消防用水的需要。

（2）施工现场临时建筑面积大于 300 m² 或在建工程体积大于 20 000 m³ 时，应设置临时室外消防给水系统。当施工现场全部处于市政消火栓的 150 m 保护范围内，且市政消火栓的数量满足室外消防用水量要求时，可不设置临时室外消防给水系统。

（3）室外消防用水量应按临建区和在建工程临时室外消防用水量的较大者确定，火灾次数可按同时发生 1 次考虑。施工现场未设置临时办公、生活设施，可不考虑临建区的消防用水。

（4）临建区的临时室外消防用水量不应小于表 13-3 的规定。

表 13-3　临建区的临时室外消防用水量

临建区	火灾延续时间/h	单位时间灭火用水量/(L/s)
临时建筑面积≤5 000 m²		10
5 000 m²＜临时建筑面积≤10 000 m²	1	15
临建区占地面积＞10 000 m²		20

（5）在建工程的临时室外消防用水量不应小于表 13-4 的规定。

表 13-4　在建工程的临时室外消防用水量

在建工程（单体）	火灾延续时间/h	单位时间灭火用水量/(L/s)
在建工程体积≤30 000 m³		20
30 000 m³＜在建工程体积≤50 000 m³	2	25
在建工程体积＞50 000 m³	3	30

（6）施工现场的临时室外消防给水系统设计应符合下列要求：

1）给水管网宜布置成环状。

2）临时室外消防给水主干管的直径不应小于 DN100。

3）给水管网末端压力不应小于 0.2 MPa。

4）室外消火栓沿在建工程、办公与生活用房和可燃、易燃物存放区布置，距在建工程用地红线或临时建筑外边线不应小于 5.0 m。

5）消火栓的间距不应大于 120 m。

6）消火栓的最大保护距离不应大于 150 m。

（7）建筑高度大于 24 m 或在建工程（单体）体积超过 30 000 m³ 的在建工程施工现场，应设置临时室内消防给水系统。

（8）在建工程的临时室内消防用水量不应小于表 13-5 的规定。

表 13-5　在建工程的临时室内消防用水量

在建工程（单体）	火灾延续时间/h	单位时间灭火用水量/(L/s)
在建工程体积≤50 000 m³		20
50 000 m³＜在建工程体积≤100 000 m³	2	30
在建工程体积＞100 000 m³	3	40

（9）临时室内消防给水系统设计应符合下列规定：

1）消防竖管的设置位置应便于消防人员取水和操作，其数量不宜少于 2 根。

2）消防竖管的管径应根据消防用水量、竖管给水压力或流速进行计算确定，消防竖管的给水压力不应小于 0.2 MPa，流量不应小于 10 L/s。

3）严寒地区可采用干式消防竖管，竖管应在首层靠出口部位设置，便于消防车供水。竖管应设置消防栓快速接口和止回阀，最高处应设置自动排气阀。

（10）应设置室内临时室内消防给水系统的在建工程，各结构层均应设置室内消火栓快速接口及消防软管接口。

（11）建筑高度超过 100 m 的在建工程，应增设楼层高位水箱及高位消防水泵。楼层高位水箱的有效容积不应少于 6 m³，上下两个高位水箱的高差不应超过 100 m。

（12）当外部消防水源不能满足施工现场的临时消防用水要求时，应在施工现场设置临时消防水池。

（13）当消防水源的给水压力不能满足消防给水管网的压力要求时，应设置消防水泵。

第二节　施工过程重点部位的防火安全措施

（1）在建工程所用保温、防水、装饰、防火材料的燃烧性能应符合设计要求。

（2）在建工程的外脚手架、支模架、操作架、防护架的架体，宜采用不燃或难燃材料搭设。

（3）施工作业安排时，宜将动火作业安排在使用可燃、易燃建筑材料的施工作业之前。

（4）施工现场动火作业应履行审批手续。

（5）具有爆炸危险的场所禁止动火作业。

（6）采用可燃保温、防水材料进行保温、防水施工时，应组织分段流水施工，并及时隐蔽，严禁在裸露的可燃保温、防水材料上直接进行动火作业。

（7）室内使用油漆、有机溶剂或可能产生可燃气体的物资，应保持室内良好通风，严禁动火作业和吸烟。

（8）施工现场调配油漆、稀料、醇酸清漆等危险作业应在在建工程之外的安全地点进行。

（9）施工现场的动火作业应符合下列规定：

动火作业前，应对动火作业点进行封闭、隔离，或对动火作业点附近的可燃、易燃建筑材料采取清除或覆盖、隐蔽措施；动火作业时，应按要求配置灭火器；在可燃、易燃物品附近动火作业时，应设专人监护；5级（含5级）以上风力时，应停止室外动火作业；动火作业后，应确认无火灾隐患。

（10）施工现场的电气线路敷设应符合下列规定：

施工现场的动力和照明线路必须分开设置，配电线路及电气设备应设置过载保护装置；严禁使用陈旧老化、破损、线芯裸露的导线；当采用暗敷设时，应敷设在不燃烧体结构内，且其保护层厚度不宜小于 30 mm。当采用明敷设时，应穿金属管、阻燃套管或封闭式阻燃线槽。当采用绝缘或护套为非延燃性的电缆时，可直接明敷；严禁不按操作规程和要求敷设或连接电气线路，严禁超负荷使用电气设备。

（11）施工现场照明灯具的设置应符合下列规定：

易燃材料存放库房内不宜使用功率大于 40 W 的热辐射照明灯具，可燃材料存放库房内不宜使用功率大于 60 W 的热辐射照明灯具，其他临时建筑内不宜使用功率大于 100 W 的热辐射照明灯具和功率大于 3 kW 的电气设备；热辐射照明灯具与可燃、易燃材料的距离应符合相关规范规定。

（12）施工现场用气应符合下列规定：

易燃、易爆气体的输送和盛装应采用专用管道、气瓶，专用管道、气瓶及其附件应符合国家相关标准的要求；气瓶应分类专库储存，库房内应阴凉通风；气瓶入库时，应对气瓶的外观、漆色及标志、附件进行全面检查，并做好记录；气瓶存放时，应保持直立状态，并应有可靠的防倾倒措施。空瓶和实瓶同库存放时，应分开放置，两者的间距不应小于 1.5 m；气瓶运输、使用过程中，严禁碰撞、敲打、抛掷、溜坡或滚动，并应远离火源，并应采取避免高温和防止暴晒的措施；瓶装气体使用前，应先检查气瓶的阀门、气门嘴、连接气路的气密性，应采取避免气体泄漏的措施；氧气瓶与乙炔瓶的工作间距不应小于 5 m，气瓶与明火作业的距离不应小于 10 m；气瓶内的气体严禁用完，瓶内剩余气体的压力不应小于 0.1 MPa。

第三节　施工现场火灾急救措施

一、火灾急救

施工现场发生火警、火灾时，应立即了解起火部位，燃烧的物质等基本情况，迅速拨打火警"119"或向项目领导报告，同时组织撤离和扑救。

在消防部门到达前，对易燃、易爆的物质采取正确有效的隔离。如切断电源、撤离火场内的人员和周围的易燃易爆及一切贵重物品，根据火场情况，机动灵活地选择灭火工具。

在扑救现场，应行动统一，如火势扩大，一般扑救不可能时，应积极组织人员撤退，避免不必要的伤亡。

扑灭火情可单独采用，也可同时采用几种灭火方法（冷却法、窒息法、化学中断法）进行扑救。灭火扑救的基本原理是破坏燃烧的三个条件（可燃物、助燃物、火源）中的任一条件。在扑救的同时要注意周围情况，防止中毒、坍塌、坠落、触电、物体打击等二次事故的发生。

在灭火后，要保护好现场，以便事后调查起火原因。

二、火灾现场自救注意事项

救火人员应注意自我保护，使用灭火器材救火是要站在上风头，以防因烈火、浓烟熏烤而受到伤害。

火灾袭来时要迅速疏散逃生，不要贪恋财物。

必须穿越浓烟逃走时，可用浸湿的衣物披裹身体，用湿毛巾捂住口鼻，或贴近地面爬行。

身上着火时，可就地打滚，或用厚重衣物覆盖压灭火苗。

大火封门无法逃生时，可用浸湿的被褥、衣物等塞住门缝，泼水降温，呼救待援。

三、烧伤人员的救治

在出事现场立即采取急救措施，使伤员尽快与致伤因素脱离接触，以免继续伤害深层皮肤组织。

第十四章　特种设备安全技术

第一节　起重机械和塔式起重机安全技术

一、起重机械安全技术

（1）对新安装的、经过大修或改变重要性能的起重机械，在使用前必须都应当按照起重机性能试验的有关规定进行吊重试验。

（2）起重机每班作业前应先做无负荷的升降、旋转、变幅，前后左右的运行以及制动器、限位装置的安全性能试验，如设备有故障，应排除后才能正式作业。

（3）起重机司机与信号员应按规定的各种手势或信号进行联络。作业中，司机应与信号员密切配合，服从信号员的指挥。但在起重作业发生危险时，无论是谁发出的紧急停车信号，司机应立即停车。

（4）司机在得到信号员发出的起吊信号后，必须先鸣信号后起重。起吊时重物应先离地面试吊，当确认重物挂牢、制动性能良好和起重机稳定后再继续起吊。

（5）起吊重物时，吊钩钢丝绳应保持垂直，禁止吊钩钢丝绳在倾斜状态下去拖动被吊的重物。在吊钩已挂上但被吊重物尚未提起时，禁止起重机移动位置或做旋转运动。禁止吊拔埋在地下或凝结在地下或重量不明的物品。

（6）重物起吊、旋转时，速度要均匀平稳，以免重物在空中摆动发生危险。在放下重物时，速度不要太快，以防重物突然下落而损坏。吊长、大型重物时应有专人拉溜绳。防止因重物摆动，造成事故。

（7）起重机严禁超过本机额定起重量工作。如果用两台起重机同时起吊一件重物时，必须有专人统一指挥，两机的升降速度应保持相等，其重物的重量不得超过两机额定起重量总和的75%；绑扎吊索时要注意重量的分配、每机分担的重量不能超过额定起重量的80%。

（8）起重机吊运重物时，不能从人头上越过，也不要吊着重物在空中长时间停留，在特殊情况下，如需要暂时停留，应发出信号，通知一切人员不要在重物下面站立或通过。

（9）起重机在工作时，所有人员尽量避免站在起重臂回转索及区域内。起重臂下严禁站人。装吊人员在挂钩后应及时站到安全地区。禁止在吊运重物上站人或对调挂着的重物进行加工。必须加工时应将重物放下垫好，并将起重臂、吊钩及回转机构的制动器刹住。若加工时间较长，应将重物放稳，起重机摘钩。吊着重物时司机和信号员不得随意离开工作岗位。在停工或休息时，严禁将重物悬挂在空中。

（10）当起重机运行时，禁止人员上下，从事检修工作或用手触摸钢丝绳和滑轮等部位。

（11）吊运金属溶液和易燃、易爆、有毒、有害等危险品时，应制定专门的安全措施，司机要连续发出信号，通知无关人员离开现场。

（12）使用电磁铁的起重机，应当划定一定的工作区域，在此区域内禁止有人，在往车辆上装卸铁块时，重物严禁从驾驶室上面经过，汽车司机必须离开驾驶室，以防止万一吸铁失灵铁块落下伤人。

（13）起重机在吊重作业中禁止起落起重臂，在特殊情况下，应严格按说明书的有关规定执行。严禁在起重臂起落稳妥前变换操纵杆。

（14）起重机在吊装高处的重物时，吊钩与滑轮之间应保持一定的距离，防止卷扬过限将钢丝绳拉断或起重臂后翻。在起重臂达到最大仰角和吊钩在最低位置时，卷筒上的钢丝绳应至少保留3圈以上。

（15）起重机的工作地点，应有足够的工作场所和夜间照明设备。起重机与附近的设备、建筑物应保持一定的安全距离，使其在运行时不会发生碰撞。

二、塔式起重机的安全装置

（1）力矩限制器——限制起重臂相应幅度起重量。

（2）重量限制器——限制最大起重量。

（3）高度限制器——限制最大起升高度。

（4）变幅限制器——限制起重臂最大和最小幅度。

（5）回转限制器——防止塔机相同一个方向转动扭断电缆线。

（6）防脱绳装置——防止钢丝绳脱离工作位置。

（7）小车防断绳装置——防止变幅绳断裂小车自由滑动。

（8）小车防断轴装置——防止小车走轮断轴后坠落。

（9）各部位制动器——既是工作装置，又是安全装置。

三、塔式起重机常见事故隐患

1. 违章操作造成的事故

（1）超负荷使用造成塔机事故。

（2）违规安装、拆卸造成事故。

（3）基础不符合要求引发事故。

（4）塔机附着不当引发事故。

2. 塔机疲劳和使用保养不当造成的事故

（1）钢结构疲劳造成关键部位母材产生裂纹或关键焊缝产生裂纹。

（2）连接螺栓疲劳、松动引发事故。

（3）销轴脱落引发事故。

四、塔式起重机基本安全要求

（1）起重吊装的指挥人员必须持证上岗，作业时应与操作人员密切配合，执行规定的指挥信号。操作人员应按照指挥人员的信号进行作业，当信号不清或错误时，操作人员可拒绝执行。

（2）起重机作业前，应检查轨道基础平直无沉陷，鱼尾板连接螺栓及道钉无松动，并应清除轨道上的障碍物，松开夹轨器并向上固定好。

（3）送电前，各控制器手柄应在零位。当接通电源时，应采用试电笔检查金属结构部分，确认无漏电后，方可上机。

（4）作业前，应进行空载运转，试验各工作机构是否运转正常，有无噪声及异常，各机构的制动器及安全防护装置是否有效，确认正常后方可作业。

（5）起吊重物时，重物和吊具的总重量不得超过起重机相应幅度下规定的起重量。

（6）应根据起吊重物和现场情况，选择适当的工作速度，操纵各控制器时应从停止点（零点）开始，依次逐级增加速度，严禁越挡操作。在变换运转方向时，应将控制器手柄扳到零位，待电动机停转后再转向另一方向，不得直接变换运转方向、突然变速或制动。

（7）在吊钩提升、起重小车或行走大车运行到限位装置前，均应减速缓行到停止位置，并应与限位装置保持一定距离。严禁采用限位装置作为停止运行的控制开关。

（8）动臂式起重机的起升、回转、行走可同时进行，变幅应单独进行。每次变幅后应对变幅部位进行检查。允许带载变幅的，当载荷达到额定起重量的90%及以上时，严禁变幅。

（9）提升重物，严禁自由下降。重物就位时，可采用慢就位机构或利用制动器使之缓慢下降。

（10）提升重物做水平移动时，应高出其跨越的障碍物0.5m以上。

（11）对于无中央集电环及起升机构不安装在回转部分的起重机，在作业时，不得顺一个方向连续回转。

（12）装有上、下两套操纵系统的起重机，不得上、下同时使用。

（13）作业中，当停电或电压下降时，应立即将控制器扳到零位，并切断电源。如吊钩上挂有重物，应稍松稍紧反复使用制动器，使重物缓慢地下降到安全地带。

（14）采用涡流制动调速系统的起重机，不得长时间使用低速挡或慢就位速度作业。

（15）作业中如遇6级及以上大风或阵风，应立即停止作业，锁紧夹轨器，将回转机构的制动器完全松开，起重臂应能随风转动。对轻型俯仰变幅起重机，应将起重臂落下并与塔身结构锁紧在一起。

（16）作业中，操作人员临时离开操纵室时，必须切断电源，锁紧夹轨器。

（17）起重机载人专用电梯严禁超员，其断绳保护装置必须可靠。当起重机作业时，严禁开动电梯。电梯停用时，应降至塔身底部位置，不得长时间悬在空中。

（18）起重机的变幅指示器、力矩限制器、起重量限制器以及各种行程限位开关等安全保护装置，应完好齐全、灵敏可靠，不得随意调整或拆除。严禁利用限制器和限位装置代替操纵机构。

（19）起重机作业时，起重臂和重物下方严禁有人停留、工作或通过。重物吊运时，严禁从人上方通过。严禁用起重机载运人。

第二节　物料提升机、施工升降机安全技术

一、物料提升机的安全防护和稳定装置

提升机使用环节的管理十分重要，正确使用和操作提升机，司机要经培训合格，现场安全监督要到位。由于建筑工人安全意识较淡薄，缺乏必要的安全知识和安全意识，未进行现场隐患整改，极易造成事故。

（1）提升机司机未培训合格。提升机司机普遍未经过培训合格，无上岗证，非专业司机现象普遍。司机不固定，经常更换，也给提升机的管理带来很大隐患。由于不了解物料提升机的使用情况，再加上不能及时维修保养，设备会经常出现缺陷影响使用，甚至造成事故发生。

（2）随意拆除或不使用安全保护装置。比如安全停靠装置，超高限位器，安全防护栏门等，提升机的安全保护装置是发生事故时的第一道防护线，当发生误操作或违章作业时可以及时发生作用，避免事故的发生。因此，安全防护装置不能拆除。现在施工现场对安全停靠装置的使用还不了解，安全停靠装置是井架运行至各楼层位置装卸物料时，将吊笼牢固地固定在立柱上，防止吊笼上下摆动及侧向摆动，影响操作人员作业。

（3）物料放置不规范。物料在吊笼内应均匀放置，不得超出吊笼外，当物料在吊笼中放置时，应采取安全措施，排除运行障碍，并制定防坠落措施，散料应装箱或装笼，严禁超载使用和人员攀越吊笼上下。

（4）信号不好。由于提升机司机在地面操作，不像施工升降机那样司机在吊笼内操作，因此司机对物料提升机吊笼内操作人员的操作不能准确掌握，经常出现停靠不准或人未出来，吊笼已运行现场，存在很大隐患。

（5）提升机安装后检查。查看金属结构有无开焊和明显变形；架体各节点连接螺栓是否紧固；附墙架、缆风绳、地锚位置和安装情况；架体的安装精度是否符合要求；安全防护装置是否符合要求；卷扬机的位置是否合理；电气设备及操作系统的可靠性；信号及通信装置的使用效果是否良好清晰；钢丝绳、滑轮组的固接情况；提升机与输电线路的安全距离及防护情况。

（6）提升机使用前检查：地锚与缆风绳的连接有无松动；空载提升吊篮做一次上下运行，验证是否正常，并同时碰撞限位器和观察安全门是否灵敏完好；在额定荷载下，将吊篮提升至离地面1~2m高度停机，检查制动器的可靠性和架体的稳定性；安全停靠装置和断绳保护装置的可靠性；吊篮运行通道内有无障碍物；司机的视线或通

信装置的使用效果是否清晰良好。确认提升机正常时，方可投入作业。

（7）提升机定期检查。正常工作状态下的提升机，作业周期超过一年的；闲置时间超过半年重新恢复作业的；经过改进和大修后的；重新安装后，使用前的；遭受自然灾害（如暴风、大雨雪等）可能使结构和提升机构以及安全防护装置遭受损害的。每月检查内容：金属结构有无开焊、锈蚀、永久变形；扣件、螺栓连接的紧固情况；提升机构磨损情况及钢丝绳的完好性；安全防护装置有无缺少、失灵和损坏；缆风绳、地锚、附墙架等有无松动；电气设备的接地（或接零）情况；断绳保护装置的灵敏度试验。

二、物料提升机的安装、使用及拆卸

1. 安装

安装人员经过培训，考核合格方可施工。安装前应检查提升机产品合格证，确认金属结构的成套性和完好性；提升机构完整良好；电气设备齐全可靠；基础位置和做法符合要求；地锚的位置、附墙架连接埋件的位置正确，埋设牢靠；提升机的架体和缆风绳的位置未靠近或跨越架空输电线路。必须靠近时，应保证最小安全距离，并应采取安全防护措施。

（1）提升机应安装附墙装置。《龙门架及井架物料提升机安全技术规范》（JGJ 88—2010）规定，提升机附墙装置的设置应符合设计要求，其间隔一般不宜大于 9m，且在建筑物的顶层必须设置 1 组，附墙后立柱顶部的自由高度不宜大于 6m。当提升机安装高度大于 9m 时，应及时加设一道附墙装置，并应随安装高度增加加设附墙装置，而在实际安装过程中经常是安装完后再加附墙装置，出现在安装过程中架体倒塌事故。另外，附墙装置与建筑结构的连接应采用刚性连接，并形成稳定结构，附墙架严禁连接在脚手架上。

（2）提升机吊装管理不当。卷扬机稳装的位置按照要求应该满足"从卷筒中心线到第一个导向滑轮的距离，带槽卷筒应大于卷筒宽度的 15 倍，无槽卷筒应大于 20 倍"的要求，同时卷扬机还应安装钢丝绳防脱装置。由于施工现场比较狭窄，很多施工现场卷扬机与物料提升机安装距离达不到这一要求，经常由于距离太近而出现钢丝绳缠绕错叠和脱离卷筒现象。另外，这也不利于司机操作，司机在卷扬机处操作会出现吊篮挡住视线，对吊篮的停靠位置掌握不准。司机离卷扬机太远，不能随时检查发现卷扬机工作情况，极易发生事故。

（3）提升机进料口防护棚搭设不规范。存在的主要问题是不搭设防护棚或防护棚搭设的强度，即防坠落物的冲击能力不足，另外就是防护棚搭设的面积不够。规范规定：物料提升机架体地面进料口处应搭设防护棚，以防止物体打击事故，防护棚使用 5cm 厚木板或相当于 5cm 厚木板强度的其他材料。防护棚搭设要求是低架前后 3m，高架 5m 左右，宽度稍大于架体宽度，防护棚两侧还应挂立网防护，防止人员从侧面进入。

（4）提升机卸料平台搭设不规范。卸料平台搭设稳固与否直接影响到操作工人的安全，这也是井架高空坠落事故的主要原因。严格要求来说，卸料平台应该做成独立式平台，即该平台的搭设只能是单独从地面立杆搭起或采用与建筑物拉结的形式，不能与脚手架连在一起，以免影响脚手架的稳固。

（5）提升机未安装超高限位器。超高限位器是为防止意外情况下电源不能断开吊篮仍继续上升，造成卷扬机仍继续运行拉断钢丝绳或拉翻物料提升机。

（6）提升机未立网或立网防护不全。物料提升机安装完后，在其外面应搭设脚手架并张挂立网全封闭防护，以免从运行的吊篮内落物伤人。

（7）提升机"四门"安装不全。物料提升机"四门"包括进料口防护门，卸料平台防护门和吊篮前门、后门，现在施工现场的物料提升机大多数只有吊篮前门，而缺少其他"三门"。为了使用安全，施工现场应保证"四门"齐全且正常使用。

（8）提升机在安装完毕后，必须经正式验收，符合要求后方可投入使用。同时，使用单位应对每台提升机建立设备技术档案备查，其内容应包括：验收、检修、试验及事故情况。

2. 使用

（1）物料提升机应有图纸、计算书及说明书，并按相关标准进行试验，确认符合要求后，方可投入运行。

（2）物料提升机设计、制作应符合下列规定：

1）物料提升机的结构设计计算应符合现行行业标准《龙门架及井架物料提升机安全技术规范》（JGJ 88—2010）、现行国家标准《钢结构设计规范》（GB 50017—2012）的有关规定。

2）物料提升机设计提升机结构的同时，应对其安全防护装置进行设计和选型，不得留给使用单位解决。

3）物料提升机应有标牌，标明额定起重量、最大提升高度及制造单位、制造日期。

3. 拆卸

井架式物料提升机的一般安装顺序：将底架按要求就位→将第一节标准节安装于标准节底架上→提升抱杆→安装卷扬机→利用卷扬机和抱杆安装标准节→安装吊笼→穿绕起升钢丝绳→安装安全装置。物料提升机的拆卸按安装架设的反程序进行。

三、施工升降机的安全装置

施工升降机的安全装置比较多，主要有12种：

（1）底笼的门联锁有机械和电动式两种。当吊笼上升时机械联锁的底笼门会自动落下关闭。电器联锁的底笼门开启状态下，吊笼的其他门关闭，施工升降机就无法启动，否则视为底笼门联锁失灵。

（2）吊笼的上料门联锁也有机械式和电动式两种。机械联锁门在吊笼升降过程中打不开，如果能打开，显示是联锁失灵；电动联锁门在升降过程中打开，则吊笼会自动停止，如果不能自动停止，说明联锁失灵。

（3）出料口的中间开门、检查方法与进料口相同。

（4）楼层安全门应能可靠锁闭，只有在吊笼停靠时才能打开。高度应超过一般人平均身高（1.80 m），防止人头探出门外。此楼层平台门，一是强度要满足；二是高度要符合；三是要做常闭；四是防护要严密。

（5）检查极限开关，不能只试验开关是否有效，主要应分别检查开关与上、下极限撞块的碰撞过程是否准确、灵敏、可靠。极限开关动作以后，不能自动复位，因为它切断了总电源，使吊笼上、下都无法启动，只能靠手动恢复。

（6）上、下限位开关是分别控制上升电路和下降电路的两个开关。检查时要分别看到它们的碰撞过程是否准确、灵敏、可靠。对极限开关和上、下限位开关的检查，均不能用手动方法代替碰撞过程的试验。因为在以往的检查中，发现有没装撞块或撞块错位的实例。

（7）防断（松）绳限位的安装有多种形式：有依靠偏心绳轮碰触的，当出现断（松）绳事故状态下，绳轮向重心方向倒下压动限位开关切断电源使桥箱停止运行；有靠铰链式绳轮碰触的，铰链式绳轮应有倒向控制弹簧，保证在断（松）绳事故状态下，绳轮向限位开关方向倾倒。

（8）顶门限位，在桥箱的顶部有一个供按拆人员上下的活动门，电梯升降过程中，为保证安全，必须将顶部的活动门关闭，因此，活动门装有限位开关，以保证顶门在关闭状态下运行。安全检查时用木棍顶一下顶门就能判断出限位开关的好坏。

（9）电缆保护架的安装间距不应大于 6 m，间距过大时，遇到大风天气，电缆会被风吹到挂在脚手架上，使桥箱无法下降，严重时会将电缆挂断造成事故，安全检查过程中发现过这样的实例。

（10）急停开关装在司机操作的控制面板上，供紧急情况下（在其他限位、开关失灵时）使用。按一下急停开关，升降过程中的桥箱应能立即停止。

（11）警铃声音应清晰，在电梯启动、停止前应鸣铃示警。

（12）电梯地面进料口防护棚须按高处作业安全技术要求设置，满足防砸防护要求。

四、施工升降机常见事故隐患

（1）施工升降机装拆隐患。

（2）施工升降机的司机未持证上岗。

（3）不按设计要求及时配置配重。

（4）安全装置装设不当甚至不装。

（5）楼层门设置不符要求。

（6）建筑工程质量与技术标准规定不按升降机额定荷载控制人员数量和物料重量。

（7）限速器未按规定进行每三个月一次的坠落试验。

五、施工升降机的安装、使用及拆卸

1. 施工升降机的安装

（1）安装作业人员应按施工安全技术交底内容进行作业。

（2）安装单位的专业技术人员、专职安全生产管理人员应进行现场监督。

（3）施工升降机的安装作业范围应设置警戒线及明显的警示标志。非作业人员不得进入警戒范围。任何人不得在悬吊物下方行走或停留。

（4）进入现场的安装作业人员应佩戴安全防护用品，高处作业人员应系安全带，穿防滑鞋。作业人员严禁酒后作业。

(5) 安装作业中应统一指挥，明确分工。危险部位安装时应采取可靠的防护措施。当指挥信号传递困难时，应使用对讲机等通信工具进行指挥。

(6) 当遇大雨、大雪、大雾或风速大于 13 m/s（6 级风）等恶劣天气时，应停止安装作业。

(7) 电气设备安装应按施工升降机使用说明书的规定进行，安装用电应符合现行行业标准《施工现场临时用电安全技术规范》（JGJ 46—2005）的规定。

(8) 施工升降机金属结构和电气设备金属外壳均应接地，接地电阻不应大于 4Ω。

(9) 安装时应确保施工升降机运行通道内无障碍物。

(10) 安装作业时必须将按钮盒或操作盒移至吊笼顶部操作。当导轨架或附墙架上有人员作业时，严禁开动施工升降机。

(11) 传递工具或器材不得采用投掷的方式。

(12) 在吊笼顶部作业前应确保吊笼顶部护栏齐全完好。

(13) 吊笼顶上所有的零件和工具应放置平稳，不得超出安全护栏。

(14) 安装作业过程中安装作业人员和工具等总载荷不得超过施工升降机的额定安装载重量。

(15) 当安装吊杆上有悬挂物时，严禁开动施工升降机。严禁超载使用安装吊杆。

(16) 层站应为独立受力体系，不得搭设在施工升降机附墙架的立杆上。

(17) 当需安装导轨架加厚标准节时，应确保普通标准节和加厚标准节的安装部位正确，不得用普通标准节替代加厚标准节。

(18) 接高导轨架标准节时，应按使用说明书的规定进行附墙连接。

(19) 每次加节完毕后，应对施工升降机导轨架的垂直度进行校正，且应按规定及时重新设置行程限位和极限限位，经验收合格后方能运行。

(20) 连接件和连接件之间的防松防脱件应符合使用说明书的规定，不得用其他物件代替。对有预紧力要求的连接螺栓，应使用扭力扳手或专用工具，按规定的拧紧次序将螺栓准确地紧固到规定的扭矩值。安装标准节连接螺栓时，宜螺杆在下，螺母在上。

(21) 当发现故障或危及安全的情况时，应立刻停止安装作业，采取必要的安全防护措施，应设置警示标志并报告技术负责人。在故障或危险情况未排除之前，不得继续进行安装作业。

(22) 当遇意外情况不能继续安装作业时，应使已安装的部件达到稳定状态并固定牢靠，经确认合格后方能停止作业。作业人员下班离岗时，应采取必要的防护措施，并应设置明显的警示标志。

(23) 安装完毕后应拆除为施工升降机安装作业而设置的所有临时设施，清理施工场地上作业时所用的索具、工具、辅助用具、各种零配件和杂物等。

2. 施工升降机的使用

(1) 不得使用有故障的施工升降机。

(2) 严禁施工升降机使用超过有效标定期的防坠安全器。

(3) 施工升降机额定载重量、额定乘员数标牌应置于吊笼醒目位置。严禁在超过额定载重量或额定乘员数的情况下使用施工升降机。

（4）当电源电压值与施工升降机额定电压值的偏差超过±5%，或供电总功率小于施工升降机的规定值时，不得使用施工升降机。

（5）应在施工升降机作业范围内设置明显的安全警示标志，应在集中作业区做好安全防护。

（6）当建筑物超过2层时，施工升降机地面通道上方应搭设防护棚。当建筑物高度超过24 m时，应设置双层防护棚。

（7）使用单位应根据不同的施工阶段、周围环境、季节和气候，对施工升降机采取相应的安全防护措施。

（8）使用单位应在现场设置相应的设备管理机构或配备专职的设备管理人员，并指定专职设备管理人员、专职安全生产管理人员进行监督检查。

（9）当遇大雨、大雪、大雾、施工升降机顶部风速大于20 m/s或导轨架、电缆表面结有冰层时，不得使用施工升降机。

（10）严禁用行程限位开关作为停止运行的控制开关。

（11）使用期间，使用单位应按使用说明书的要求对施工升降机定期进行保养。

（12）在施工升降机基础周边水平距离5 m以内，不得挖井，不得堆放易燃易爆物品及其他杂物。

（13）施工升降机运行通道内不得有障碍物。不得利用施工升降机的导轨架、横竖支撑、层站等牵拉或悬挂脚手架、施工管道、绳缆标语、旗帜等。

（14）施工升降机安装在建筑物内部井道中时，应在运行通道四周搭设封闭屏障。

（15）安装在阴暗处或夜班作业的施工升降机，应在全行程装设明亮的楼层编号标志灯。夜间施工时作业区应有足够的照明，照明应满足现行行业标准《施工现场临时用电安全技术规范》（JGJ 46—2005）的要求。

（16）施工升降机不得使用脱皮、裸露的电线、电缆。

（17）施工升降机吊笼底板应保持干燥整洁。各层站通道区域不得有物品长期堆放。

（18）施工升降机司机严禁酒后作业。工作时间内司机不应与其他人员闲谈，不应有妨碍施工升降机运行的行为。

（19）施工升降机司机应遵守安全操作规程和安全管理制度。

（20）实行多班作业的施工升降机，应执行交接班制度。

（21）施工升降机每天第一次使用前，司机应将吊笼升离地面1~2 m，停车试验制动器的可靠性。当发现问题，应经修复合格后方能运行。

（22）施工升降机每三个月应进行一次1.25倍额定载重量的超载试验，确保制动器性能安全可靠。

（23）工作时间内司机不得擅自离开施工升降机。当有特殊情况需离开时，应将施工升降机停到最底层，关闭电源并锁好吊笼门。

（24）操作手动开关的施工升降机时，不得利用机电联锁开动或停止施工升降机。

（25）层门门栓宜设置在靠施工升降机一侧，且层门应处于常闭状态。未经施工升降机司机许可，不得启闭层门。

（26）施工升降机专用开关箱应设置在导轨架附近便于操作的位置，配电容量应满足施工升降机直接启动的要求。

（27）施工升降机使用过程中，运载物料的尺寸不应超过吊笼的界限。

（28）散状物料运载时应装入容器、进行捆绑或使用织物袋包装，堆放时应使载荷分布均匀。

（29）运载熔化沥青、强酸、强碱、溶液、易燃物品或其他特殊物料时，应由相关技术部门做好风险评估和采取安全措施，且应向施工升降机司机、相关作业人员书面交底后方能载运。

（30）当使用搬运机械向施工升降机吊笼内搬运物料时，搬运机械不得碰撞施工升降机。卸料时，物料放置速度应缓慢。

（31）当运料小车进入吊笼时，车轮处的集中载荷不应大于吊笼底板和层站底板的允许承载力。

（32）吊笼上的各类安全装置应保持完好有效。经过大雨、大雪、台风等恶劣天气后应对各安全装置进行全面检查，确认安全有效后方能使用。

（33）当在施工升降机运行中发现异常情况时，应立即停机，直到排除故障后方能继续运行。

（34）当在施工升降机运行中由于断电或其他原因中途停止时，可进行手动下降。吊笼手动下降速度不得超过额定运行速度。

（35）作业结束后应将施工升降机返回最底层停放，将各控制开关拨到零位，切断电源、锁好开关箱、吊笼门和地面防护围栏门。

3. 施工升降机的拆卸

（1）拆卸前应对施工升降机的关键部件进行检查，当发现问题时，应在问题解决后方能进行拆卸作业。

（2）施工升降机拆卸作业应符合拆卸工程专项施工方案的要求。

（3）应有足够的工作面作为拆卸场地，应在拆卸场地周围设置警戒线和醒目的安全警示标志，并应派专人监护。拆卸施工升降机时不得在拆卸作业区域内进行与拆卸无关的其他作业。

（4）夜间不得进行施工升降机的拆卸作业。

（5）拆卸附墙架时施工升降机导轨架的自由端高度应始终满足使用说明书的要求。

（6）应确保与基础相连的导轨架在最后一个附墙架拆除后，仍能保持各方向的稳定性。

（7）施工升降机拆卸应连续作业。当拆卸作业不能连续完成时，应根据拆卸状态采取相应的安全措施。

（8）吊笼未拆除之前，非拆卸作业人员不得在地面防护围栏内、施工升降机运行通道内、导轨架内以及附墙架上等区域活动。

第十五章 施工项目安全生产管理的基本知识

第一节 施工项目安全生产管理的主要内容及基本要求

一、安全生产的重要性

安全生产工作直接关系到每个人的生命安危和国家的财产安全，是全国一切经济部门和生产企业的头等大事。

安全生产、文明生产是企业提高效率和效益的前提。只有安全管理搞好了，建筑企业才能在生产中减少或避免事故和职业病的发生，减少事故造成的直接经济损失和间接经济损失。建筑企业也必须在施工中随时随地重视安全教育，狠抓安全措施的落实，做到最大限度地减少事故的发生，促使劳动者把自己的精力、技能和知识充分地集中到保质保量、高效率完成生产任务中，提高企业的经济效益。

二、建筑工程安全生产管理的主要内容

安全，是指预知人类在生产和生活各个领域存在的固有的或潜在的危险，并且为消除这些危险所采取的各种方法、手段和行为的总称。包括人身安全、设备与财产安全、环境安全等。

安全生产，是指在劳动生产过程中，通过努力改善劳动条件，克服不安全因素，防止伤亡事故发生，使劳动生产在保障劳动者安全健康和国家财产不受损失的前提下顺利进行。

施工项目安全管理，是指在工程项目的施工过程中，组织安全生产的全部管理活动。通过对施工现场危险源的状态控制，减少或消除事故的安全隐患，从而有效控制施工现场的事故发生率，使项目目标效益得到充分保证。

三、现代建筑工程施工的特点

要搞好施工项目安全管理，首先要了解建筑施工的特点。

（1）建筑产品的多样性决定建筑安全问题的不断变化，建筑产品是固定的，附着在土地上的，而世界上没有完全相同的两块土地，建筑结构规模、建筑功能和工艺方

法是多样的，建造不同的建筑产品，对人员、材料、机械设备、防护用品、施工技术等有不同的要求，而且建筑现场环境也千差万别，这些差别决定了建设过程中总会不断地面临新的安全问题。

（2）建筑工程的流水施工，使得施工班组需要经常更换工作环境。而且，建设过程中的周边环境，作业条件，施工技术等都是在不断发生变化的，包含着较高的风险，而相应的安全防护设施往往是落后于施工过程。

（3）建筑施工现场存在的不安全因素复杂多变，建筑施工的高能耗，施工作业的高强度，施工现场的噪声、热量、有害气体和尘土等，以及施工工人露天作业，受天气、温度影响大，高温和严寒使得工人体力和注意力下降，雨雪天气还会导致工作湿滑，夜间照明不够，都容易导致事故。

（4）公司与项目部的分离，致使公司的安全措施并不能在项目部得到充分的落实。

（5）多个建设主体的存在及其关系的复杂性决定了建筑安全管理的难度较高，工程建设的责任单位有建设、勘察、设计、监理及施工等诸多单位。

（6）施工作业的非标准化使得施工现场危险因素增多，建筑业生产的素质相对普遍较低，劳动、资本密集，施工单位对施工作业培训严重不足，使得施工人员违章操作的现象时有发生，蕴含着不安全行为。

四、安全管理的方针、目标和特点

建筑施工生产的特点是产品固定，人员流动大，且多为露天、高空作业，施工环境和作业条件较差，不安全因素随着工程进度和施工季节的变化而不断变化，规律性差，存在安全隐患多等，因此建筑业属事故多发行业之一。针对施工作业的特点，控制人的不安全行为和物的不安全状态，是施工现场安全管理的重点，也是预防与避免伤害事故，保证生产处于最佳安全状态的根本环节。

1. 安全控制的方针

安全控制的目的是为了安全生产，因此安全控制的方针也应符合安全生产的方针，即"安全第一，预防为主。"

"安全第一"是把人身的安全放在首位，安全控制为了保证更有效的生产，反之生产也必须保证人身安全，安全和生产二者是统一体，同时为建设总体目标顺利实施服务。

"预防为主"是实现"安全第一"的最重要手段，只有采取正确的措施和方法进行安全控制，减少甚至消除事故隐患，尽量把事故消灭在萌芽状态。"预防为主"是安全控制最重要的思想。

2. 安全控制的目标

安全控制的目标是减少和消除生产过程中的事故，保证人员健康安全和财产免受损失。制定安全控制目标具体包括以下几个方面。

（1）减少或消除人的不安全行为的目标。

（2）减少或消除设备、材料的不安全状态的目标。

（3）改善生产环境和保护自然环境的目标。

（4）安全管理的目标。

3. 安全管理的特点

（1）动态性。由于建筑工程项目的单间性，使得每项工程所处的条件不同，同时建筑工程项目施工还具有分散性，现场施工分散于施工现场的各个部位，尽管有各种规章制度和安全技术交底的环节，但在实际作业过程中，安全生产管理仍需要采取动态化的管理方法来适应不断变化的外界状况。

（2）系统交叉性。建筑工程项目是开放性的系统，受自然环境和社会环境影响很大，安全生产管理需要把工程系统、环境系统及社会系统结合起来，以达到建设项目的社会效益最大化。

（3）严谨性。安全状态具有触发性，因此安全生产管理措施必须严谨，一旦失控就会造成损失和伤害。

五、建筑施工企业现状

1. 人员要素方面

建筑行业整体素质偏低，主要体现在：一是在所有从业人员中，农民工比例达到80％，有的施工现场甚至90％以上，其安全防护意识和操作技能较低，而职业技能的培训却远远不够；二是全行业技术、管理人员偏少；三是专职安全管理人员更少，素质低，远远达不到工程安全管理的需要。

2. 安全技术方面

建筑业安全生产科技相对落后，近年来，科学技术含量高，施工难度大和施工危险性大的工程增多，给施工安全生产管理提出了新课题、新挑战。一大批高、大、精、尖工程的出现，都使施工难度、危险性增大。

3. 企业安全管理方面

随着改革的深入和经济的快速发展，建设生产经营单位的经济成分及投资主体日趋多元化。随着改革的深化，投资主体日趋多元化，私人和外商投资越来越多，房地产和市政建设投资进一步加大。由于大部分企业安全生产管理水平落后，在安全管理方面存在着相当大的缺陷，与发达国家有很大的差距，施工企业安全生产投入不足，基础薄弱，企业违背客观规律，一味强调施工进度，轻视巡全生产、蛮干、乱干、抢工期，在侥幸中求安全的现象相当普遍。各方从业人员过分注意自身的经济利益，忽视自身的安全，致使在对企业的安全监督管理方面的出现有章不循，纪律松驰，违章指挥、违章作业，管理不严，监督不力和违反劳动纪律的事件处罚不严，加之当前各级机械改革使安全监督管理队伍发生较大变化，有些生产经营单位甚至取消了安全管理机构和专业安全管理人员，致使安全生产监督力量更加薄弱。

4. 安全教育方面

建筑企业的三级安全教育执行情况较差，走过场，工人受到的安全培训非常少。

5. 个人安全防护

建筑业的个人安全防护装备落后，质量低劣，配备严重不足，几乎没有任何工地配备安全鞋、安全眼镜和耳塞等安全防护用品。

第二节　施工项目安全管理的组织机构及体系的设置要求

一、建筑施工企业安全生产管理机构设置

建筑施工企业应当依法设置安全生产管理机构，在企业主要负责人的领导下开展本企业的安全生产管理工作。

建筑施工企业安全生产管理机构具有以下职责：

（1）宣传和贯彻国家有关安全生产法律法规和标准。

（2）编制并适时更新安全生产管理制度并监督实施。

（3）组织或参与企业生产安全事故应急救援预案的编制及演练。

（4）组织开展安全教育培训与交流；协调配备项目专职安全生产管理人员。

（5）制订企业安全生产检查计划并组织实施；监督在建项目安全生产费用的使用。

（6）参与危险性较大工程安全专项施工方案专家论证会。

（7）通报在建项目违规违章查处情况；组织开展安全生产评优评先表彰工作。

（8）建立企业在建项目安全生产管理档案。

（9）考核评价分包企业安全生产业绩及项目安全生产管理情况。

（10）参加生产安全事故的调查和处理工作。

（11）企业明确的其他安全生产管理职责。

二、施工企业专职安全生产管理人员的配备

建筑施工企业要设专职安全生产管理人员，专职安全生产管理人员在施工现场检查过程中具有以下职责：

（1）查阅在建项目安全生产有关资料、核实有关情况。

（2）检查危险性较大工程安全专项施工方案落实情况。

（3）监督项目专职安全生产管理人员履责情况。

（4）监督作业人员安全防护用品的配备及使用情况。

（5）对发现的安全生产违章违规行为或安全隐患，有权当场予以纠正或作出处理决定。

（6）对不符合安全生产条件的设施、设备、器材，有权当场作出查封的处理决定。

（7）对施工现场存在的重大安全隐患有权越级报告或直接向建设主管部门报告。

（8）企业明确的其他安全生产管理职责。

施工企业安全生产管理机构专职安全生产管理人员的配备应满足下列要求，并应根据企业经营规模、设备管理和生产需要予以增加：

（1）建筑施工总承包资质序列企业：特级资质不少于 6 人；一级资质不少于 4 人；二级和二级以下资质企业不少于 3 人。

（2）建筑施工专业承包资质序列企业：一级资质不少于 3 人；二级和二级以下资

质企业不少于 2 人。

（3）建筑施工劳务分包资质序列企业：不少于 2 人。

（4）建筑施工企业的分公司、区域公司等较大的分支机构（以下简称分支机构）应依据实际生产情况配备不少于 2 人的专职安全生产管理人员。

建筑施工企业应当实行建设工程项目专职安全生产管理人员委派制度。建设工程项目的专职安全生产管理人员应当定期将项目安全生产管理情况报告企业安全生产管理机构。

三、施工项目安全生产领导小组的设置

建筑施工企业应当在建设工程项目组建安全生产领导小组。建设工程实行施工总承包的，安全生产领导小组由总承包企业、专业承包企业和劳务分包企业项目经理、技术负责人和专职安全生产管理人员组成。

安全生产领导小组的主要职责：

（1）贯彻落实国家有关安全生产法律法规和标准。

（2）组织制定项目安全生产管理制度并监督实施。

（3）编制项目生产安全事故应急救援预案并组织演练。

（4）保证项目安全生产费用的有效使用。

（5）组织编制危险性较大工程安全专项施工方案。

（6）开展项目安全教育培训。

（7）组织实施项目安全检查和隐患排查。

（8）建立项目安全生产管理档案。

（9）及时、如实报告安全生产事故。

四、施工项目专职安全生产管理人员的设置

项目专职安全生产管理人员具有以下主要职责：

（1）负责施工现场安全生产日常检查并做好检查记录。

（2）现场监督危险性较大工程安全专项施工方案实施情况。

（3）对作业人员违规违章行为有权予以纠正或查处。

（4）对施工现场存在的安全隐患有权责令立即整改。

（5）对于发现的重大安全隐患，有权向企业安全生产管理机构报告。

（6）依法报告生产安全事故情况。

总承包单位配备项目专职安全生产管理人员应当满足下列要求：

（1）建筑工程、装修工程按照建筑面积配备：

1）1 万 m² 以下的工程不少于 1 人。

2）1 万～5 万 m² 的工程不少于 2 人。

3）5 万 m² 及以上的工程不少于 3 人，且按专业配备专职安全生产管理人员。

（2）土木工程、线路管道、设备安装工程按照工程合同价配备：

1）5 000 万元以下的工程不少于 1 人。

2）5 000 万～1 亿元的工程不少于 2 人。

3）1 亿元及以上的工程不少于 3 人，且按专业配备专职安全生产管理人员。

分包单位配备项目专职安全生产管理人员应当满足下列要求：

（1）专业承包单位应当配置至少 1 人，并根据所承担的分部分项工程的工程量和施工危险程度增加。

（2）劳务分包单位施工人员在 50 人以下的，应当配备 1 名专职安全生产管理人员；50～200 人的，应当配备 2 名专职安全生产管理人员；200 人及以上的，应当配备 3 名及以上专职安全生产管理人员，并根据所承担的分部分项工程施工危险实际情况增加，不得少于工程施工人员总人数的 5‰。

采用新技术、新工艺、新材料或致害因素多、施工作业难度大的工程项目，项目专职安全生产管理人员的数量应当根据施工实际情况，在上述规定的配备标准上增加。

施工作业班组可以设置兼职安全巡查员，对本班组的作业场所进行安全监督检查。建筑施工企业应当定期对兼职安全巡查员进行安全教育培训。

第三节　施工项目安全管理的基本制度

一、概述

建设工程劳动人数众多，规模巨大，且工作环境复杂多变，安全生产的难度很大。通过建立各项制度，规范建设工程的生产行为，对于提高建筑工程安全生产水平是非常重要的。

《建筑法》、《安全生产法》、《安全生产许可证条例》、《建筑施工企业安全生产许可证管理规定》等与建设工程有关的法律法规和部门规章，对政府部门、有关企业及相关人员的建设工程安全生产和管理行为进行了全面的规范，确立了一系列建设工程安全生产管理制度。其中，涉及政府部门安全生产的监管制度有：建设施工企业安全生产许可制度、三类人员考核任职制度、特种作业人员持证上岗制度、安全监督检查制度、安全事故报告制度和施工起重机械使用登记制度；涉及施工企业的安全生产制度有：安全生产责任制度、安全生产教育培训制度、专项施工方案专家论证审查制度、施工现场消防安全责任制度、意外伤害保险制度和生产安全事故应急救援制度等。

二、建筑施工企业安全生产许可制度

为了严格规范建筑施工企业安全生产条件，进一步加强安全生产监督管理，防止和减少生产安全事故，建设部根据《安全生产许可证条例》、《建设工程安全生产管理条例》等有关行政法规，于 2004 年 7 月制定《建筑施工企业安全生产许可证管理规定》（建设部令第 128 号）。

国家对建筑施工企业实行安全生产许可制度。建筑施工企业未取得安全生产许可证的，不得从事建筑施工活动。

主要内容如下：

1. 安全生产许可证的申请条件

建筑施工企业取得安全生产许可证，应当具备下列安全生产条件：

（1）建立、健全安全生产责任制，制定完备的安全生产规章制度和操作规程。

（2）保证本单位安全生产条件所需资金的投入。

（3）设置安全生产管理机构，按照国家有关规定配备专职安全生产管理人员。

（4）主要负责人、项目负责人、专职安全生产管理人员经建设主管部门或者其他有关部门考核合格。

（5）特种作业人员经有关业务主管部门考核合格，取得特种作业操作资格证书。

（6）管理人员和作业人员每年至少进行一次安全生产教育培训并考核合格。

（7）依法参加工伤保险，依法为施工现场从事危险作业的人员办理意外伤害保险，为从业人员缴纳保险费。

（8）施工现场的办公、生活区及作业场所和安全防护用具、机械设备、施工机具及配件符合有关安全生产法律、法规、标准和规程的要求。

（9）有职业危害防治措施，并为作业人员配备符合国家标准或者行业标准的安全防护用具和安全防护服装。

（10）有对危险性较大的分部分项工程及施工现场易发生重大事故的部位、环节的预防、监控措施和应急预案。

（11）有生产安全事故应急救援预案、应急救援组织或者应急救援人员，配备必要的应急救援器材、设备。

（12）法律、法规规定的其他条件。

2. 安全生产许可证的申请与颁发

建筑施工企业从事建筑施工活动前，应当依照《建筑施工企业安全生产许可证管理规定》向省级以上建设主管部门申请领取安全生产许可证。中央管理的建筑施工企业（集团公司、总公司）应当向国务院建设主管部门申请领取安全生产许可证。其他建筑施工企业，包括中央管理的建筑施工企业（集团公司、总公司）下属的建筑施工企业，应当向企业注册所在地省、自治区、直辖市人民政府主管部门申请领取安全生产许可证。

建设主管部门应当自受理建筑施工企业的申请之日起 45 日内审查完毕；经审查符合安全生产条件的，颁发安全生产许可证；不符合安全生产条件的，不予颁发安全生产许可证，书面通知企业并说明理由。企业自接到通知之日起应当进行整改，整改合格后方可再次提出申请。

建设主管部门审查建筑施工企业安全生产许可证申请，涉及铁路、交通、水利等有关专业工程时，可以征求铁路、交通、水利等有关部门的意见。

安全生产许可证的有效期为 3 年。安全生产许可证有效期满需要延期的，企业应当于期满前 3 个月向原安全生产许可证颁发管理机关申请办理延期手续。企业在安全生产许可证有效期内，严格遵守有关安全生产的法律法规，未发生死亡事故的，安全生产许可证有效期届满时，经原安全生产许可证颁发管理机关同意，不再审查，安全生产许可证有效期延期 3 年。

建筑施工企业变更名称、地址、法定代表人等，应当在变更后 10 日内，到原安全生产许可证颁发管理机关办理安全生产许可证变更手续。

建筑施工企业破产、倒闭、撤销的，应当将安全生产许可证交回原安全生产许可证颁发管理机关予以注销。

建筑施工企业遗失安全生产许可证，应当立即向原安全生产许可证颁发管理机关报告，并在公众媒体上声明作废后，方可申请补办。

安全生产许可证申请表采用住建部规定的统一式样。安全生产许可证采用国务院安全生产监督管理部门规定的统一式样。安全生产许可证分正本和副本，正、副本具有同等法律效力。

3. 安全生产许可证的监督管理

县级以上人民政府建设主管部门应当加强对建筑施工企业安全生产许可证的监督管理。建设主管部门在审核发放施工许可证时，应当对已经确定的建筑施工企业是否有安全生产许可证进行审查，对没有取得安全生产许可证的，不得颁发施工许可证。

跨省从事建筑施工活动的建筑施工企业有违反本规定行为的，由工程所在地的省级人民政府建设主管部门将建筑施工企业在本地区的违法事实、处理结果和处理建议抄告原安全生产许可证颁发管理机关。

建筑施工企业取得安全生产许可证后，不得降低安全生产条件，并应当加强日常安全生产管理，接受建设主管部门的监督检查。安全生产许可证颁发管理机关发现企业不再具备安全生产条件的，应当暂扣或者吊销安全生产许可证。

安全生产许可证颁发管理机关或者其上级行政机关发现有下列情形之一的，可以撤销已经颁发的安全生产许可证：

（1）安全生产许可证颁发管理机关工作人员滥用职权、玩忽职守颁发安全生产许可证的。

（2）超越法定职权颁发安全生产许可证的。

（3）违反法定程序颁发安全生产许可证的。

（4）对不具备安全生产条件的建筑施工企业颁发安全生产许可证的。

（5）依法可以撤销已经颁发的安全生产许可证的其他情形。

依照前款规定撤销安全生产许可证，建筑施工企业的合法权益受到损害的，建设主管部门应当依法给予赔偿。

安全生产许可证颁发管理机关应当建立、健全安全生产许可证档案管理制度，定期向社会公布企业取得安全生产许可证的情况，每年向同级安全生产监督管理部门通报建筑施工企业安全生产许可证颁发和管理情况。

建筑施工企业不得转让、冒用安全生产许可证或者使用伪造的安全生产许可证。

建设主管部门工作人员在安全生产许可证颁发、管理和监督检查工作中，不得索取或者接受建筑施工企业的财物，不得谋取其他利益。

任何单位或者个人对违反本规定的行为，有权向安全生产许可证颁发管理机关或者监察机关等有关部门举报。

4. 法律责任

违反规定，建设主管部门工作人员有下列行为之一的，给予降级或者撤职的行政处分；构成犯罪的，依法追究刑事责任：

（1）向不符合安全生产条件的建筑施工企业颁发安全生产许可证的。

（2）发现建筑施工企业未依法取得安全生产许可证擅自从事建筑施工活动，不依法处理的。

（3）发现取得安全生产许可证的建筑施工企业不再具备安全生产条件，不依法处理的。

（4）接到对违反本规定行为的举报后，不及时处理的。

（5）在安全生产许可证颁发、管理和监督检查工作中，索取或者接受建筑施工企业的财物，或者谋取其他利益的。

由于建筑施工企业弄虚作假，造成前款第(1)项行为的，对建设主管部门工作人员不予处分。

取得安全生产许可证的建筑施工企业，发生重大安全事故的，暂扣安全生产许可证并限期整改。建筑施工企业不再具备安全生产条件的，暂扣安全生产许可证并限期整改；情节严重的，吊销安全生产许可证。

违反《建筑施工企业安全生产许可证管理规定》，建筑施工企业未取得安全生产许可证擅自从事建筑施工活动的，责令其在建项目停止施工，没收违法所得，并处10万元以上50万元以下的罚款；造成重大安全事故或者其他严重后果，构成犯罪的，依法追究刑事责任。违反《建筑施工企业安全生产许可证管理规定》，安全生产许可证有效期满未办理延期手续，继续从事建筑施工活动的，责令其在建项目停止施工，限期补办延期手续，没收违法所得，并处5万元以上10万元以下的罚款；逾期仍不办理延期手续，继续从事建筑施工活动的，责令其在建项目停止施工，没收违法所得，并处10万元以上50万元以下的罚款；造成重大安全事故或者其他严重后果，构成犯罪的，依法追究刑事责任。

违反《建筑施工企业安全生产许可证管理规定》，建筑施工企业转让安全生产许可证的，没收违法所得，处10万元以上50万元以下的罚款，并吊销安全生产许可证；构成犯罪的，依法追究刑事责任；接受转让的，责令其在建项目停止施工，没收违法所得，并处10万元以上50万元以下的罚款；造成重大安全事故或者其他严重后果，构成犯罪的，依法追究刑事责任。冒用安全生产许可证或者使用伪造的安全生产许可证的，责令其在建项目停止施工，没收违法所得，并处10万元以上50万元以下的罚款；造成重大安全事故或者其他严重后果，构成犯罪的，依法追究刑事责任。

违反规定，建筑施工企业隐瞒有关情况或者提供虚假材料申请安全生产许可证的，不予受理或者不予颁发安全生产许可证，并给予警告，1年内不得申请安全生产许可证。建筑施工企业以欺骗、贿赂等不正当手段取得安全生产许可证的，撤销安全生产许可证，3年内不得再次申请安全生产许可证；构成犯罪的，依法追究刑事责任。

《建筑施工企业安全生产许可证管理规定》的暂扣、吊销安全生产许可证的行政处罚，由安全生产许可证的颁发管理机关决定；其他行政处罚，由县级以上地方人民政府建设主管部门决定。

三、建筑施工企业三类人员考核任职制度

依据建设部《关于印发〈建筑施工企业主要负责人、项目负责人、专职安全生产

管理人员安全生产考核管理暂行规定》的通知》（建质〔2004〕59 号）的规定，为贯彻落实《安全生产法》、《建筑工程安全生产管理条例》和《安全生产许可证条例》，提高建筑施工企业主要负责人、项目负责人、专职安全生产管理人员安全生产知识水平和管理能力，保证建筑施工安全生产，对建筑施工企业三类人员进行考核认定。三类人员应当经建设行政主管部门或者其他有关部门考核合格后方可任职，考核内容主要是安全生产知识和安全管理能力。

1. 三类人员

三类人员是指建筑施工企业的主要负责人、项目负责人、专职安全生产管理人员。

建筑施工企业主要负责人，是指对本企业日常生产经营活动和安全生产工作全面负责、有生产经营决策权的人员，包括企业法定代表人、经理、企业分管安全生产工作的副经理等。

建筑施工企业项目负责人，是指由企业法定代表人授权，负责建设工程项目管理的负责人等；

建筑施工企业专职安全生产管理人员，是指在企业专职从事安全生产管理工作的人员，包括企业安全生产管理机构的负责人及其工作人员和施工现场专职安全生产管理人员。

2. 三类人员考核任职的主要规定

（1）为了提高建筑施工企业主要负责人、项目负责人和专职安全生产管理人员（以下简称建筑施工企业管理人员）的安全生产知识水平和管理能力，保证建筑施工安全生产，根据《安全生产法》、《建设工程安全生产管理条例》和《安全生产许可证条例》等法律法规，制定三类人员考核任职制度。

（2）考核范围：在中华人民共和国境内从事建设工程施工活动的建筑施工企业管理人员以及实施对建筑施工企业管理人员安全生产考核管理的，必须遵守本规定。

建筑施工企业管理人员必须经建设行政主管部门或者其他有关部门安全生产考核，考核合格取得安全生产考核合格证书后，方可担任相应职务。

（3）三类人员考核的管理工作及相关要求：

1）国务院建设行政主管部门负责全国建筑施工企业管理人员安全生产的考核工作，并负责中央管理的建筑施工企业管理人员安全生产考核和发证工作。

2）省、自治区、直辖市人民政府建设行政主管部门负责本行政区域内中央管理以外的建筑施工企业管理人员安全生产考核和发证工作。

3）建筑施工企业管理人员应当具备相应文化程度、专业技术职称和一定安全生产的工作经历，并经企业年度安全生产教育培训合格后，方可参加建设行政主管部门组织的安全生产考核。

4）建筑施工企业管理人员安全生产考核内容包括安全生产知识和管理能力。

5）建设行政主管部门对建筑施工企业管理人员进行安全生产考核，不得收取考核费用，不得组织强制培训。

6）安全生产考核合格的，由建设行政主管部门在 20 日内核发建筑施工企业管理人员安全生产考核合格证书；对不合格的，应通知本人并说明理由，限期重新考核。

7）建筑施工企业管理人员安全生产考核合格证书由国务院建设行政主管部门规定

统一的式样。

8）建筑施工企业管理人员变更姓名和所在法人单位等，应在一个月内到原安全生产考核合格证书发证机关办理变更手续。

9）任何单位和个人不得伪造、转让、冒用建筑施工企业管理人员安全生产考核合格证书。

10）建筑施工企业管理人员遗失安全生产考核合格证书，应在公共媒体上声明作废，并在一个月内到原安全生产考核合格证书发证机关办理补证手续。

11）建筑施工企业管理人员安全生产考核合格证书有效期为3年。有效期满需要延期的，应当于期满前3个月内向原发证机关申请办理延期手续。

12）建筑施工企业管理人员在安全生产考核合格证书有效期内，严格遵守安全生产法律法规，认真履行安全生产职责，按规定接受企业年度安全生产教育培训，未发生死亡事故的，安全生产考核合格证书有效期届满时，经原安全生产考核合格证书发证机关同意，不再考核，安全生产考核合格证书有效期延期3年。

13）建设行政主管部门应当建立、健全建筑施工企业管理人员安全生产考核档案管理制度，并定期向社会公布建筑施工企业管理人员取得安全生产考核合格证书的情况。

14）建筑施工企业管理人员取得安全生产考核合格证书后，应当认真履行安全生产管理职责，接受建设行政主管部门的监督检查。

15）建设行政主管部门应当加强对建筑施工企业管理人员履行安全生产管理职责情况的监督检查，发现有违反安全生产法律法规、未履行安全生产管理职责、不按规定接受企业年度安全生产教育培训、发生死亡事故，情节严重的，应当收回安全生产考核合格证书，并限期改正，重新考核。

16）建设行政主管部门工作人员在建筑施工企业管理人员的安全生产考核、发证和监督检查工作中，不得索取或者接受企业和个人的财物，不得谋取其他利益。

17）任何单位或者个人对违反本规定的行为，有权向建设行政主管部门或者监察等有关部门举报。

18）省、自治区、直辖市人民政府建设行政主管部门可以根据本规定制定实施细则。

3. 三类人员安全生产考核要点

（1）建筑施工企业主要负责人：

1）安全生产知识考核要点：

① 国家有关安全生产的方针政策、法律法规、部门规章、标准及有关规范性文件，本地区有关安全生产的法规、规章、标准及规范性文件。

② 建筑施工企业安全生产管理的基本知识和相关专业知识。

③ 重、特大事故防范、应急救援措施，报告制度及调查处理方法。

④ 企业安全生产责任制和安全生产规章制度的内容、制定方法。

⑤ 国内外安全生产管理经验。

⑥ 典型事故案例分析。

2）安全生产管理能力考核要点：

① 能认真贯彻执行国家安全生产方针、政策、法规和标准。

② 能有效组织和督促本单位安全生产工作，建立健全本单位安全生产责任制。

③ 能组织制定本单位安全生产规章制度和操作规程。

④ 能采取有效措施保证本单位安全生产所需资金的投入。

⑤ 能有效开展安全检查，及时消除生产安全事故隐患。

⑥ 能组织制定本单位生产安全事故应急救援预案，正确组织、指挥本单位事故应急救援工作。

⑦ 能及时、如实报告生产安全事故。

⑧ 安全生产业绩：自考核之日起，所在企业一年内未发生由其承担主要责任的死亡10人以上（含10人）的重大事故。

（2）建筑施工企业项目负责人：

1）安全生产知识考核要点：

① 国家有关安全生产的方针政策、法律法规、部门规章、标准及有关规范性文件，本地区有关安全生产的法规、规章、标准及规范性文件。

② 工程项目安全生产管理的基本知识和相关专业知识。

③ 重大事故防范、应急救援措施：报告制度及调查处理方法。

④ 企业和项目安全生产责任制和安全生产规章制度内容、制定方法。

⑤ 施工现场安全生产监督检查的内容和方法。

⑥ 国内外安全生产管理经验。

⑦ 典型事故案例分析。

2）安全生产管理能力考核要点：

① 能认真贯彻执行国家安全生产方针、政策、法规和标准。

② 能有效组织和督促本工程项目安全生产工作，落实安全生产责任制。

③ 能保证安全生产费用的有效使用。

④ 能根据工程的特点组织制定安全施工措施。

⑤ 能有效开展安全检查，及时消除生产安全事故隐患。

⑥ 能及时、如实报告生产安全事故。

⑦ 安全生产业绩：自考核之日起，所管理的项目一年内未发生由其承担主要责任的死亡事故。

（3）建筑施工企业专职安全生产管理人员：

1）安全生产知识考核要点：

① 国家有关安全生产的方针政策、法律法规、部门规章、标准及有关规范性文件，本地区有关安全生产的法规、规章、标准及规范性文件。

② 重大事故防范、应急救援措施，报告制度、调查处理方法以及防护救护方法。

③ 企业和项目安全生产责任制和安全生产规章制度。

④ 施工现场安全监督检查的内容和方法。

⑤ 典型事故案例分析。

2）安全生产管理能力考核要点：

① 能认真贯彻执行国家安全生产方针、政策、法规和标准。

② 能有效对安全生产进行现场监督检查。

③ 发现生产安全事故隐患，能及时向项目负责人和安全生产管理机构报告，及时消除生产安全事故隐患。

④ 能及时制止现场违章指挥、违章操作行为。

⑤ 能及时、如实报告生产安全事故。

⑥ 安全生产业绩：自考核之日起，所在企业或项目一年内未发生由其承担主要责任的死亡事故。

四、安全检查监督制度

（1）为加强建筑工程安全生产监管，完善管理制度，规范监管行为，提高工作效率，依据《建筑法》、《安全生产法》、《建设工程安全生产管理条例》、《安全生产许可证条例》等有关法律、法规，制定《建筑工程安全生产监督管理工作导则》（建质〔2005〕184 号）。

建筑工程安全生产监督管理坚持"以人为本"理念，贯彻"安全第一、预防为主"的方针，依靠科学管理和技术进步，遵循属地管理和层级监督相结合、监督安全保证体系运行与监督工程实体防护相结合、全面要求与重点监管相结合、监督执法与服务指导相结合的原则。

（2）建筑工程安全生产监督管理制度：

1）建设行政主管部门应当依照有关法律法规，针对有关责任主体和工程项目，健全完善以下安全生产监督管理制度：

①建筑施工企业安全生产许可证制度。

②建筑施工企业"三类人员"安全生产任职考核制度。

③建筑工程安全施工措施备案制度。

④建筑工程开工安全条件审查制度。

⑤施工现场特种作业人员持证上岗制度。

⑥施工起重机械使用登记制度。

⑦建筑工程生产安全事故应急救援制度。

⑧危及施工安全的工艺、设备、材料淘汰制度。

⑨法律法规规定的其他有关制度。

2）各地区建设行政主管部门可结合实际，在本级机关建立以下安全生产工作制度：

①建筑工程安全生产形势分析制度。定期对本行政区域内建筑工程安全生产状况进行多角度、全方位分析，找出事故多发类型、原因和安全生产管理薄弱环节，制定相应措施，并发布建筑工程安全生产形势分析报告。

②建筑工程安全生产联络员制度。在本行政区域内各市、县及有关企业中设置安全生产联络员，定期召开会议，加强工作信息动态交流，研究控制事故的对策、措施，部署和安排重要工作。

③建筑工程安全生产预警提示制度。在重大节日、重要会议、特殊季节、恶劣天气到来和施工高峰期之前，认真分析和查找本行政区域建筑工程安全生产薄弱环节，

深刻吸取以往年度同时期曾发生事故的教训，有针对性地提早作出符合实际的安全生产工作部署。

④建筑工程重大危险源公示和跟踪整改制度。开展本行政区域建筑工程重大危险源的普查登记工作，掌握重大危险源的数量和分布状况，经常性地向社会公布建筑工程重大危险源名录、整改措施及治理情况。

⑤建筑工程安全生产监管责任层级监督与重点地区监督检查制度。监督检查下级建设行政主管部门安全生产责任制的建立和落实情况、贯彻执行安全生产法规政策和制定各项监管措施情况；根据安全生产形势分析，结合重大事故暴露出的问题及在专项整治、监管工作中存在的突出问题，确定重点监督检查地区。

⑥建筑工程安全重特大事故约谈制度。上级建设行政主管部门领导要与事故发生地建设行政主管部门负责人约见谈话，分析事故原因和安全生产形势，研究工作措施。事故发生地建设行政主管部门负责人要与发生事故工程的建设单位、施工单位等有关责任主体的负责人进行约谈告诫，并将约谈告诫记录向社会公示。

⑦建筑工程安全生产监督执法人员培训考核制度。对建筑工程安全生产监督执法人员定期进行安全生产法律、法规和标准、规范的培训，并进行考核，考核合格的方可上岗。

⑧建筑工程安全监督管理档案评查制度。对建筑工程安全生产的监督检查、行政处罚、事故处理等行政执法文书、记录、证据材料等立卷归档。

⑨建筑工程安全生产信用监督和失信惩戒制度。将建筑工程安全生产各方责任主体和从业人员安全生产不良行为记录在案，并利用网络、媒体等向全社会公示，加大安全生产社会监督力度。

（3）对施工单位的安全生产监督管理：

1）建设行政主管部门对施工单位安全生产监督管理的内容主要是：

①《安全生产许可证》办理情况。

②建筑工程安全防护、文明施工措施费用的使用情况。

③设置安全生产管理机构和配备专职安全管理人员情况。

④三类人员经主管部门安全生产考核情况。

⑤特种作业人员持证上岗情况。

⑥安全生产教育培训计划制定和实施情况。

⑦施工现场作业人员意外伤害保险办理情况。

⑧职业危害防治措施制定情况，安全防护用具和安全防护服装的提供及使用管理情况。

⑨施工组织设计和专项施工方案编制、审批及实施情况。

⑩生产安全事故应急救援预案的建立与落实情况。

⑪企业内部安全生产检查开展和事故隐患整改情况。

⑫重大危险源的登记、公示与监控情况。

⑬生产安全事故的统计、报告和调查处理情况。

⑭其他有关事项。

2）建设行政主管部门对施工单位安全生产监督管理的方式主要是：

①日常监管。

②听取工作汇报或情况介绍。

③查阅相关文件资料和资质资格证明。

④考察、问询有关人员。

⑤抽查施工现场或勘察现场，检查履行职责情况。

⑥反馈监督检查意见。

⑦安全生产许可证动态监管。

⑧对于承建施工企业未取得安全生产许可证的工程项目，不得颁发施工许可证。

⑨发现未取得安全生产许可证施工企业从事施工活动的，严格按照《安全生产许可证条例》进行处罚。

⑩取得安全生产许可证后，对降低安全生产条件的，暂扣安全生产许可证，限期整改，整改不合格的，吊销安全生产许可证。

⑪对于发生重大事故的施工企业，立即暂扣安全生产许可证，并限期整改。生产安全事故所在地建设行政主管部门（跨省施工的，由事故所在地省级建设行政主管部门）要及时将事故情况通报给发生事故施工单位的安全生产许可证颁发机关。

⑫对向不具备法定条件施工企业颁发安全生产许可证的，以及向承建施工企业未取得安全生产许可证的项目颁发施工许可证的，要严肃追究有关主管部门的违法发证责任。

五、安全生产责任制

1. 安全生产责任制度的内容

安全生产责任制度就是对各级负责人，各职能部门以及各类施工人员在管理和施工过程中，应当承担的责任做出明确的规定，具体来说，就是将安全生产责任分解到施工单位的主要负责人、项目负责人、班组长以及每个岗位的作业人员身上。安全生产责任制度是施工企业最根本的安全管理制度，是施工企业安全生产管理的核心和中心环节，依据《建设工程安全生产管理条例》和《建筑施工安全检查标准》的相关规定，安全生产责任制度的主要内容如下：

（1）安全生产责任制度主要包括施工企业主要负责人的安全责任，负责人或其他副职的安全责任，项目负责人（项目经理）的安全责任，生产、技术、材料等各职能管理负责及其工作人员的安全责任，技术负责人（工程师）的安全责任、专职安全生产管理人员的安全责任、施工员的安全责任、班组长的安全责任和岗位人员的安全责任等。

（2）项目对各级、各部门安全生产责任制应规定检查和考核办法，并按规定期限进行考核，对考核结果及兑现情况应有记录。

（3）项目独立承包的工程在签订承包合同中必须有安全生产工作的具体指标和要求，工地由多单位施工时，总分包单位在签订分包合同的同时要签订安全生产合同（协议），签订合同前要检查分包单位的营业执照、企业资质证，安全资格证等。分包队伍的资质应与工程要求相符，在安全合同中应明确总分包单位各自的安全职责，原则上，实施承包的由总承包单位负责，分包单位向总包单位负责，服从总包单位的施工现场的安全管理，分包单位在其分包范围内建立施工现场安全生产管理制度，并组织实施。

（4）项目的主要工种应有相应的安全技术操作规程，一般应包括：砌筑、拌灰、混产土、木作、钢筋、机械、电气焊、起重司索、信号指挥、塔司、架子、水暖、油漆等工种，特种作业应另行补充，应将安全技术操作规程列为日常安全活动和安全教育的主要内容，并应悬挂在操作岗位前。

2. 施工单位安全生产责任

（1）施工单位从事建设工程的新建、扩建、改建和拆除等活动，应当具备国家规定的注册资本、专业技术人员、技术装备和安全生产等条件，依法取得相应等级的资质证书，并在其资质等级许可的范围内承揽工程。

（2）施工单位主要负责人依法对本单位的安全生产工作全面负责。施工单位应当建立健全安全生产责任制度和安全生产教育培训制度，制定安全生产规章制度和操作规程，对所承担的建设工程进行定期和专项安全检查，并做好安全检查记录。要保证本单位安全生产条件所需资金的投入，对于列入建设工程概算的安全作业环境及安全施工措施所需费用，应当说明用于施工安全防护用具及设施的采购和更新、安全施工措施的落实、安全生产条件的改善，不得挪作他用。

（3）施工单位应当设立安全生产管理机构，配备专职安全生产管理人员。

（4）施工单位应当在施工组织设计中编制安全技术措施和施工现场临时用电方案，对下列达到一定规模的危险性较大的分部分项工程编制专项施工方案，并附具安全验算结果，经施工单位技术负责人、总监理工程师签字后实施，由专职安全生产管理人员进行现场监督：

①基坑支护与降水工程。

②土方开挖工程。

③模板工程。

④起重吊装工程。

⑤脚手架工程。

⑥拆除、爆破工程。

⑦国务院建设行政主管部门或者其他有关部门规定的其他危险性较大的工程对前款所列工程中涉及深基坑、地下暗挖工程、高大模板工程的专项施工方案，施工单位还应当组织专家进行论证、审查。

（5）施工单位应当在施工现场入口处、施工起重机械、临时用电设施、脚手架、出入通道口、楼梯口、电梯井口、孔洞口、桥梁口、隧道口、基坑边沿、爆破物及有害危险气体和液体存放处等危险部位，设置明显的安全警示标志。安全警示标志必须符合国家标准。

（6）施工单位应当根据不同施工阶段和周围环境及季节、气候的变化，在施工现场采取相应的安全施工措施。施工现场暂时停止施工的，施工单位应当做好现场防护，所需费用由责任方承担，或者按照合同约定执行。

（7）施工单位应当将施工现场的办公、生活区与作业区分开设置，并保持安全距离，办公、生活区的选址应当符合安全性要求。职工的膳食、饮水、休息场所等应当符合卫生标准。

（8）施工单位不得在尚未竣工的建筑物内设置员工集体宿舍。

（9）施工现场临时搭建的建筑物应当符合安全使用要求。施工现场使用的装配式活动房屋应当具有产品合格证。

（10）施工单位对因建设工程施工可能造成损害的毗邻建筑物、构筑物和地下管线等，应当采取专项防护措施。

（11）施工单位应当遵守有关环境保护法律、法规的规定，在施工现场采取措施，防止或者减少粉尘、废气、废水、固体废物、噪声、振动和施工照明对人和环境的危害和污染。

（12）在城市市区内的建设工程，施工单位应当对施工现场实行封闭围挡。

（13）施工单位应当在施工现场建立消防安全责任制度，确定消防安全责任人，制定用火、用电、使用易燃易爆材料等各项消防安全管理制度和操作规程，设置消防通道、消防水源，设备消防设施和灭火器材，并在施工现场入口处设置明显标志。

（14）施工单位应当向作业人员提供安全防护用具和安全防护服装，并书面告知危险岗位的操作规程和违章操作的危害。施工单位采购、租赁的安全防护用具、机械设备、施工机具及配件，应当具有生产（制造）许可证、产品合格证，并在进入施工现场前进行查验。

（15）施工现场的安全防护用具、机械设备、施工机具及配件必须由专人管理，定期进行检查、维修和保养，建立相应的资料档案，并按照国家有关规定及时报废。

（16）施工单位在使用施工起重机械和整体提升脚手架、模板等自升式架设设施前，应当组织有关单位进行验收，也可以委托具有相应资质的检验检测机构进行验收；使用承租的机械设备和施工机具及配件的，由施工总承包单位、分包单位、出租单位和安装单位共同进行验收，验收合格的方可使用。《特种设备安全监察条例》规定的施工起重机械，在验收前应当经有相应资质的检验检测机构监督检验合格。

（17）施工单位应当自施工起重机械和整体提升脚手架、模板等自升式架设设施验收合格之日起 30 日内，向建设行政主管部门或者其他有关部门登记。登记标志应当置于或者附着于该设备的显著位置。

（18）施工单位的主要负责人、项目负责人、专职安全生产管理人员应当经建设行政主管部门或者其他有关部门考核合格后方可任职。

（19）施工单位应当对管理人员和作业人员每年至少进行一次安全生产教育培训，其教育培训情况记入个工作档案。安全生产教育培训考核不合格的人员，不得上岗。

（20）施工单位在采用新技术、新工艺、新设备、新材料时，应当对作业人员进行相应的安全生产教育培训。

（21）施工单位应当为施工现场从事危险作业的人员办理意外伤害保险。意外伤害保险费由施工单位支付。实行施工总承包的，由总承包单位支付意外伤害保险费。意外伤害保险期限自建设工程开工之日起至竣工验收合格止。

（22）施工单位应当制定本单位生产安全事故应急救援预案，建立应急救援组织或者配备应急救援人员，配备必要的应急救援器材、设备，并定期组织操练。

（23）施工单位应当根据建设工程的特点、范围，对施工现场易发生重大事故的部位、环节进行监控，制定施工现场生产安全事故应急救援预案，工程总承包单位和分包单位按照应急救援预案，各自建立应急救援组织或者配备应急救援人员，配备救援器材、设备，并定期组织操练。

（24）施工单位发生生产安全事故，应当按照国家有关伤亡事故报告和调查处理的规定，及时、如实地向负责安全生产监督管理的部门、建设行政主管部门或者其他有关部门报告；特种设备发生事故的，还应当同时向特种设备安全监督管理部门报告。

（25）发生生产安全事故后，施工单位应当采取措施防止事故扩大，保护事故现场。需要移动现场物品时，应当做出标记和书面记录，妥善保管有关证物。

3. 总分包单位的安全责任

实行施工总承包的建设工程，由总承包单位对施工现场的安全生产负总责。

总承包单位的安全责任是：

（1）总承包单位应当自行完成建设工程主体结构的施工。

（2）总承包单位依法将建设工程分包给其他单位的，分包合同中应当明确各自的安全生产方的权利、义务。总承包单位和分包单位对分包工程的安全生产承担连带责任。

（3）建设工程实行总承包的，如发生事故，由总承包单位负责上报事故。

分包单位应当服从总承包单位的安全生产管理，分包单位不服从管理导致生产安全事故的，由分包单位承担主要责任。

4. 施工单位各部门的安全职责

《建设工程安全生产管理条例》的重点是规定建设工程安全生产的各有关部门和单位之间的责任划分。对于单位的内部安全职责分工应按照该条例的要求进行职责划分。特别是施工单位在"安全生产、人人有责"的思想指导下，在建立安全生产管理体系的基础上，按照所确定的目标和方针，将各级管理责任人、各职能部门和各岗位员工所应做的工作及应负的责任加以明确规定。要求通过合理分工，明确责任，达到增强各级人员的责任心，共同协调配合，努力实现既定的目标。

（1）施工企业的主要负责人的职责：

①贯彻执行国家有关安全生产的方针政策和法规、规范。

②建立、健全本单位的安全生产责任制，承担本单位安全生产的最终责任。

③组织制定本单位安全生产规章制度和操作规程。

④保证本单位安全生产投入的有效实施。

⑤督促、检查本单位的安全生产工作，及时消除安全事故隐患。

⑥组织制定并实施本单位的生产安全事故应急救援预案。

⑦及时、如实报告安全事故。

（2）技术负责人的职责：

①贯彻执行国家有关安全生产的方针政策、法规和有关规范、标准，并组织落实。

②组织编制和审批施工组织设计或专项施工组织设计。

③对新工艺、新技术、新材料的使用，负责审核其实施过程中的安全性，提出预

防措施，组织编制相应的操作规程和交底工作。

④领导安全生产技术改进和研究项目。

⑤参与重大安全事故的调查，分析原因，提出纠正措施，并检查措施的落实，做到持续改进。

（3）财务负责人的职责：保证安全生产的资金能做到专项专用，并检查资金的使用是否正确。

（4）工会的职责：

①工会有权对违反安全生产法律、法规，侵犯员工合法权益的行为要求纠正。

②发现违章指挥、强令冒险作业或者发现事故隐患时，有权提出解决的建议，单位应当及时研究答复。

③发现危及员工生命的情况时，有权建议组织员工撤离危险场所，单位必须立即处理。

④工会有权依法参加事故调查，向有关部门提出处理意见，并要求追究有关人员的责任。

（5）安全部门的职责：

①贯彻执行安全生产的有关法规、标准和规定，做好安全生产的宣传教育工作。

②参与施工组织设计和安全技术措施的编制，并组织进行定期或不定期的安全生产检查；对贯彻执行情况进行监督检查，发现问题及时改进。

③制止违章指挥和违章作业，遇有紧急情况有权暂停生产，并报告有关部门。

④推广总结先进经验，积极提出预防和纠正措施，使安全生产工作能持续改进。

⑤建立健全安全生产档案，定期进行统计分析，探索安全生产的规律。

（6）生产部门的职责：合理组织生产，遵守施工顺序。将安全所需的工序和资源排入计划。

（7）技术部门的职责：按照有关标准和安全生产要求编制施工组织设计，提出相应的措施，进行安全生产技术的改进和研究工作。

（8）设备材料采购部门的职责：保证所供应的设备安全技术性能可靠，具有必要的安全防护装置，按机械使用说明书的要求进行保养和检修，确保安全运行。所供应的材料和安全防护用品能确保质量。

（9）财务部门的职责：按照规定提供实现安全生产措施、安全教育培训、宣传的经费，并监督其合理使用。

（10）教育部门的职责：将安全生产教育列入培训计划，按工作需要组织各级员工的安全生产教育；

（11）劳务管理部门的职责：做好新员工上岗前培训、换岗培训，并考核培训的效果，组织特殊工种的取证工作。

（12）卫生部门的职责：定期对员工进行体格检查，发现有不适合现岗的员工要立即提出。要指导组织监测有毒有害作业场所的有害程度，提出职业病防治和改善卫生条件的措施。

5. 施工单位项目经理部的安全生产责任

施工企业的项目经理部应根据安全生产管理体系要求，由项目经理主持。把安全生产责任目标分到岗位，落实到人。中华人民共和国国家标准《建设工程项目管理规范》（GB/T 50326—2001）规定项目经理部的安全生产责任制的内容包括：

（1）项目经理应当由取得相应执业资格的人员担任，对建设工程项目的安全施工负责，其安全职责应包括：认真贯彻安全生产方针、政策、法规和各项规章制度，制定和执行安全生产管理办法，严格执行安全考核指标和安全生产奖惩办法，确保安全生产措施费用的有效使用，严格执行安全技术措施审批和施工安全技术措施交底制度；建设工程施工前，施工单位负责项目管理的技术人员应当对有关安全施工的技术要求向施工作业班组、作业人员作出详细说明，并由双方签字确认。施工中定期组织安全生产检查和分析，针对可能产生的安全隐患制定相应的预防措施；当施工过程中发生安全事故时，项目经理必须及时、如实，按安全事故处理的有关规定和程序及时上报和处置，并制定防止同类事故再次发生的措施。

（2）施工单位安全员的安全职责应包括：对安全生产进行现场监督检查。发现安全事故隐患，应当及时向项目负责人和安全生产管理机构报告；对违章指挥、违章操作的，应当立即制止。

（3）作业队长安全职责应包括：向本工种作业人员进行安全技术措施交底，严格执行本工种安全技术操作规程，拒绝违章指挥；组织实施安全技术措施；作业前应对本次作业所使用的机具、设备、防护用具、设施及作业环境进行安全检查，消除安全隐患，检查安全标牌，是否按规定设置，标识方法和内容是否正确完整；组织班组开展安全活动，对作业人员进行安全操作规程培训，提高作业人员的安全意识。召开上岗前安全生产会；每周应进行安全讲评。当发生重大或恶性工伤事故时，应保护现场，立即上报并参与事故调查处理。

（4）作业人员安全职责应包括：认真学习并严格执行安全技术操作规程，自觉遵守安全生产规章制度，执行安全技术交底和有关安全生产的规定；不违章作业；服从安全监督人员的指导，积极参加安全活动；爱护安全设施。

作业人员有权对施工现场的作业条件、作业程序和作业方式中存在的安全问题提出批评、检举和控告，有权对不安全作业提出意见；有权拒绝违章指挥和强令冒险作业，在施工中发生危及人身安全的紧急情况时，作业人员有权立即停止作业或者在采取必要的应急措施后撤离危险区域。

作业人员应当遵守安全施工的强制性标准、规章制度和操作规程，正确使用安全防护用具、机械设备等。

作业人员进入新的岗位或者新的施工现场前，应当接受安全生产教育培训。未经教育培训或者教育培训不合格的人员，不得上岗作业。垂直运输机械作业人员、安装拆卸工、爆破作业人员、起重信号工、登高架设人员等特种作业人员，必须按照有关规定经过专门的安全作业培训，并取得特种作业操作资格证书后，方可上岗作业。

作业人员应当努力学习安全技术，提高自我保护意识和自我保护能力。安全员安全职责应包括：落实安全设施的设置；对施工全过程的安全进行监督，纠正违章作业，配合有关部门排除安全隐患，组织安全教育和全员安全活动，监督检查劳保用品质量和正确使用。

第四节　施工安全标准化的基本要求

一、创建安全质量标准化示范工地

《湖南省建筑施工安全质量标准化示范工程创建实施办法》（湘建建〔2010〕220号）自 2010 年 8 月 24 日起发布施行。原湖南省建设厅发布的《湖南省建筑施工安全文明示范工程管理办法》（湘建建〔2009〕309 号）和《关于开展湖南省"安全文明工地"评定活动的通知》（湘建建〔2002〕504 号）同时废止，省安全文明示范工程和安全文明工地不再评选。

1. 概述

（1）《湖南省建筑施工安全质量标准化示范工程创建实施办法》（湘建建〔2010〕220 号）适用于本省范围内新建、扩建、改建的房屋建筑和市政基础设施工程。

（2）《湖南省建筑施工安全质量标准化示范工程创建实施办法》（湘建建〔2010〕220 号）所称"安全质量标准化示范工程"（以下简称"标准化示范工程"）是指施工现场的安全生产、文明施工和工程质量达到国家及行业相关标准要求，能对本地区安全质量标准化施工起到典型示范作用，经建筑施工企业申报纳入住房和城乡建设主管部门创建安全质量标准化示范工程目标管理范围，符合本办法规定的评定条件，经住房和城乡建设主管部门审核，行文公布的工程项目，是创建"标准化示范工程"工程项目（以下简称"创建项目"）最终结果的反映。

《湖南省建筑施工安全质量标准化示范工程创建实施办法》（湘建建〔2010〕220 号）所称"创建安全质量标准化示范工地"（以下简称"创建标准化示范工地"）是指纳入创建"标准化示范工程"目标管理的项目，在施工全过程中全面加强建筑施工安全质量标准化管理，施工进度完成主体结构工程 50％以上，仍符合本办法所规定的评定条件，经住房和城乡建设行政主管部门审核，行文公布的工程项目，重点反映创建项目施工过程控制情况。

"标准化示范工程"和"创建标准化示范工地"分省、市（州）两级评定，分别由省住房和城乡建设主管部门和市（州）住房和城乡建设主管部门行文公布。

（3）湖南省建筑施工"创建标准化示范工地"和"标准化示范工程"的评选采取建筑施工企业创建申报、专家评审、动态监管和社会监督相结合的方式进行。

"标准化示范工程"创建工作应与建筑施工企业安全质量标准化认证和施工现场安全质量标准化达标验收工作有机结合起来开展。

（4）湖南省住房和城乡建设行政主管部门负责省级建筑施工"创建标准化示范工地"和"标准化示范工程"评选工作的监督管理，省建设工程质量安全监督管理总站（以下简称"省质安监总站"）具体组织实施。

省质安监总站施工现场安全质量标准化达标验收小组（以下简称"达标验收组"）负责实施省级建筑施工"创建标准化示范工地"和"标准化示范工程"的验收评定管

理工作。

市（州）级达标验收组负责实施市（州）本级和所辖县（市）建筑施工"创建标准化示范工地"和"标准化示范工程"的验收评定工作。

省质安监总站达标验收组应加强对市级达标验收组的审定，加强对其验收评定工作的指导、检查和动态监督。

（5）各级住房和城乡建设主管部门要加强建筑施工安全质量标准化示范工程创建工作的监督管理，并设立畅通的建筑施工安全质量标准化示范工程创建工作投诉受理渠道，接受社会监督。

2. 创建条件与目标管理

（1）本省范围内的房屋建筑和市政基础设施工程项目，其监管信息已录入"湖南省建筑工程监管信息平台"（湖南省建筑信息网），且进入主体施工前，符合以下条件，承建的建筑施工企业均可向市州住房和城乡建设主管部门或其安全监督机构申报创建"标准化示范工程"：

①建筑面积 3 000 m² 以上的单体房屋建筑或工程造价在 1 000 万元以上的城市道路桥梁、市政公用设施以及安装工程；

②已通过开工安全生产条件审查、办理工程质量和安全生产监督手续、依法办理施工许可；

③建筑施工企业按照国家和省有关规定配备项目管理人员，明确工程质量和安全生产责任，保证工程质量和安全生产投入，对施工现场危险源识别和监控符合国家和省有关规定，管理规范；

④已完工工程施工过程中未发生重伤 1 人及以上的施工安全责任事故，未被建设行政主管部门记录公示严重不良行为，未在省（部）级监督检查中被通报批评。

⑤工程在开工前，已列入建筑施工企业安全生产管理计划，编制《创建建筑施工安全质量标准化示范工程工作方案》，实施安全质量标准化管理。

⑥工程项目地基基础分部工程通过建筑施工安全质量标准化达标验收阶段性动态评定，复查评分分值在 75 分以上，且检查评分分表均有得分（不作为创建申请条件，作为挂牌必备条件）。

申请材料应包括：创建湖南省建筑施工安全质量标准化示范工程申请表；创建建筑施工安全质量标准化示范工程工作方案；建筑施工企业按照《建筑施工安全检查标准》检查自评表；工程项目办理开工安全条件审查、施工许可等相关证明材料。

省管工程项目向省质安监总站提出创建"标准化示范工程"申请。

市（州）级"标准化示范工程"的创建条件由各市州住房和城乡建设主管部门确定。

（2）工程项目存在装饰装修、安装工程由建设单位直接分项发包或施工单位分包，且装饰装修、安装工程造价在 1 000 万元以上，装饰装修、安装工程具备本办法第七条其他申报条件的，其施工单位可以作为参建单位申报创建"标准化示范工程"。

（3）市州住房和城乡建设主管部门或其建设工程安全生产监督机构在接到企业创建"标准化示范工程"申请后，达标验收组应在 5 个工作日内完成对申请材料的核实，申请材料核实结果符合申报条件的，市州住房和城乡建设主管部门或其建设工程安全生产监督机构应将其确定为创建项目，进行备案登记并创建档案。

（4）各级建设工程安全生产监督机构要加强创建项目的日常监督管理，按照监督规范化工作要求，落实监督检查频次，将工程项目关键岗位人员配备情况、安全生产投入情况、安全生产基本条件以及项目现场重大危险源监管情况等相关监管信息及时录入"湖南省建筑工程监管信息平台"。

3. 过程控制与动态监管

（1）市州住房和城乡建设主管部门或其建设工程安全生产监督机构应加强过程控制，实行挂牌、摘牌动态监督管理制度。

创建项目基础工程完工后，符合本办法第七条申报创建"标准化示范工程"条件规定的工程项目，应在项目入口的显要位置悬挂"创建湖南省建筑施工安全质量标准化示范工程公示牌"，注明投诉电话或其他渠道，接受社会监督。

创建项目挂牌后，存在违反相关法律法规及本办法规定的，相关市州住房和城乡建设主管部门或其建设工程安全生产监督机构应对其实施摘牌处理。

（2）市州住房和城乡建设主管部门或其建设工程安全生产监督机构应将标准化示范工程创建工作与安全质量标准化达标验收工作有效结合，强化对挂牌后的创建项目的过程控制与动态监管。市州达标验收组对挂牌后的创建项目按照《建筑施工安全检查标准》要求进行逐项检查评分。检查评分分主体结构和装修施工两个阶段，检查评分时，工程施工完成不少于该分部工程工程量的50%，与达标验收阶段性动态评定工作同步实施。

（3）摘牌处理分临时摘牌和永久摘牌。

创建项目在施工过程中存在下列情况之一的，由相关市州住房和城乡建设主管部门或其建设工程安全生产监督机构实行临时摘牌：

①未按规范标准和有关规定，制定项目安全生产各项规章制度的。

②工程项目存在专业分包，但未明确分包单位的安全生产责任的。

③项目管理人员实际配备不符合相关规定要求的。

④因安全投入不足造成施工现场安全防护措施不到位的。

⑤市州住房和城乡建设主管部门或其建设工程安全生产监督机构在检查中发现安全生产隐患签发整改通知不及时整改的，或签发停工整改通知的。

⑥在安全质量标准化达标验收阶段性动态评定中，复查评分汇总表评分达不到75分或有检查评分分表未得分的。

⑦施工组织设计、专项施工方案未按规定审批，或不按照已经批准的施工方案施工的。

⑧在施工过程中出现施工安全重大危险源未及时补录的。

⑨危险性较大的分部分项工程未按规定通过开工安全条件审查施工的。

⑩未按相关规定建立农民工学校并备案的。

⑪发生危害市政管线事件的。

⑫由于噪声、扬尘及污染造成周边群众投诉及相关管理部门警告整改不力的。

⑬未按照《进一步推进我省建设工程质量安全监督规范化工作的通知》（湘建建〔2010〕107号），及时录入监督信息的。

创建项目在施工过程中存在下列情况之一的，由市州住房和城乡建设主管部门或其建设工程安全生产监督机构实行永久摘牌：

①发生严重工程质量问题的，或市州住房和城乡建设主管部门或其建设工程安全生产监督机构在检查中发现安全生产隐患并签发停工整改两次以上的，或有严重不良行为记录的。

②发生重伤1人及以上施工安全事故的，或发生虽无人员伤亡但性质严重或社会影响恶劣的施工安全生产责任事故的。

③存在违反工程质量和安全生产强制性标准不及时纠正的。

④安全专项施工方案照抄照搬，与现场实际不符，无针对性的，或不按照已经批准的施工方案施工，且不及时纠正的。

⑤安全质量标准化达标验收阶段性动态评定不合格的。

⑥发生重大危害市政管线事故的。

⑦由于噪声、扬尘及污染造成周边群众集体投诉并受到相关主管部门行政处罚的。

⑧拖欠农民工工资，造成不良影响的。

⑨发生恶性病疫或群体性食物中毒的。

⑩受到省（部）级检查通报批评的。

⑪发生造成较大社会影响的有责投诉、治安案件等其他事件的。

⑫受到临时摘牌处理两次的，或受到临时摘牌处理30日内未能重新挂牌的。

⑬受到临时摘牌处理的创建项目在整改完毕后，经达标验收组复查合格，方可重新挂牌。受到永久摘牌处理的创建项目取消其创建"标准化示范工程"资格。

⑭市州住房和城乡建设主管部门或其建设工程安全生产监督机构应将确定的创建项目的创建信息按照"湖南省建筑施工安全质量标准化示范工程创建信息申报系统"（湖南建设工程质量信息网，以下简称"申报系统"）的规定内容和录入要求，及时录入"申报系统"，并适时更新创建信息。创建信息包括创建项目的申请时间，挂牌、摘牌以及重新挂牌和"创建标准化示范工地"的申报和获评情况等信息的变更和简要说明。

⑮省质安监总站对各市州上报的创建信息和创建项目监管信息录入情况及时进行核实。对不符合创建条件的，在"申报系统"上退回创建信息，由市州住房和城乡建设主管部门或其建设工程安全生产监督机构改正；对符合创建条件且已按规定录入监管信息的，在湖南工程质量信息网和湖南建筑工程信息网公布其创建信息，接受社会监督。

⑯住房和城乡建设主管部门或其建设工程安全生产监督机构应加强经验交流和推广"标准化示范工程"，组织本地区企业、工程项目的项目负责人、专职安全员等相关人员，到创建项目施工现场观摩学习，充分发挥其示范作用。

⑰住房和城乡建设主管部门或其建设工程安全生产监督机构应认真落实建设工程投诉处理相关制度要求，加大创建项目相关投诉的查处力度，对投诉情况调查清楚，且责任清晰的，要严格按照有关规定作出相应处理。

二、省级"创建标准化示范工地"申报和评审

（1）纳入省级"标准化示范工程"目标管理的创建项目，其施工进度完成主体结

构工程 50％以上（城市道路桥梁、市政公用设施工程完成工程总造价的 50％以上），仍符合本办法规定的，经市州住房和城乡建设主管部门或其建设工程安全生产监督机构审查通过，由市州根据其达标验收组阶段性动态评定复查得分的高低情况进行排序和汇总，分别于每年的 5 月 30 日和 11 月 30 日前，将创建项目的申报材料及时报送省质安监总站。申报资料包括：

①湖南省建筑施工创建安全质量标准化示范工地申报表；

②市州建设工程安全生产监督机构对各施工阶段性动态评定复查评分汇总表（即《建筑施工安全检查标准》中表 3.0.1）以及达标验收阶段性动态评定意见；

③反映工程安全文明施工（含农民工学校）的音像资料；

④建设工程质量监督机构工程质量监督意见；

⑤规定的创建"标准化示范工程"申请材料。

省管"创建项目"直接向省质安监总站申报省级"创建标准化示范工地"。

（2）省质安监总站达标验收组应根据市州录入的创建信息以及排序汇总上报的创建项目申报材料和"湖南省建筑工程监管信息平台"录入的监管状况，在每年 6 月 30 日和 12 月 31 日前，分别适时组织有关专业人员组成专家组，对本半年申报创建工程的工程项目进行现场抽查和资料核查。专家组应按照《建筑施工安全检查标准》（JGJ 59—2011）进行评分。审核及评分情况作为"创建标准化示范工地"评选的重要依据。专家组由具有高级及以上职称人员担任，且不少于 3 人。

抽查项目按工程类别随机抽取，且数量不少于市州半年申报总数的 10％。抽查项目名单由省质安监总站会同省建筑施工安全质量标准化工作技术指导委员会以及市州达标验收组随机抽取确定，并接受省住房和城乡建设厅纪检监察部门的现场监督。

（3）省级"创建标准化示范工地"评选工作实行差别化管理，对建筑施工现场安全质量标准化验收评定工作不认真，验收评定工作程序不规范、标准掌握不严格、项目抽查符合率低于 50％的市州，将全数否决该市州本半年度省级"创建标准化示范工地"的申请，并暂停该市（州）达标验收组的验收评定资格及"省级创建标准化示范工地"的申报工作，直至整改合格为止；对现场抽查符合率高于 50％的市州，将按照现场抽查符合率同比例和市州上报创建项目的排序汇总情况，确定该市州本半年度省级"创建标准化示范工地"的数量和项目（具体计算示例见附件 3）。

（4）省级"创建标准化示范工地"每年 1 月和 7 月评定一次。省质安监总站分别对申报省级"创建标准化示范工地"的申报材料和抽查评分情况进行汇总和审查。符合评选条件的创建项目，报经省住房和城乡建设厅审核批准并公示 7 天后行文公布。

三、省级"标准化示范工程"申报和评审

（1）纳入省级"标准化示范工程"目标管理的创建项目，在施工过程中均被评为省级"创建标准化示范工地"的工程，在外墙装饰完工后（城市道路桥梁、市政公用设施工程结构主体完工），仍符合本办法规定且其监管信息按规定录入，经市州住房和城乡建设主管部门或其建设工程安全生产监督机构审查通过，并在本地区公示 7 天后，由市州将其申报材料及时报送省质安监总站。申报资料包括：

①湖南省建筑施工安全质量标准化示范工程申报表（附件 4）。

②创建过程介绍（不少于1 500字）。

③市州建设工程安全生产监督机构对主体、装修施工阶段性动态评定复查评分汇总表（即《建筑施工安全检查标准》（JGJ 59—2011）中表3.0.1）以及达标验收各阶段性动态评定意见。

④主体工程竣工验收记录以及建设工程质量监督机构工程质量监督意见。

省管"创建标准化示范工程"直接向省质安监总站申报省级"标准化示范工程"。

（2）省质安监总站对经市州住房和城乡建设主管部门或其建设工程安全生产监督机构推荐申报的省级"标准化示范工程"实行全数评选。于每年3月份，对申报省级"标准化示范工程"的申报材料进行汇总和审查，并核查监管信息平台中记录的监管状况。符合评选省级"标准化示范工程"条件的，报经省住房和城乡建设厅审核批准并公示7天后行文公布。

（3）省建筑业协会在评选省优质工程时，应将省级"标准化示范工程"作为评选省优质工程的重点审查内容，未被评定为湖南省安全质量标准化示范工程的房屋建筑和市政基础设施工程不应评选其为省优质工程。

第五节　施工现场文明施工及环境保护的基本要求

文明施工是指保持施工场地整洁、卫生，施工组织科学，施工程序合理的一种施工活动。实现文明施工，不仅要着重做好现场的场容管理工作，而且还要相应做好现场材料、机械、安全、技术、保卫、消防和生活卫生等方面的管理工作。一个工地的文明施工水平是该工地乃至所在企业各项管理工作水平的综合体现。

一、文明施工管理内容

项目经理是施工现场文明施工的第一责任人，全面负责施工现场的文明施工管理工作。要建立以项目经理为首的施工现场文明施工领导小组，领导现场文明施工的开展。

施工单位应确定文明施工管理目标，并将目标管理责任明确分工，分解到人，各负其责，分工协作，齐抓共管，确保文明施工管理目标的实现。

1. 施工现场围挡及布置

（1）建筑工程工地四周应按规定设置连续、密闭的围栏。在市区主要路段的工地周围应用硬质材料连续设置不低于2.5 m的围挡，在一般路段的工地周围应用硬质材料连续设置不低于1.8 m的围挡，围挡要坚固美观。

（2）要有墙帽，临街墙面正中书写名称或宣传标语。

（3）施工现场进出口按规定设置标准的大门，门头设置企业标志，门柱书写宣传标语，门头要加设灯箱，夜晚要亮。

（4）大门进口处的醒目位置，应当公示"五牌一图"（工程概况牌、管理人员名单及监督电话牌、消防保卫牌、安全生产牌、文明施工牌、施工现场总平面图）。施工现场应设置"两栏一报",即宣传栏、读报栏和黑板报,及时反映工地内外各类动态。

（5）场门口设警卫室,警卫人员佩戴标志。非施工人员不得擅自进入施工现场。

（6）施工管理人员要佩戴工作卡进行标识。

2. 施工现场管理

（1）建筑工地的主要道路及场地地面应按规定做硬化处理。有条件的做混凝土地面,无条件的可以采用石屑、焦碴、砂头等方式硬化。但必须保证无浮土,排水设施必须良好,不积水。具备条件的施工现场春夏秋季要种植花草树木搞好绿化。

（2）进入施工现场的安全防护用品,必须选购符合国家、行业规定、具有《产品生产许可证》、《出厂产品合格证》、《产品准用证》的产品。

（3）建筑物主体施工必须使用合格的密目式安全网封闭严密。

（4）建筑物材料、构件、料具要按总平面图布局堆放整齐,并挂定型示牌。建筑废料,建筑垃圾要设固定存放点,分类堆放并及时清理。易燃易爆物品要分类存放,严禁混放和露天存放。

（5）施工机械设备要按总平面布置图规定的位置设置,挂统一规定的安全操作规程牌。中小型机械要搭设符合标准的防护棚,棚内地面必须硬化,有排水措施。

（6）保持场容场貌的整洁,做到活完场地清。

（7）施工现场要建立消防组织,分清职责,配备足够的灭火器材和义务消防人员,高层建筑要配置专用的消防管道和器具,要有满足消防要求的电源、水源。

（8）现场动火要办理动火手续,动火时要设专人监护。

（9）施工现场要设置吸烟室,禁止随意吸烟。

（10）温暖季节搞好绿化布置。

3. 施工现场安全色标管理

（1）安全色:安全色是表达信息含义的颜色,用来表示禁止、警告、指令、指示等,其作用在于使人们能迅速发现或分辨安全标志,提醒人们注意,预防事故发生。国家规定的安全色有红、蓝、黄、绿四种颜色,其含义是:红色表示禁止,停止（也表示防火）;蓝色表示指令或必须遵守的规定;黄色表示警告、注意;绿色表示提示、安全状态、通行。

（2）安全标志:

1）概念:安全标志是指操作人员容易产生错误而造成事故的场所,为了确保安全,提醒操作人员注意所采用的一种特殊标志。根据国家有关标准,安全标志应由安全色、几何图形和图形符号构成,用以表达安全信息的特殊标示,目的是引起人们对不安全因素的注意,预防事故的发生。安全标志不能代替安全操作规程和保护措施。

2）分类:安全标志分为以下四种:①禁止标志:是不准或制止人们的某种行为（图形为黑色,禁止符号与文字底色为红色）。②警告标志:是使人们注意可能发生的危险（图形警告符号及字体为黑色,图形底色为黄色）。③指令标志:是告诉人们必须遵守的意思（图形为白色,指令标志底色为蓝色）。④提示标志:是向人们提示目标的方向,用于消防提示（消防提示标志的底色为红色,文字、图形为白色）。施工现场同一位置必须同时设置不同类型、多个安全标志牌时,应当按照警告、禁止、指令、提示的顺序和先左后右,先上后下的排列设置。

4. 现场生活及办公设施

（1）施工现场的施工工作区与办公、生活区要有明显的划分界线，并设置坚固美观的导向牌。

（2）禁止在在建工程中安排职工住宿。

（3）职工宿舍用黏土机砖砌筑（24 墙），室内高度不低于 2.6 m，石棉瓦尖屋顶，钢窗、钢门、墙面抹灰刷白，地面抹水泥砂浆。

（4）宿舍要坚固、美观、保温、通风，按季节设置保暖、防煤气中毒、消暑和防蚊虫叮咬措施。宿舍设置单人床或上下双层床，禁止职工睡通铺。生活用品要放置整齐，保持宿舍周围环境卫生和安全。

（5）宿舍内严禁使用电炉子或私自接电源线。

（6）现场会议室（办公室）要整齐悬挂镶于框内的岗位责任制度。

（7）施工现场应设水冲式厕所，高层建筑应设临时厕所，严禁随地大小便，厕所要设纱门、纱窗，建立厕所管理制度，设专人负责管理，并符合卫生要求。

（8）食堂距厕所、垃圾场 30 m 以上，采用黏土机砖砌筑 24 墙，室内高度不低于 2.8 m，石棉瓦尖屋顶设透气窗，墙面抹灰刷白，水泥砂浆地面。灶台镶贴瓷砖，设置排水设施，设有防尘、防鼠害设施，并符合卫生要求。

（9）食堂必须办理卫生防疫部门颁发的卫生许可证，建立食堂卫生管理制度，炊事人员要有健康证，穿戴白色工作服上岗。

（10）现场应设淋浴室，夏季能保证职工按时洗浴并符合卫生要求。

（11）现场生活区建立职工活动室，保证职工业余时间的学习和娱乐。

（12）现场设立饮水处，保证供应卫生饮水。

（13）生活垃圾要袋装或盛放在带盖容器内，并设专人及时清理。

（14）工地应配备保健医药箱，并设置专用的急救器材和经过培训的急救人员，小的外伤能够自行处理，大的伤情能够及时正确地处置。要经常开展卫生防病宣传教育，提高职工的安全、卫生防病意识。

5. 检查制度

公司在检查安全生产的同时检查文明施工管理工作，项目部也要按定期安全检查的规定检查文明施工管理，并按部颁标准和评分办法对受检工地做出评价，检查结果应与管理人员的奖金挂钩。平时要做好现场文明施工的经常性检查，通过发现不足，认真整改，使施工现场始终保持较高的文明施工状态。

6. 持证上岗制度

施工现场实行持证上岗制度。进入施工现场应佩戴工作卡，物种作业人员及安全管理人员必须持证（或复印件）上岗。

7. 会议制度

施工现场应坚持文明施工会议制度，定期分析文明施工情况，协调解决文明施工中出现的问题，保证文明施工在现场健康地开展。

8. 施工现场的治安综合治理

（1）加强对职工的政治思想教育和治保教育，在施工现场内严禁赌博、酗酒，传播淫秽物品和打架斗殴。

（2）加强对施工人员的管理，掌握人员底数，及时按有关部门的要求办理暂住证。

（3）将现场治安保卫责任分解到人，措施落实到位，严防盗窃、破坏等治安案件的发生。

二、环境保护

环境管理是我国的一项基本国策。保护和改善施工环境能保证人们身体健康，能消除外部干扰保证施工顺利进行，是现代生产的客观要求，是国法和政府的要求，是企业行为准则。1991年12月5日建设部令第15号发布实施的《建设工程施工现场管理规定》第三十一条明确规定：施工单位应当遵守国家有关环境保护的法律规定，采取措施控制施工现场的各种粉尘、废气、废水、固体废弃物以及噪声、振动对环境的污染和危害。目前，我国针对保护和改善环境，防治污染的法律、法规主要有：1989年12月26日发布实施的《中华人民共和国环境保护法》；2000年4月29日发布实施的《中华人民共和国大气污染防治法》；1996年10月29日发布实施的《中华人民共和国噪声污染防治法》；2008年2月28日发布实施的《中华人民共和国水污染防治法》；2004年12月29日发布实施的《中华人民共和国固体废物污染环境防治法》。

1. 防治大气污染

（1）产生大气污染的施工环节：

1）扬尘污染：应当重点控制的施工环节有：搅拌桩、灌注桩施工的水泥扬尘；土方施工过程及土方堆放的扬尘；建筑材料堆放的扬尘；脚手架清理、拆除过程的扬尘；混凝土、砂浆拌制过程的水泥扬尘；木工机械作业的木屑扬尘；道路清扫扬尘；运输车辆扬尘；砖槽、石切割加工作业扬尘；建筑垃圾清扫扬尘；生活垃圾清扫扬尘。

2）空气污染：空气污染主要发生在：某些防水涂料施工过程；化学加固施工过程；油漆涂料施工过程；施工现场的机械设备、车辆的尾气排放；工地擅自焚烧对空气有污染的废弃物。

（2）防治大气污染的主要措施：

1）施工现场主要道路及堆料场地进行硬地化处理。施工现场采取覆盖、固化、绿化、洒水等有效措施，做到不泥泞、不扬尘。

2）建筑结构内的施工垃圾清运采用封闭式专用垃圾通道或封闭式容器吊运，严禁凌空抛撒。施工现场设密闭式垃圾站，施工垃圾、生活垃圾分类存放，所有垃圾及渣土必须在当天清除现场，以确保现场没有规程垃圾、渣土及废料，并按政府规定运送到指定的垃圾消纳场。施工垃圾清运时提前适量洒水，并按规定及时清运，减少粉尘对空气的污染。

3）施工阶段对施工区域进行封闭隔离，建筑主体及装饰装修的施工，从底层外围开始搭设防尘密目网封闭，高度高于施工作业面1.2 m以上，拆除旧有建筑物时，应采用隔离、洒水等措施防止扬尘，并应在规定期限内将废弃物清理完毕。

4）水泥和其他易飞扬的细颗粒建筑材料应密闭存放，砂石等散料应采取覆盖措施；施工现场混凝土搅拌场所应采取封闭、降尘措施。

5）严禁在任何临时和永久性工程中使用任何政府明令禁止使用的对人体有害的任何材料（如放射性材料、石棉制品）和施工方法，同时不能使用政府明令禁止但会给居住或使用人带来不适感觉或味觉的任何材料和添加剂，如含尿素的混凝土抗冻剂等。

6）严禁在施工现场熔融沥青或者焚烧油毯、油漆以及其他产生有毒有害烟尘和恶臭气体的物质，防止有毒烟尘和恶臭气体产生。

7）施工现场应根据风力和大气湿度的具体情况，进行土方回填、转运作业。

8）现场使用的施工机械、车辆尾气排放应符合国家环保排放标准要求。

9）施工现场设专人负责环保工作，配备相应的洒水喷淋设备，及时洒水喷淋以减少扬尘污染。

2. 防治水污染

（1）产生水污染的施工环节：

1）桩基施工、基坑护壁施工过程的泥浆。

2）混凝土（砂浆）搅拌机械、模板、工具的清洗产生的水泥浆污水。

3）现浇水磨石施工的水泥浆。

4）油料、化学溶剂泄漏。

5）生活污水。

（2）防治水污染的主要措施：

1）施工现场应设置排水沟及沉淀池，现场废水不得直接排入市政污水管网和河流。

2）现场存放的油料、化学溶剂等应设有专门的库房，地面应进行防渗漏处理。

3）食堂、盥洗室、淋浴间的下水管线应设置隔离网，并应与市政污水管线连接，保证排水通畅。

4）食堂应设隔油池，并应及时清理。

5）厕所的化粪池应进行抗渗处理。

3. 防治施工噪声污染

建筑施工噪声是指在建筑施过程中产生的干扰周围生活环境的声音。

（1）城市市区范围内向周围生活环境排放建筑施工噪声，应当符合国家规定的建筑施工环境噪声排放标准。

（2）可能产生环境噪声污染的城市建筑施工项目，必须在开工 15 日以前向当地环保部门领取《建筑施工噪声排放申报登记表》，并按要求如实申报工程的项目名称、施工场所和期限、可能产生的环境噪声值以及所采取的环境噪声污染防治措施的情况。

（3）施工项目必须取得环保部门发放的《建筑施工噪声排放许可证》，并严格按照排放许可证规定的要求施工。

（4）在城市市区噪声敏感区域内，禁止夜间（晚 22：00 至次日早 6：00）进行产生环境噪声污染的建筑施工作业。因特殊需要必须连续工作的，施工单位必须办理县级以上人民政府或者有关主管部门的证明，提前 5 日向当地环保部门审批夜间施工许可事宜，批准后，夜间作业还必须公告附近居民。

（5）在施工过程中应尽量选用低噪声或备有消声降噪的施工机械。牵扯到产生强噪声的成品、半成品加工、制作作业（如预制构件，木门窗制作等），应尽量放在工厂、车间完成，减少因施工现场加工制作产生的噪声。施工现场的强噪声机械（如搅拌机、电锯、电刨、砂轮机等）要设置封闭的机械棚，以减少强噪声的扩散。根据《建筑施工场界噪声限值》，不同施工阶段作业噪声限值列于下表（单位 dB）：

施工阶段	主要噪声源	噪声限值（昼间／夜间）
土石方	推土机、挖掘机、装载机等	75／55
打桩	各种打桩机等	85／禁止施工
结构	混凝土搅拌机、振捣棒、电锯等	70／55
装修	吊车、升降机等	65／55

建筑单位应根据相应要求合理安排施工。

（6）现场环境噪声的长期监测，采取专人管理的原则，根据测量结果填写建筑施工场地噪声测量记录表，凡超过《建筑施工场界噪声限值》标准的，要及时对施工现场噪声超标的有关因素进行调整，达到施工噪声不扰民的目的。

4. 防治施工固体废弃物污染

（1）施工车辆运输砂石、土方、渣土和建筑垃圾应当采取密封、覆盖措施，并按指定地点倾卸。

（2）对可能产生二次污染的物品要对放置的容器加盖，防止因雨、风、热等原因引起的再次污染。

（3）放置危险废弃物的容器（如废胶水罐、清洁剂罐），要有特别的标识，以防止该废弃物的泄漏、蒸发和防止该废弃物和其他废弃物相混淆。

（4）项目部产生的废弃物应按废弃物类别投入指定垃圾箱（桶）或堆放场地，禁止乱投乱放。放置属非危险废弃物的指定收集箱，严禁危险废弃物放置。

（5）一般废弃物由专人负责外运处置危险废弃物由分包队设置专门场地保管，定期让有资质的部门处置。处置危险废弃物的承包方必须要出示行政主管部门核发的处置废弃物的许可证营业执照，必须要和承包方签订协议/合同，在协议/合同中要明确双方责任和义务，以确保该承包方按规定处置废弃物。

（6）项目部负责工程项目、建设施工中的废弃物及建筑垃圾处置管理，应在施工协议中明确处置的责任方和处置方式。

（7）项目部要对废弃物处置承包方进行定期的资格确认，确认承包方的合法性。

5. 防治施工光污染

（1）电焊、金属切割产生的弧光必须采用围板与周围环境进行隔离，防止弧光满天散发。

（2）现场围墙上布设的灯具原则上不得超过围墙高度；塔吊及周围场地照明的大镝灯必须调整照射方向向场内，不得直接照射到居民住宅区，施工场地外围的照明采用柔光灯，不可采用强光灯具。

（3）夜间施工严格按照建设行政主管部门和有关部门的规定执行，对施工照明器具的种类、灯光亮度严格控制，特别是在城市市区居民居住区内，减少施工照明对城市居民的危害。原则上现场施工时间定到 12 点，晚 12 点以后关闭大镝灯，施工现场开启柔光灯进行现场照明、保护；如必须晚上加班工作的，则必须将不使用的大镝灯关闭。

第十六章　施工项目安全管理计划

第一节　施工项目的危险源及识别

为了贯彻"安全第一、预防为主、综合治理"的安全生产管理方针，强化对建设工程项目施工安全重大危险源的监控，提高施工现场安全生产管理水平，确保建筑施工安全生产条件，杜绝重大生产事故发生，依据《中华人民共和国安全生产法》和国务院《建设工程安全生产管理条例》、《安全生产许可证条例》，特制定《湖南省建设工程项目施工安全重大危险源识别和控制管理暂行办法》。

符合下列条件的应当确定为工程项目施工安全重大危险源：

(1) 危险性较大的专项工程。

1) 基坑（槽）开挖与支护、降水工程：开挖深度超过 2.5 m（含 2.5 m）的基坑、1.5 m（含 1.5 m）的基槽（沟）；或基坑开挖深度未超过 2.5 m、基槽开挖深度未超过 1.5 m，但因地质水文条件或周边环境复杂，需要对基坑（槽）进行支护和降水的基坑（槽）；采用爆破方式开挖的基坑（槽）。

2) 人工挖孔桩；沉井、沉箱；地下暗挖工程。

3) 模板工程：各类工具式模板工程，包括滑模、爬模、大模板等；水平混凝土构件模板支撑系统及特殊结构模板工程。

4) 起重机械、吊装工程：物料提升设备（包括各类扒杆、卷扬机、井架等）、塔吊、施工电梯、架桥机等建筑施工起重设备的安装、检测、顶升、拆卸工程；各类吊装工程。

5) 脚手架工程：落地式钢管脚手架；木脚手架；附着式升降脚手架，包括整体提升与分片式提升；悬挑式脚手架；门型脚手架；挂脚手架；吊篮脚手架；卸料平台。

6) 拆除工程。

7) 施工现场临时用电工程。

8) 其他危险性较大的专项工程：建筑幕墙（含石材）的安装工程；预应力结构张拉工程；隧道工程，围堰工程，架桥工程；电梯、物料提升等特种设备安装；网架、索膜及跨度超过 5 m 的结构安装；2.5 m（含 2.5 m）以上边坡的开挖、支护；

较为复杂的线路、管道工程；采用新技术、新工艺、新材料对施工安全有影响的工程。

（2）对施工安全影响较大的环境和因素。

1）安全网的悬挂；安全帽、安全带的使用；楼梯口、电梯井口、预留洞口、通道、尚未安装栏杆的阳台周边、作业平台和作业面周边、楼层周边、上下跑道及斜道的两侧边、物料提升设备及施工电梯进料口等部位的防护。

2）施工设备、机具的检查、维护、运行以及防护。

3）2 m（含 2 m）以上的高处作业面架板铺设、兜网搭设。

4）在堆放与搬（吊）运等过程中可能发生高处坠落、堆放散落等情况的工程材料、构（配）件等。

5）施工现场易燃易爆、有毒有害物品的搬运、储存和使用。

6）施工现场临时设施的搭设、使用、拆除。

7）施工现场及毗邻周边存在的高压线、沟崖、高墙、边坡、建（构）筑物、地下管网等。

8）施工中违章指挥、违章作业以及违反劳动纪律等行为。

9）施工现场及周边的通道和人员密集场所。

10）经论证确认或设计单位交底中明确的其他专业性强、工艺复杂、危险性大、交叉作业等有可能导致生产安全事故的施工部位或作业活动；大风、高温、寒冷、汛期等其他潜在的有可能导致施工现场生产安全事故发生的因素（包括外部环境等诱因）。

施工单位应当根据工程项目特点、当地气候、周边环境等具体情况以及所承担的施工范围，在开工前识别并列出工程项目施工安全重大危险源。

第二节　施工项目安全管理计划的内容与编制

一、安全管理计划的原则

1. 预防性

施工项目安全管理计划必须坚持"安全第一，预防为主"的原则，体现安全管理的预防和预控作用，针对施工项目的全过程制定预警措施。

2. 全过程性

项目的安全计划应包括由可行性研究开始到设计、施工，直至竣工验收的全过程计划，施工项目安全管理计划要覆盖施工生产的全过程和全部内容，使安全技术措施经费贯穿至施工生产的全过程，以实现系统的安全。

3. 科学性

施工项目的安全计划应能代表最先进的生产力和最先进的管理方针，承诺并遵守国家的法律法规，遵照地方政府的安全管理规定，执行安全技术标准和安全技术规范，科学指导安全生产。

4. 可操作性

施工项目安全计划的目标和方案应尊重实际情况，坚持实事求是的原则，其方案具有可操作性，安全技术措施具有针对性。

5. 实效的最优化

施工项目安全策划应遵循实效最优化的原则，既不盲目地扩大项目投入，又不得以取消和减少安全技术措施经费来降低项目成本。要在确保安全目标的前提下，在经济投入、人力投入和物资投入上坚持最优化的原则。

二、安全管理计划的基本内容

1. 设计计划依据

（1）国家、地方政府和主管部门的有关规定。

（2）采用的主要技术规范、规程、标准和其他依据。

2. 工程概述

（1）本项目设计所承担的任务及范围。

（2）工程性质、地理位置及特殊要求。

（3）改建、扩建前的职业安全和卫生状况。

（4）主要工艺、原料、半成品、成品、设备及主要危害概述。

3. 建筑及场地布置

（1）根据场地自然条件预测的主要危险因素及防范措施。

（2）工地总体布置中（如锅炉房、氧气、乙炔等易燃易爆、有毒物品）造成的影响及防范措施。

（3）临时用电变压器周边环境。

（4）对周边居民出行是否有影响。

4. 生产过程中危险因素的分析

（1）安全防护工作：如脚手架作业防护、洞口防护、临边防护、高空作业防护和模板工程、起重及施工机具机械设备防护。

（2）关键特殊工序：如洞内作业、潮湿作业、深基开挖、易燃易爆品、防尘、防触电。

（3）特殊工种：如电工、电焊工、架子工、爆破工、机械工、起重工、机械司机等，除一般教育外，还要经过专业安全技能培训。

（4）临时用电的安全系统管理：如总体布置和各个施工阶段的临时用电的布设。

（5）保卫消防工作的安全系统管理：如临时消防用水、临时消防管道、消防灭火器材的布设等。

5. 主要安全防范措施

（1）根据全面分析各种危害因素确定工艺路线、选用可靠装置设备，按生产，火灾危险性分类设置安全措施和必要的检测、检验设备。

（2）按照爆炸和火灾危险场所的类别、等级、范围选择电气设备的安全距离及防雷、防静电及防止误操作等设施。

（3）对可能发生的事故作出的预案、方案及抢救、疏散和应急设施。

（4）危险场所和部位（如高空作业、外墙临边作业等）、危险期间（如冬期、雨期、高温天气等）所采用的防护设备、设施及其效果等。

6. 预期效果评价

施工项目的安全检查包括安全生产责任制、安全保证计划、安全组织结构、安全保证措施、安全技术交底、安全教育、安全持证上岗、安全设施、安全标识、操作行为、违规管理、安全记录。

7. 安全措施经费

（1）主要生产环节专项防范设施费用。

（2）检测设备及设施费用。

（3）安全教育设备及设施费用。

（4）事故应急措施费用。

第三节　施工项目安全专项施工方案

《建设工程安全生产管理条例》第二十六条规定：施工单位应当在施工组织设计中编制安全技术措施和施工现场临时用电方案，对下列达到一定规模的危险性较大的分部分项工程编制专项施工方案，并附具安全验算结果，经施工单位技术负责人、总监理工程师签字后实施，由专职安全生产管理人员进行现场监督。这些需要编制专项施工方案的分布分项工程包括：基坑支护与降水工程；土方开挖工程；模板工程；起重吊装工程；脚手架工程；拆除、爆破工程；国务院建设行政主管部门或者其他有关部门规定的其他危险性较大的工程。

一、编制依据

工程项目施工组织设计或施工方案中必须有针对性的安全技术措施，特殊和危险性大的工程必须单独编制安全施工方案或安全技术措施。安全技术措施或安全施工方案的编制依据有：

（1）国家和政府有关安全生产的法律、法规和有关规定。

（2）建筑安装工程安全技术操作章程。

（3）企业的安全管理规章制度。

二、编制原则

安全专项施工方案的编制，必须考虑现场的实际情况、施工特点及周围作业环境，措施要有针对性。凡施工过程中可能发生的危险因素及建筑物周围外部环境不利因素等，都必须从技术上采取具体且有效的措施予以预防。同时，安全技术措施和方案必须有设计、有计算、有详图、有文字说明。

安全专项施工方案除应包括相应的安全技术措施外，还应当包括监控措施、应急方案以及紧急救护措施等内容。

三、编制要求

1. 及时性

（1）安全性措施在施工前必须编制好，并且经过审核批准后正式下达施工单位以指导施工。

（2）在施工过程中，设计发生变更时，安全技术措施必须及时变更或作补充，否则不能施工。

（3）施工条件发生变化时，必须变更安全技术措施内容，并及时经原编制、审批人员办理变更手续，不得擅自变更。

2. 针对性

（1）要根据施工工程的结构特点，凡在施工生产中可能出现的危险因素，必须从技术上采取措施，消除危险，保证施工安全。

（2）要针对不同的施工方法和施工工艺制定相应的安全技术措施。

①不同的施工方法要有不同的安全技术措施，技术措施要有设计、有详图、有文字要求、有计算。

②根据不同分部分项工程的施工工艺可能给施工带来的不安全因素，从技术上采取措施保证其安全实施。土方工程、地基与基础工程、砌筑工程、钢窗工程、吊装工程及脚手架工程等必须编制单项工程的安全技术措施。

③编制施工组织设计或施工方案在使用新技术、新工艺、新设备、新材料的同时，必须研究应用相应的安全技术措施。

（3）针对使用的各种机械设备、用电设备可能给施工人员带来的危险因素，从安全保险、限位装置等方面采取安全技术措施。

（4）针对施工中有毒、有害、易燃、易爆等作业可能给施工人员造成的伤害，制定相应的防范措施。

（5）针对现场及周围环境中可能给施工人员及周围居民带来危险的因素，以及材料、设备运输的困难和不安全因素，制定相应的安全技术措施。

①夏季气候炎热、高温时间持续较长，要制定防暑降温措施和方案。

②雨期施工要制定防触电、防雷击、防坍塌措施和方案。

③冬季施工要制定防风、防火、防滑、防煤气中毒、防亚硝酸钠中毒措施和方案。

3. 具体性

（1）安全技术措施必须明确具体，能指导施工，绝不能搞口号化、一般化。

（2）安全技术措施中必须有施工总平面图，在图中必须对危险的油库、易燃材料库、变电设备以及材料、构件的堆放位置，塔式起重机、井字架或龙门架、搅拌台的位置等按照施工需要和安全堆积的要求明确定位，并提出具体要求。

（3）安全技术措施及方案必须由工程项目责任工程师或工程项目技术负责人制定的技术人员进行编制。

（4）安全技术措施及方案的编制人员必须掌握工程项目概况、施工方法、场地环境等第一手资料，并熟悉有关安全生产法规和标准，具有一定的专业水平和施工经验。

4. 审批

（1）编制审核：建筑施工企业专业工程技术人员编制的安全专项施工方案，由施工企业技术部门的专业技术人员及监理单位专业监理工程师进行审核，审核合格，由施工企业技术负责人、监理单位总监理工程师签字。

（2）专家论证审查：属于《危险性较大工程安全专项施工方案编制及专家论证审查办法》所规定范围的分部（分项）工程，要求：

①建筑施工企业应当组织不少于 5 人的专家组，对已编制的安全专项施工方案进行论证审查。

②安全专项施工方案专家组必须提出书面论证审查报告，施工企业应根据论证审查报告进行完善，施工企业技术负责人、总监理工程师签字后，方可实施。

③专家组书面论证审查报告应作为安全专项施工方案的附件，在实施过程中，施工企业应严格按照安全专项方案组织施工。

5. 实施

施工过程中，必须严格安全专项施工方案组织施工：

（1）施工前，应严格执行安全技术交底制度，进行分级交底；相应的施工设备设施搭建、安装完成后要组织验收，合格后才能投入使用。

（2）施工中，对安全施工方案要求的监测项目（如标高、垂直度等）要落实监测，及时反馈信息；对危险性较大的作业还应安排专业人员进行安全监控管理。

（3）施工完成后，应及时对安全专项施工方案进行总结。

第十七章　施工项目安全控制

第一节　施工项目作业人员的安全教育与培训

安全是生产赖以正常进行的前提，安全教育又是安全管理工作的重要环节，是提高全员安全素质、安全管理水平和防止事故从而实现安全生产的重要手段。

一、安全教育和培训时间

根据建设建教〔1997〕83 号文件印发的《建筑企业职工安全培训教育暂行规定》的要求如下：

（1）企业法人代表、项目经理每年不少于 30 学时。

（2）专职管理和技术人员每年不少于 40 学时。

（3）其他管理和技术人员每年不少于 20 学时。

（4）特殊工种每年不少于 20 学时。

（5）其他职工每年不少于 15 学时。

（6）待、转、换岗重新上岗前，接受一次不少于 20 学时的培训。

（7）新工人的公司、项目、班组三级培训教育时间分别不少于 15 学时、15 学时、20 学时。

二、教育和培训的形式与内容

教育和培训按等级、层次和工作性质分别进行，管理人员的重点是安全生产意识和安全管理水平，操作者的重点是遵章守纪、自我保护和提高防范事故的能力。

（1）新工人（包括合同工、临时工、学徒工、实习和代培人员）必须进行公司、工地和班组的三级安全教育，教育内容包括安全生产方针、政策、法规、标准及安全技术知识、设备性能、操作规程、安全制度、严禁事项及本工种的安全操作规程。

（2）电工、焊工、架工、司炉工、爆破工、机操工及起重工、打桩机和各种机动车辆司机等特殊工种工人，除进行一般安全教育外，还要经过本工程的专业安全技术教育。

（3）采用新工艺、新技术、新设备施工和调换工作岗位时，对操作人员进行新技术、新岗位的安全教育。

三、安全教育和培训的形式

1. 新工人三级安全教育

对新工人或调换工种的工人，必须按规定进行安全教育和技术培训，经考核合格。方准上岗。

三级安全教育是每个刚进企业的新工人必须接受的首次安全生产方面的基本教育，三级安全教育是指公司（即企业）、项目（或工程处，施工处、工区）、班组这三级。对新工人或调换工种的工人，必须按规定进行安全教育和技术培训，经考核合格，方准上岗。

（1）公司级。新工人在分配到施工队之前，必须进行初步的安全教育。教育内容如下：

1）劳动保护的意义和任务的一般教育。

2）安全生产方针、政策、法规、标准、规范、规程和安全知识。

2）企业安全规章制度等。

（2）项目（或工程处，施工处、工区）级。项目级教育是新工人被分配到项目以后进行的安全教育。教育内容如下：

1）建安工人安全生产技术操作一般规定。

2）施工现场安全管理规章制度。

3）安全生产纪律和文明生产要求。

4）在施工程基本情况，包括现场环境、施工特点、可能存在不安全因素的危险作业部位及必须遵守的事项。

（3）班组级。岗位教育是新工人分配到班组后，开始工作前的一级教育。教育内容如下：

1）本人从事施工生产工作的性质，必要的安全知识，机具设备及安全防护设施的性能和作用。

2）本工种安全操作规程。

3）班组安全生产、文明施工基本要求和劳动纪律。

4）本工种事故案例剖析、易发事故部位及劳防用品的使用要求。

三级教育的要求：

（1）三级教育一般由企业的安全教育、劳动、技术等部门配合进行。

（2）受教育者必须经过考试合格后才准予进入生产岗位。

（3）给每一名职工建立职工劳动保护教育卡，记录三级教育、变换工种教育等教育考核情况，并由教育者与受教育者双方签字后注册。

2. 特种作业人员培训

除进行一般安全教育外，还要执行《关于特种作业人员安全技术考核管理规则》（GB 5306—85）的有关规定，按国家、行为、地方和企业规定进行本工种专业培训、资格考核，取得《特种作业人员操作证》后上岗。

3. 特定情况下的适时安全教育

（1）季节性，如冬季、夏季、雨雪天、汛台期施工。

（2）节假日前后。

（3）节假日加班或突击赶任务。

（4）工作对象改变。

（5）工种变换。

（6）新工艺、新材料、新技术、新设备施工。

（7）发现事故隐患或发生事故后。

（8）新进入现场等。

4. 三类人员的安全培训教育

施工单位的主要负责人是安全生产的第一责任人，必须经过考核合格后，做到持证上岗，在施工现场，项目负责人是施工项目安全生产的第一责任者，也必须持证上岗，加强对队伍培训，使安全管理进入规范化。

5. 安全生产的经常性教育

企业在做好新工人入场教育、特种作业人员安全生产教育和各级领导干部、安全管理干部的安全生产培训的同时，还必须把经常性的安全教育贯穿于管理工作的全过程。并根据接受教育对象的不同特点，采取多层次、多渠道和多种方法进行。安全生产宣传教育多种多样，应贯彻及时性、严肃性、真实性，做到简明、醒目，具体形式如下：

（1）施工现场（车间）入口处的安全纪律牌。

（2）举办安全生产训练班、讲座、报告会、事故分析会。

（3）建立安全保护教育室，举办安全保护展览。

（4）举办安全保护广播，印发安全保护简报、通报等，办安全保护黑板报、宣传栏。

（5）张挂安全保护挂图或宣传画、安全标志和标语口号。

（6）举办安全保护文艺演出、放映安全保护音像制品。

（7）组织家属做职工安全生产思想工作。

6. 班前安全活动

班组长在班前进行上岗交流、上岗教育，做好上岗记录。

（1）上岗交底。交当天的作业环境、气候情况、主要工作内容和各个环节的操作安全要求，以及特殊工种的配合等。

（2）上岗检查。查上岗人员的劳动防护情况，每个岗位周围作业环境是否安全无患，机械设备的安全保险装置是否完好有效，以及各类安全技术措施的落实情况等。

第二节 施工项目安全技术交底及人员资格的审查

一、安全技术交底

（1）安全技术交底是指导工人安全施工的技术措施，是项目安全技术方案的具体落实。安全技术交底一般由技术管理人员根据分部分项工程的具体要求、特点和危险因素编写，是操作者的指令性文件，因而要具体、明确、针对性强，不得用施工现场的安全纪律、安全检查制度代替，交底内容不能过于简单，千篇一律口号化，应按分部（分项）工程和针对作业条件的变化进行，在进行工程技术交底的同时进行安全技术交底。

（2）安全技术交底主要包括两方面的内容：一是在施工方案的基础上进行的，按照施工方案的要求，对施工方案进行的细化和补充；二是对操作者的安全注意事项的说明，保证操作者的人身安全。

（3）安全技术交底工作，是施工负责人向施工作业人员进行职责落实的法律要求，要严肃认真地进行，不能流于形式。安全技术交底和工程技术交底一样，实行分级交底制度：

1）大型或特大型工程由公司总工程师组织有关部门向项目经理和分包商进行交底。交底内容：工程概况、特征、施工难度、施工组织、采用的新工艺、新材料、新技术、施工程序与方法、关键部位应采取的安全技术方案或措施等。

2）一般工程有项目经理部总工程师会同现场经理向项目有关施工人员和分包商行政和技术负责人进行交底，交底内容同1）。

3）分包商技术负责人要对其管辖的施工人员进行详尽的交底。

4）项目专业责任工程师要对所管辖的分包商的工长进行分部工程施工安全措施交底，对分包工长向操作班组进行的安全技术交底进行监督和检查。

5）专业负责工程师要对劳务分承包方的班组进行分部分项安全技术交底并监督指导其安全操作。

（4）安全技术交底工作在正式作业前进行，不但口头讲解，同时应有书面文字材料，并履行签字手续，施工负责人、生产班组、现场安全员三方各留一份。

二、人员资格的审查

《建设工程安全生产管理条例》第二十五条规定：垂直运输机械作业人员、安装拆卸工、爆破作业人员、起重信号工、登高架设作业人员等特种作业人员，必须按照国家有关规定经过专门的安全作业培训，并取得特种作业操作资格证书后，方可上岗作业。

第三十六条规定：施工单位的主要负责人、项目负责人、专职安全生产管理人员应当经建设行政主管部门或者其他有关部门考核合格后方可任职。施工单位应当对管理人员和作业人员每年至少进行一次安全生产教育培训，其教育培训情况记入个人工作档案。安全生产教育培训考核不合格的人员，不得上岗。

第三十七条规定：作业人员进入新的岗位或者新的施工现场前，应当接受安全生产教育培训。未经教育培训或者教育培训考核不合格的人员，不得上岗作业。施工单位在采用新技术、新工艺、新设备、新材料时，应当对作业人员进行相应的安全生产教育培训。

第六十二条规定：违反本条例的规定，施工单位有下列行为之一的，责令限期改正；逾期未改正的，责令停业整顿，依照《中华人民共和国安全生产法》的有关规定处以罚款；造成重大安全事故，构成犯罪的，对直接责任人员，依照刑法有关规定追究刑事责任：

（1）未设立安全生产管理机构、配备专职安全生产管理人员或者分部分项工程施工时无专职安全生产管理人员现场监督的。

（2）施工单位的主要负责人、项目负责人、专职安全生产管理人员、作业人员或者特种作业人员，未经安全教育培训或者经考核不合格即从事相关工作的。

（3）未在施工现场的危险部位设置明显的安全警示标志，或者未按照国家有关规定在施工现场设置消防通道、消防水源、配备消防设施和灭火器材的。

（4）未向作业人员提供安全防护用具和安全防护服装的。

（5）未按照规定在施工起重机械和整体提升脚手架、模板等自升式架设设施验收合格后登记的。

（6）使用国家明令淘汰、禁止使用的危及施工安全的工艺、设备、材料的。

第三节　施工安全防护、劳保用品和施工设施的安全验收

一、安全防护设施、设备验收范围

1. 安全防护设施

（1）脚手架类设施：马道、落地式脚手架、（集）卸料平台、附着升降式脚手架（爬架）、挂架、插口架子、挑架、满堂红脚手架、工具式脚手架（组合脚手架活动平台）、外电线路防护架。

（2）洞口类防护设施：预留洞口防护、电梯井口及管道井、烟道防护（含电梯井内水平安全网支搭）、楼梯口防护、（建筑物进出通道、外用电梯首层进出通道、物料提升机首层进出通道）通道口防护、竖向孔洞口（孔洞底边距地小于1 m）防护。

（3）临边类防护设施：基坑（沟、槽）临边防护、阳台周边防护、框架结构周边防护、（外用电梯、物料提升机）卸料平台防护、屋面临边防护、楼梯临边防护（含回转楼梯井水平安全网支搭）、脚手架操作层防护。

（4）其他类安全防护设施：安全通道防护、楼外侧安全平网支设、交叉作业防护、爬梯搭设、室外电箱、电焊机防护棚、卷扬机操作棚、模板工程验收。

2. 临电设施

架空线路、电缆线路敷设、室内配线、配电箱内设备安装、接地接零、电气防护、照明装置

3. 机械设备、设施

（1）大型机械设备：塔吊、外用电梯、物料提升机、电动吊篮。

（2）中小型机械：混凝土搅拌机（站）、砂浆搅拌机、混凝土输送泵、木工圆锯、木工平刨、钢筋切断机、冷拉机、钢筋弯曲机、钢筋调直机、卷扬机、电焊机、水泵、空压机、套丝机、振动棒、砂轮切割机、水磨石机、弯管机、打夯机、手持电动工

具等。

（3）安全防护用品：脚手架杆件、扣件、脚手板、安全网、安全帽、安全带、漏电保护器、五芯电缆、配电箱以及其他个人防护用品。

二、验收的组织及要求

（1）脚手架类防护设施搭设前必须编制专项搭拆方案，并经审批后实施。搭设完毕需在自检、自验合格的基础上，报请上一级安全管理部门、技术部门进行验收。由批准方案的技术负责人组织方案制订人、上一级安全部门、技术部门、项目安全员、工长及搭设班组、使用班组等有关人员进行检查验收，并对架体的扣件扭力矩进行测试。挂架、爬架验收等还应有产权单位有关人员参加。爬架在施工过程中的每次升、降后组织验收。

（2）大型机械设备安装前应编制专项搭拆方案，并经审批后实施。塔吊、外用电梯安装完毕须经产权单位及安装单位会同项目技术负责人、机械员、安全员等按当地政府要求的验收表格验收合格或报请地方主管部门验收合格后，在相关技术资料齐全的基础上，报请上一级机械管理部门、安全管理部门进行验收，合格后方可投入使用。施工机械验收按《建筑机械使用安全技术规程》（JGJ33—2001）进行。

（3）物料提升机、电动吊篮在相关技术资料齐全的基础上，安装完毕报请上一级机械管理部门、安全管理部门，产权单位及安装单位、项目技术负责人、机械员、安全员等共同进行验收，合格后方可投入使用。井字架、龙门架作为物料提升机的检验项目一并进行验收。

（4）塔吊、电梯：

1）塔吊、电梯平面布置图。

2）设备租赁资质、安拆资质、租赁设备明细表、设备单台编号、营业执照、产品合格证。

3）审批的安拆方案。

4）群塔吊作业防碰撞措施。

5）基础施工验收资料。

6）安拆前安全技术交底。

7）操作、信号指挥、安拆人员名单，操作证复印件。

8）安拆前安全技术交底。

9）自检验收资料、《安全检验报告》及《安全检验合格证》。

10）总包与分包共同对机组人员、信号指挥人员安全技术交底。

11）总包与分包共同签订的安全管理协议书。

12）租赁合同。

（5）物料提升机：

1）租赁单位营业执照、产品合格证、产品说明书。

2）审批的安拆方案。

3）基础施工验收资料。

4）安拆前安全技术交底。

5）安拆人员、卷扬司机操作证复印件。

6）自检验收资料。

7）总包与分包共同对机组人员安全技术交底。

8）总包与分包共同签订的安全管理协议书。

9）租赁合同。

（6）电动吊篮：

1）设备租赁资质、租赁设备明细表、设备单台编号、营业执照、产品合格证、产品说明书。

2）审批的安拆方案。

3）安拆前安全技术交底。

4）安全锁有效检验标定。

5）自检验收资料。

6）使用人员名单、操作证复印件。

7）总包与分包对使用人员安全技术交底。

8）总包与分包共同签订的安全管理协议书。

9）租赁合同。

（7）洞口类防护设施、临边类防护设施搭设前应编制安全技术方案，并经审批后实施。以每层为一个验收单元，搭设完毕项目主管工长向项目安全员报验，项目安全员向项目生产经理申请组织防护设施验收，有项目生产经理、主管工长、项目安全员、搭设班组长等参加验收。

（8）其他类安全防护设施搭设前应编制安全技术方案，并经审批后实施。搭设完毕项目主管工长向项目安全员报验，项目安全员向项目技术负责人申请组织防护设施验收，有项目技术负责人、主管工长、项目安全员、搭设班组长等参加验收。首层大模板工作平台防护由项目报公司、分公司安全主管部门进行验收，首层以上由项目经理部自行组织相关人员进行验收。

（9）施工现场临时用电设施必须编制临时用电施工组织设计，并经审批后实施。临时用电设施安装完毕由项目技术负责人组织临时用电施工组织设计编制人、项目安全员、临时用电负责人和安装人等按临时用电施工组织设计进行检查验收。

（10）中小型机械无论是租赁的，还是分包队伍自有施工机械、机具，进场后必须办理安全技术性能安装验收手续，由项目经理部各施工段主管工长、项目机械员、项目安全员、机械出租单位、机械使用单位及机械操作人员参加验收，验收合格方准使用。

（11）各类安全防护用品必须有材质证明、出厂合格证明和检测报告，报项目安全保证部备案，当发现有疑问时，由具备检测资格的检测机构进行鉴定，认定符合安全使用要求后才能使用。

（12）因故停工、停产，恢复施工前，项目经理部必须重新组织对各类设备设施的检查验收。

（13）因设计方案变更重新安装、架设的大型设备及高大防护设施必须按变更后的方案重新组织验收。

（14）专业分包、甲分包进场正式施工前，该施工段主管工长应组织项目技术负责人、项目安全员与专业分包、甲分包单位现场负责人及其安全员，共同办理专业分包、甲分包所属施工区域安全防护设施的移交手续。

（15）参加各项验收的人员必须在各类验收记录上签字，验收主持人要在验收记录上签署验收意见，否则验收无效。

（16）各级验收人员要认真负责，把住关口，严格按国家标准、规定、规范和批准的方案进行检查验收，要做到数据量化，填写齐全，合格的予以验收，不合格的坚决不予验收，并不得投入使用。对需重新组织验收的项目经理部要责成有关人员尽快整改并重新验收直至合格，各类设备设施验收资料分类编号归档备查。

（17）各分包单位负责所在施工区域的安全防护装置、设施的管理与日常维护。

（18）各级安全部门对施工现场安全装置、设施的安全状况进行定期和不定期检查，对存在的安全隐患提出整改意见。项目工长应督促安全防护装置、设施安全隐患的整改落实，各级安全人员对安全防护装置、设施安全隐患的整改落实情况进行复查验证。对不能在规定时间内落实隐患整改的单位，按安全生产奖罚规定进行处罚或责令停工。

第四节　施工项目重大危险源的现场监控

一、重大危险源的控制与管理

（1）施工单位对工程项目施工安全重大危险源应当编制详细的名录，经企业审查和工程监理单位确认后，与工程项目开工安全生产条件审查资料一并报送建设行政主管部门或其委托的建设工程安全生产监督机构。

施工方案因施工图设计变更或施工条件影响发生变动的，施工单位应将施工方案变动后增加的重大危险源及时补充和完善，并经企业审查和工程监理单位确认后报送建设行政主管部门或其委托的建设工程安全生产监督机构。

施工单位应当对工程项目的施工安全重大危险源在施工现场显要位置予以公示，公示内容应当包括施工安全重大危险源名录、可能导致发生的事故类别。在每一施工安全重大危险源处醒目位置悬挂警示标志。

（2）施工总包单位、分包单位应当分别建立工程项目施工安全重大危险源的管理台账，建立健全重大危险源的控制与管理制度。

施工总包单位、分包单位对危险性较大的专项工程应当编制专项工程施工方案。其中深基坑工程，地下暗挖工程，高大模板工程，30 m及以上高空作业工程，大江、大河中深水作业工程，吊装工程，附着式升降脚手架工程，城市房屋及构筑物爆破拆除和其他土石方爆破工程等危险性较大的专项工程的施工方案应组织专家进行论证审查，并根据专家论证审查意见进行完善，经施工企业技术负责人、总监理工程师签字，通过相关部门的开工安全生产条件审查后，方可组织实施。

施工总包单位、分包单位应当对施工安全影响较大的环境和因素逐一制订安全防护方案和保证措施，加强动态检查管理，及时发现问题，及时排除隐患。

（3）施工单位应当定期组织对其工程项目的施工安全重大危险源进行安全检查、评估，加强对施工安全重大危险源的监控，及时发现安全生产隐患，采取切实有效的措施督促及时整改到位，并对整改结果进行查验。

（4）施工总包单位设在工程项目的管理机构应当组织项目管理人员（包括分包单位相应管理人员）每星期开展一次对其责任管理范围内的施工安全重大危险源安全状况的检查，作出书面检查记录，对检查中发现的问题督促相关责任单位和责任人进行整改。分包单位的项目负责人、专项安全管理人员应当按照总包单位提出的整改意见及时组织整改到位。

工程项目专职安全管理人员应当根据施工安全重大危险源名录，坚持每天对其责任范围内的施工安全重大危险源安全状况进行检查和评估，建立个人检查、评估台账，并将隐患整改、排除情况作出书面记录。

（5）施工总包单位应当在其责任管理范围内统一编制工程项目生产安全事故应急救援预案。总包单位责任管理范围内的分包单位应当按照应急救援预案，各自建立应急救援组织或者配备应急救援人员，配备救援器材、设备，并参加总包单位定期组织的演练。

施工总包单位责任管理范围以外的专业工程承包单位应当各自编制工程项目施工安全应急救援预案，配备应急救援人员、器材、设备，并定期组织演练。

（6）施工单位在施工人员进入工程项目施工现场前，应当对其进行安全生产教育，安全生产教育的内容应当包括工程项目的施工安全重大危险源以及安全防护方案和保证措施，应急救援预案等内容。施工单位设在工程项目的管理机构应当在作业人员进行作业活动前对其进行安全技术交底，安全技术交底应当明确工程作业特点和重大危险源，针对施工安全重大危险源的具体预防措施，相应的安全标准，以及应急救援预案的具体内容和要求。安全技术交底应当形成书面交底签字记录。

（7）工程监理单位应当建立工程项目施工安全重大危险源监理台账，按规定认真编制包括施工安全重大危险源在内的工程项目监理规划、实施细则和旁站方案，严格审查施工组织设计和施工方案、安全技术措施、工程项目施工安全应急救援预案。

（8）工程监理单位应当加强对工程项目施工安全重大危险源以及施工方案中安全技术措施执行情况的跟踪监理。对发现存在的安全隐患，及时向施工单位发出整改通知，并对整改情况负责跟踪监督，直至整改到位；情况严重的，应当立即下达暂时停工令，并报告建设单位。施工单位拒不及时整改或者不停止施工的，工程监理单位应当及时向相关建设行政主管部门或其委托的建设工程安全生产监督机构书面报告。

二、重大危险源的监督与检查

（1）各级建设行政主管部门及其委托的建设工程安全生产监督机构应建立工程项目施工安全重大危险源监督检查制度，对施工安全重大危险源实施有效的动态监管。

（2）各级建设行政主管部门及其委托的建设工程安全生产监督机构应当在工程项目安全生产监督方案中突出对工程项目施工安全重大危险源的监督检查，对施工单位报送的工程项目施工安全重大危险源名录进行现场核查，发现名录与实际不符的，应当责成施工单位及时完善。

（3）各级建设行政主管部门及其委托的建设工程安全生产监督机构应当加强对在建工程项目施工安全重大危险源的监督检查，并对每个在建工程项目施工安全重大危险源建立监管台账。对在建工程项目施工安全重大危险源的监督检查内容主要包括：施工单位对重大危险源的控制与管理制度的建立和实施情况；危险性较大的专项工程的施工方案编制、审批、专家论证、交底和过程控制情况；对重大危险源的安全防护方案和保证措施的制定和落实情况；施工现场与内业资料的相符性；项目专职安全管理人员对重大危险源的检查、评估台账；工程监理单位对重大危险源履行监理职责的情况等。

（4）各级建设行政主管部门及其委托的建设工程安全生产监督机构在对工程项目的监督检查中，发现施工单位及其人员未按照本办法履行规定职责的，应当责令其限期或者停工整改，并视情况按照湖南省《公示制度》的规定，上报有关责任单位和责任人的不良行为记录。情节严重的，应当按照安全生产两项许可的规定，向住建厅提出暂扣有关责任单位安全生产许可证、收回有关责任人安全生产考核合格证的建议；发现工程监理单位未按照本办法履行规定的监理职责的，应当责令其改正，并视情况按照湖南省《公示制度》的规定，上报其单位和责任人的不良行为记录。情节严重的，应当按规定作出相应处罚或提出处罚建议。

（5）各级建设行政主管部门及其委托的建设工程安全生产监督机构应当把施工单位对工程项目施工安全重大危险源的识别、控制与管理情况作为企业安全生产条件评价的一项重要内容。

（6）建设行政主管部门及其委托的建设工程安全生产监督机构未认真履行工程项目施工安全重大危险源监督与检查职责的，将按照有关规定追究相应监管责任。

第五节　施工现场安全检查的内容、方法和评价

一、施工现场安全检查的目的与内容

1. 安全检查的目的

（1）了解安全生产的状态，分析研究加强安全管理提供信息依据。

（2）发现问题，暴露隐患，以便及时采取有效措施，保障安全生产。

（3）发现、总结及交流安全生产的成功经验，推动地区乃至行业安全生产水平的提高。

（4）利用检查，进一步宣传、贯彻、落实安全生产方针、政策和各项安全生产规章制度。

（5）增强领导和群众安全意识，制止违章指挥，纠正违章作业，提高安全生产的

自觉性和责任感。

2. 安全检查的内容

安全检查内容比较多，一个项目经理部应根据施工过程的特点和安全目标的要求确定安全检查的内容。

安全检查工作应包括以下两大方面：

（1）各级管理人员对安全施工规章制度的建立与落实。规章制度的内容包括：安全施工责任制、岗位责任制、安全教育制度、安全检查制度。

（2）施工现场安全措施的落实和有关安全规定的执行情况。主要包括以下内容：

1）安全技术措施。根据工程特点、施工方法、施工机械编制完善的安全技术措施并在施工过程中得到贯彻。

2）施工现场安全组织。工地上是否有专、兼职安全员并组成安全活动小组，工作开展情况，完整的施工安全记录。

3）安全技术交底，操作规章的学习贯彻情况。

4）安全设防情况。

5）个人防护情况。

6）安全用电情况。

7）施工现场防火设备。

8）安全标志牌等。

3. 安全检查重点内容

（1）临时用电系统和设施：

1）临时用电是否采用 TN-S 接零保护系统。

2）施工中临时用电的负荷匹配和电箱合理配置、配设问题，要达到"三级配电、两级保护"要求。

3）临时用电器材和用电设备是否具备安全防护装置和有安全措施。

4）生活和施工照明的特殊要求。

5）消防泵、大型机械的特殊用电要求。

6）雨期施工中，对绝缘和接地电阻的及时摇测和记录情况。

（2）施工准备阶段：

1）如施工区域里有地下电缆、水管或防空洞等，要指令专人进行妥善处理。

2）现场内或施工区域附近有高压架空线时，要在施工组织设计中采取相应的技术措施，确保施工安全。

3）施工现场的周围（如邻近居民住宅或交通要道）要充分考虑施工扰民、妨碍交通、发生安全事故的各种可能因素，以确保人员安全。对有可能发生的危险隐患，要有相应的防护措施，如搭设过街、民房防护棚，施工中作业层的全封闭措施等。

4）在现场内设金属加工、混凝土搅拌站时，要尽量远离居民区及交通要道，防止施工中噪声干扰居民正常生活。

（3）基础施工阶段：

1）土方施工前，检查是否有针对性的安全技术交底并督促执行。

2）在雨期或地下水位较高的区域施工时，是否有排水、挡水和降水措施。

3）根据组织设计放坡比例是否合理，有没有支护措施或打护坡桩。

4）深基础施工，作业人员工作环境和通风是否良好。

5）工作位置距基础2 m以下是否有基础周边防护措施。

（4）结构施工阶段：

1）做好对外脚手架的安全检查与验收，预防高空坠落和防物体打击。

2）做好"三宝"等安全防护用品（安全帽、安全带、安全网、绝缘手套、防护鞋等）的使用、检查与验收。

3）做好孔、洞口（楼梯口、预留洞口、电梯井口、管道井口、首层出入口等）的安全检查与验收。

4）做好临边的安全检查与验收。

5）做好机械设备人员安全教育和持证上岗情况的检查，对所有设备进行检查与验收。

6）材料特别是大模板存放和吊装使用。

7）施工人员上下通道。

8）对一些特殊结构工程，如钢结构吊装、大型梁架吊装以及特殊危险作业要对施工方案和安全措施、技术交底进行检查和验收。

（5）装修施工阶段：

1）对外装修脚手架、吊篮、桥式架子的保险装置、防护措施，在投入使用前进行检查与验收，日常也要进行安全检查。

2）室内管线洞口防护措施。

3）室内使用的单梯、双梯、高凳等工具及使用人员的安全技术交底。

4）内装修使用的架子搭设和防护。

5）内装修作业所使用的各种染料、涂料和黏结剂是否挥发有毒气体。

6）多工种的交叉作业。

（6）竣工收尾阶段：

1）外装修脚手架的拆除。

2）现场清理工作。

二、安全检查的形式、方法与要求

1. 安全检查的主要形式

安全检查的形式多样，见表17-1，主要有上级检查、定期检查、专业性检查、经常性检查、季节性检查以及自行检查等。

（1）项目每周或每旬由主要负责人带队组织定期的安全大检查。

（2）施工班组每天上班前由班组长和安全值日人员组织的班前安全检查。

（3）季节更换前由安全生产管理小组和安全专职人员、安全值日人员等组织的季节劳动保护安全检查。

（4）由安全管理小组、职能部门人员、专职安全员和专业技术人员组成对电气、机械设备、脚手架、登高设施等专项设施设备、高处作业、用电安全、消防保卫等进行的专项安全检查。

（5）由安全管理小组成员、安全专兼职人员和安全值日人员进行的日常安全检查。

（6）对塔机等起重设备、井架、龙门架、脚手架、电气设备、吊篮，现浇混凝土模板及支撑等设备在安装搭设完成后进行的安全验收检查。

表 17-1　施工项目安全检查形式

检查形式	检查内容
上级检查	上级检查是指主管各级部门对下属单位进行的安全检查。这种检查能发现本行业安全施工存在的共性和主要问题，具有针对性、调查性，也有批评性。同时通过检查总结，扩大（积累）安全施工经验，对基层推动作用较大
定期检查	建筑公司内部必须建立定期安全检查制度。公司级定期安全检查可每季度组织 1 次，工程处可每月或每半月组织一次检查，施工队要每周检查一次。每次检查都要由主管安全的领导带队，同工会、安全、动力设备、保卫等部门一起，按照事先计划的检查方式和内容进行检查。定期检查属于全面性和考核性的检查
专业性检查	专业性安全检查应由公司有关业务分管部门单独组织，有关人员针对安全工作存在的突出问题，对某项专业（如施工机械、脚手架、电气、塔吊、锅炉、防尘防毒等）存在的普遍性安全问题进行单项检查。这类检查针对性强，能有的放矢，对帮助提高某项专业安全技术水平有很大作用
经常性检查	经常性的安全检查主要是要提高大家的安全意识，督促员工时刻牢记安全，在施工中安全操作，及时发现安全隐患，消除隐患，保证施工的正常进行。经常性安全检查有：班组进行班前、班后岗位安全检查；各级安全员及安全值班人员日常巡回安全检查；各级管理人员在检查施工同时检查安全等
季节性检查	季节性和节假日前后的安全检查。季节性安全检查是针对气候特点（如夏季、冬季、风季、雨季等）可能给施工安全和施工人员健康带来危害而组织的安全检查。节假日（如元旦、劳动节、国庆节）前后的安全检查，主要是防止施工人员在这一段时间思想放松、纪律松懈而容易发生事故。检查应由单位领导组织有关部门人员进行
自行检查	施工人员在施工过程中还要经常进行自检、互检和交接检查。自检是施工人员工作前、后对自身所处的环境和工作程序进行安全检查，以随时消除安全隐患。互检是指班组之间、员工之间开展的安全检查，以便互相帮助，共同预防事故。交接检查是指上道工序完毕，交给下道工序使用前，在工地负责人组织工长、安全员、班组及其他有关人员参加情况下，由上道工序施工人员进行安全交底并一起进行安全检查和验收，确认合格后才能交给下道工序使用

2. 安全检查的主要方法

（1）"听"：听基层安全管理人员或施工现场安全员汇报安全生产情况、介绍现场安全工作经验、存在的问题及今后努力的方向。

（2）"看"：主要查看管理记录、执证上岗、现场标示、交接验收资料、"三宝"使用情况、"洞口"、"临边"防护情况，设备防护装置等。

（3）"量"：主要用尺实测实量。

（4）"测"：用仪器、仪表实地进行测量。

（5）"现场操作"：由司机对各种限位装置进行实际运行验证，检验其灵敏及可靠程度。

3. 安全检查的要求

（1）根据检查内容配备力量，抽调专业人员，确定检查负责人，明确分工。

（2）应有明确的检查目的和检查项目、内容和检查标准、重点、关键部位。对大面积或数量多的项目可采取系统的观感和一定数量的测点相结合的检查方法。检查时尽量采用检测工具，用数据说话。

（3）对现场管理人员和操作工人不仅要检查是否有违章指挥和违章作业行为，还应进行"应知应会"的抽查，以便了解管理人员及操作工人的安全素质。对于违章指挥、违章作业行为，检查人员可以当场指出，进行纠正。

（4）认真、详细进行检查记录，特别是对隐患的记录必须具体，如隐患的部位、危险性程度及处理意见等。采用安全检查评分表的，应记录每项扣分的原因。

（5）检查中发现的隐患应进行登记并发出隐患整改通知书，引起整改单位的重视，并作为整改的备查依据。对凡是有发生事故危险的隐患，检查人员应责令其停工，被查单位必须立即整改。

（6）尽可能系统、定量地作出检查结论，进行安全评价。便于受检单位根据安全评价研究对策、进行整改、加强管理。

（7）检查后应对隐患整改情况进行跟踪复查，查被检单位是否按"三定"（定人、定期限、定措施）原则落实整改，经复查整改合格后，进行销案。

三、《建筑施工安全检查标准》

为科学评价建筑施工现场安全生产，预防生产安全事故的发生，保障施工人员的安全和健康，提高施工管理水平，实现安全检查工作的标准化，制定《建筑施工安全检查标准》（JGJ 59—2011）。该标准使安全检查由传统的定性评价上升到定量评价，使安全检查进一步规范化、标准化。

《建筑施工安全检查标准》的内容：

1. 建筑施工安全检查评分标准的结构

建筑施工安全检查评分标准的结构由汇总表（表 17-2）和检查评分表（表 17-3）两个层次的表格构成。

表 17-2　建筑施工安全检查评分汇总表

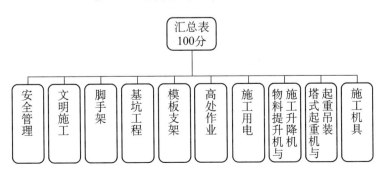

表 17-3　建筑施工安全检查评分汇总表

企业名称：　　　　　　　　　　资质等级：　　　　　　　　　　年　　　月　　　日

单位工程（施工现场）名称	建筑面积/m²	结构类型	总计得分（满分分值100分）	项目名称及分值									
				安全管理(满分10分)	文明施工(满分15分)	脚手架(满分10分)	基坑工程(满分10分)	模板支架(满分10分)	高处作业(满分10分)	施工用电(满分10分)	物料提升机与施工升降机(满分10分)	塔式起重机与起重吊装(满分10分)	施工机具(满分5分)

评语：

检查单位		负责人		受检项目		项目经理	

2. 检查评分表

检查评分表是进行具体检查时用以评分记录的表格，与汇总表中的 10 个分项内容相对应，但由于一些分项所对应的检查内容不止一项，所以实际共有 19 张检查表，分别为《安全管理检查评分表》（表 17-4）、《文明施工检查评分表》、《扣件式钢管脚手架检查评分表》、《门式钢管脚手架检查评分表》、《碗扣式钢管脚手架检查评分表》、《乘插型盘扣式钢管脚手架检查评分表》、《满堂脚手架检查评分表》、《悬挑式脚手架检查评分表》、《附着式升降脚手架检查评分表》、《高处作业吊篮检查评分表》、《基坑工程检查评分表》、《模板支架检查评分表》、《高处作业检查评分表》、《施工用电检查评分表》、《物料提升机检查评分表》、《施工升降机检查评分表》、《塔式起重机检查评分表》、《起重吊装检查评分表》、《施工机具检查评分表》。

检查评分表的结构形式分为两类。一类是自成整体的系统，如文明施工、施工用电等检查评分表，规定的各检查项目之间有内在的联系，因此，按结构重要性程度的大小，把影响安全的关键项目列为保证项目，其他项目列为一般项目；另一类是各检查项目之间无相互联系的逻辑关系，因为没有列出保证项目，如《高处作业检查评分表》及《施工机具检查评分表》。

表 17-4 安全管理检查评分表

序号	检查项目		扣 分 标 准	应得分数	扣减分数	实得分数
1	保证项目	安全生产责任制	未建立安全生产责任制扣 10 分 安全生产责任制未经责任人签字确认扣 3 分 未制定各工种安全技术操作规程扣 10 分 未按规定配备专职安全员扣 10 分 工程项目部承包合同中未明确安全生产考核指标扣 8 分 未制定安全资金保障制度扣 5 分 未编制安全资金使用计划及实施扣 2~5 分 未制定安全生产管理目标（伤亡控制、安全达标、文明施工）扣 5 分 未进行安全责任目标分解的扣 5 分 未建立安全生产责任制、责任目标考核制度扣 5 分 未按考核制度对管理人员定期考核扣 2~5 分	10		
2		施工组织设计	施工组织设计中未制定安全措施扣 10 分 危险性较大的分部分项工程未编制安全专项施工方案，扣 3~8 分 未按规定对专项方案进行专家论证扣 10 分 施工组织设计、专项方案未经审批扣 10 分 安全措施、专项方案无针对性或缺少设计计算扣 6~8 分 未按方案组织实施扣 5~10 分	10		
3		安全技术交底	未采取书面安全技术交底扣 10 分 交底未做到分部分项扣 5 分 交底内容针对性不强扣 3~5 分 交底内容不全面扣 4 分 交底未履行签字手续扣 2~4 分	10		
4		安全检查	未建立安全检查（定期、季节性）制度扣 5 分 未留有定期、季节性安全检查记录扣 5 分 事故隐患的整改未做到定人、定时间、定措施扣 2~6 分 对重大事故隐患整改通知书所列项目未按期整改和复查扣 8 分	10		
5		安全教育	未建立安全培训、教育制度扣 10 分 新入场工人未进行三级安全教育和考核扣 10 分 未明确具体安全教育内容扣 6~8 分 变换工种时未进行安全教育扣 10 分 施工管理人员、专职安全员未按规定进行年度培训考核扣 5 分	10		
6		应急预案	未制定安全生产应急预案扣 10 分 未建立应急救援组织、配备救援人员扣 3~6 分 未配置应急救援器材扣 5 分 未进行应急救援演练扣 5 分	10		
	小计			60		

181

序号	检查项目	扣 分 标 准	应得分数	扣减分数	实得分数
7	分包单位安全管理	分包单位资质、资格、分包手续不全或失效扣 10 分 未签订安全生产协议书扣 5 分 分包合同、安全协议书，签字盖章手续不全扣 2~6 分 分包单位未按规定建立安全组织、配备安全员扣 3 分	10		
8	特种作业持证上岗	一人未经培训从事特种作业扣 4 分 一人特种作业人员资格证书未延期复核扣 4 分 一人未持操作证上岗扣 2 分	10		
9	生产安全事故处理	生产安全事故未按规定报告扣 3~5 分 生产安全事故未按规定进行调查分析处理，制定防范措施扣 10 分 未办理工伤保险扣 5 分	10		
10	安全标志	主要施工区域、危险部位、设施未按规定悬挂安全标志扣 5 分 未绘制现场安全标志布置总平面图扣 5 分 未按部位和现场设施的改变调整安全标志设置扣 5 分	10		
	小计		40		
检查项目合计			100		

每张检查评分表的满分都是 100 分，分为保证项目和一般项目检查表，保证项目满分 60 分，一般项目满分 40 分。当保证项目中有一项未得分或保证项目小计得分不足 40 分，此分项检查评分表不应得分。评分应采用扣减分值的方法，扣减分值总和不得超过该检查项目的应得分值，即不得采用负分值。

3. 汇总表

汇总表是对 10 个分项检查结果的汇总，利用汇总表所得分值，来确定和评价工程项目的安全生产工作情况。汇总表满分也是 100 分，因此，各分项的检查评分表的得分要折算到汇总表中相应的子项。各分项内容在汇总表中占分值比例，依据对因工伤亡事故类型的统计分析结果，且考虑了分值的计算简便，将文明施工分项定为 15 分，施工机具分项定为 5 分，其他各分项都确定为 10 分。

4. 分值的计算方法

（1）评分汇总表中各分项项目实得分值：

$$汇总表中各分项目实得分值 = \frac{汇总表中该项应得满分值 \times 该项检查评分表实得分值}{100}$$

【例 1】 "安全管理"检查评分表实得 76 分，换算在汇总表中"安全管理"分项实得分为多少？

解：
$$分项实得分 = \frac{10 \times 76}{100} = 7.6 \ 分$$

（2）汇总表中遇有缺项时，汇总表总分计算方法：

$$遇有缺项时汇总表总得分 = \frac{实查项目实得分值之和}{实查项目实得分值之和} \times 100$$

【例 2】 某工地没有塔吊，则塔吊在汇总表中有缺项，其他各分项检查在汇总表的实得分为 84 分，计算该工地汇总表总得分为多少？

解：　　　　　　　缺项的汇总表得分 $=\dfrac{84}{90}\times100=93.34$ 分

（3）检查评分表中遇有缺项时，评分表合计分计算方法：

$$遇有缺项时评分表得分=\dfrac{实查项目实得分值之和}{实查项目实得分值之和}\times100$$

【例3】　在"施工用电"检查评分表中，外电防护这一保证项目缺项（该项应得分值为 20 分），其他各项检查实得分为 64 分，计算该评分表实得多少分？换算到汇总表中应为多少分？

解：　　　　　缺项的"施工用电"评分表得分 $=\dfrac{64}{100-20}\times100=80$ 分

$$汇总表中"施工用电"分项实得分=\dfrac{10\times80}{100}=8\ 分$$

（4）对有保证项目的分表，当保证项目中有一项未得分，此评分表为零分；遇保证项目缺项时，保证项目小计得分不足 40 分，评分表为零分，具体计算方法为：实得分与应得分之比<66.7% 时，评分表为零分（40/60=66.7%）。

【例4】　在"施工用电"检查表中，外电防护这一保证项目缺项（该项 20 分），其余的"保证项目"检查实得分合计为 20 分（应得分值为 40 分），该分项检查表是否能得分？

解：　　$\dfrac{其余的保证项目实得分}{其余的保证项目实得分}\times100=\dfrac{20}{40}\times100=50\%<66.7\%$

所以，该"施工用电"检查表为零分。

（5）在检查评分表中，遇有多个脚手架、塔吊、龙门架、井字架时，该项得分应为各单项实得分数的算术平均值。

【例5】　某工地有两种脚手架，落地式脚手架实得分为 86 分，悬挑脚手架实得分为 80 分，计算汇总表中脚手架实得分。

解：　　　　　　"脚手架"检查表实得分 $=\dfrac{86+80}{2}=83$ 分

5. 等级的划分原则

按照汇总表的总得分和分项检查评分表的得分，对建筑施工安全检查评定划分为优良、合格、不合格 3 个等级。

建筑施工安全检查评定的等级划分应符合下列规定：

（1）优良：分项检查评分表无零分，汇总表得分值应在 80 分及以上。

（2）合格：分项检查评分表无零分，汇总表得分值应在 80 分以下，70 分及以上。

（3）不合格：

1）当汇总表得分值不足 70 分时。

2）当有一分项检查评分表得零分时。

需要注意的是，"检查评分表未得分"与"检查评分表缺项"是不同的概念，"缺项"是指被检查工地无此项检查内容，而"未得分"是指有此项检查内容，但实得分为零分。

第六节　施工现场违章作业的处置和安全隐患的整改

一、违章作业

（1）施工现场作业层安全违规违章行为集中表现为以下情况：

1）安全帽佩戴不正确。主要表现形式是：帽带没有系在下颚处。主要危害是：安全帽容易脱落，不能真正起到安全防护作用，有时可能还会妨碍作业。

2）不按规定穿劳保鞋。主要危害是：钉子扎脚，落物砸脚。

3）施工现场安全培训不足：操作工人对本工种操作规程和安全注意事项未达到应知应会水平，有部分员工连本工种最基本的操作和安全常识也不甚了解。主要表现形式为：不能正确操作工具和机械；对机械没有进行正确的保养和维修，带病作业。主要危害是：手持电动工具和加工机械伤人。

4）高空作业不系安全带。主要表现形式为：有少数员工高空作业不系安全带（绳），更多情况则是安全带在身上，而挂钩一端不系挂。

5）氧气、乙炔两瓶间距过近，没有达到规定要求的安全距离。主要表现形式是：氧气、乙炔两瓶安全距离不符合规范要求，且长时间遭太阳暴晒。

6）工程运输车辆违规载人。主要表现形式是：物质倒运、出库过程中，作业人员乘坐在运输车辆上，更有甚者，大型超高、超宽物体运输车辆上也有乘坐人员。主要伤害表现为：紧急刹车时物体伤人，人员高处坠落伤人，大型设备运输途中易侧翻伤人。

7）起重机械违章作业。主要表现形式有：起重作业指挥信号不规范，不统一；塔吊作业有时横拉斜吊，超重吊装作业，起重物下站人。

8）违法违规现象：特殊工种未能完全做到持证上岗。主要表现形式有：吊车司机只有行驶证而没有起重机操作证；所驾驶车辆与本人证照不符；无证驾驶机动车。

9）作业安全区域和安全通道不畅通、设置不规范。主要表现形式有：地面作业区域没有预留足够的安全通道，场地和通道狭窄或位置不合理；高空作业安全通道不符合规定要求，通道铺设单层木板，不加设栏杆或栏杆高度不够；外护网和安全网防护不到位，不及时，易造成高空落物伤人。

10）火灾。主要表现为：现场随意吸烟，烟头随意丢弃；动火作业结束后，没有按规定进行火灾隐患半小时观察。

（2）上述施工现场常见的10种违规违章行为其主要根源是：

1）安全培训教育不够。作业工人大都没有经过本工种系统的培训教育，不知道正确的作业方式、方法是什么，作业员工长期养成的不良行为所致，有相当一部分员工将个人工作习惯当做规范标准。

2）企业制度"缺陷"，管理职责不到位，安全责任制不落实：作业过程中偷懒省事，找"窍门"。"懒"字当头，敷衍了事。

3）作业现场监管不严：存有极强的侥幸心理。思想麻痹，粗心大意，总认为"一次""一时""偶尔"不会出事。

（3）针对施工现场作业层常出现的安全违规违章行为，应采取的主要管控措施是：

1）必须将"管生产必须管安全"的原则落实到管理层和作业层。对作业单位生产管理体系中的生产负责人、技术负责人、工长、班组长等岗位人员，在签订和下达生产任务时，必须同时下达安全指标，将全员薪酬量化分解，薪酬中要有相当比例的安全达标收入。只有将安全任务指标与个人的安全经济利益直接挂钩，才能产生较好的实际效果。在作业开始前，必须进行"作业前安全生产条件确认，必须技术交底；作业过程中，要严格遵照经过批准的施工方案或专项施工技术措施进行作业"。

2）建立、健全各层级、各岗位的安全生产责任制。首先应根据项目实际情况，制定出项目部层级三大管理体系的各项管理制度，即：行政管理体系，制定以"人防"为核心的安全管理制度；技术管理体系，制定以"技防"为核心的安全管理制度；保障管理体系，制定以"物防"为核心的安全管理制度。使之成为项目施工安全管理指导、规范、监督、奖惩的依据性文件。做到事事有依据，人人有责任。岗位明确、职责明确、奖惩明确。

3）加大安全投入：对普通作业工种要经常性地进行应知应会常识培训；特殊工种人员必须按照国家的规定，到指定的培训机构进行系统的专业理论及操作培训，经考试合格取得国家相关部门颁发的操作资格证，录用前要进行实际操作检验，上岗时审验证书并备案，还要按照国家规定对证书复审。

4）安全管理重在日常监管。不能讲起安全重要，抓起生产不要，出了安全事故再讲重要，既花精力又花钱财，得不偿失。日常监管要下大力气，从严从细、不厌其烦地进行日常安全管理。要从提高全员的安全意识抓起，从强化自我保护意识开始，从点点滴滴的个人行为中纠正其长期养成的"痼癖毛病"，将规范员工日常行为持之以恒地坚持下去，必定会受到良好的效果。坏毛病是习惯成自然养成的，好习惯也是常抓不懈教育形成的。

5）要形成体系化管理。要在组织管理体系中真正实现和落实层层抓安全，人人讲安全的氛围。避免出现专职安全管理人员"单枪独斗"的工作局面，要将安全管理形成"合力合围"态势，要人人有责任，人人有经济利益在其中，从组织行为上真正体现"以人为本、重视安全"。

二、安全隐患

隐患是指未被事先识别或未采取必要保护措施的可能导致安全事故的危险源或不利环境因素。隐患也是指具有潜在的对人身或健康构成伤害，造成财产损失或兼具这些的起源或情况。安全隐患就是在安全检查及数据分析时发现的，应利用"安全隐患通知单"通知负责人制定纠正和预防措施，限期整改，安全员跟踪验证。

建筑工程施工过程中，由于种种主观、客观原因，可能出现施工安全隐患。当发现安全隐患时，监理工程师应按以下程序进行处理。

（1）当发现工程施工安全隐患时，应立即进行整改，施工单位提出整改方案，必要时应经设计单位认可。

（2）当发现严重安全事故隐患时，应暂时停止施工，并采取安全防护措施与整改方案，并报建设单位和监理工程师。整改方案经监理工程师审核后，施工单位进行整改处理，处理结果应重新进行检查、验收。

安全隐患整改处理方案内容如下：

1）存在安全事故隐患的部位、性质、现状、发展变化、时间、地点等详细情况。

2）现场调查的有关数据和资料。

3）安全事故隐患原因分析与判断。

4）安全事故隐患处理的方案。

5）是否需要采取临时防护措施。

6）确保安全事故隐患整改责任人、整改完成时间和整改验收人。

7）涉及的有关人员和责任及预防该安全事故隐患重复出现的措施等。

（3）隐患整改处理方案批准后应按既定的整改处理方案实施处理并进行跟踪检查。

（4）安全事故隐患处理完毕，施工单位应组织人员检查验收，自检合格后报监理工程师核验，施工单位写出安全隐患处理报告，报监理单位存档，主要内容包括如下几方面：

1）基本整改处理过程描述。

2）调查和核查情况。

3）安全事故隐患原因分析结果。

4）处理的依据。

5）审核认可的安全隐患处理方案。

6）实施处理中的有关原始数据、验收记录、资料。

7）对处理结果的检查、验收结论。

8）安全隐患处理结论。

第十八章　施工现场安全事故的防范和处理

第一节　劳动保护与职业健康

一、劳动保护与职业卫生

1. 劳动保护与职业卫生概念

劳动保护是依靠科学技术和管理，采取技术措施和管理措施，消除生产过程中危及人身安全和健康的不安全环境、不安全设备和设施、不安全行为，防止伤亡事故和职业危害，保障劳动者在生产过程中的安全与健康的总称。

劳动保护工作贯彻"安全第一，预防为主、群防群治，防治结合"的方针，坚持管生产必须管劳动保护的原则，实行"用人单位负责、行业管理、国家监察、群众监督和劳动者遵章守纪"相结合的管理体制。

"职业卫生"（又称劳动卫生、工业卫生）是指为了保障劳动者在生产（经营）活动中的身体健康，防治职业病和职业性多发病等职业性危害，在技术上、设备上、医疗卫生上所采取的一整套措施。早在1950年，国际劳工组织（ILO）和世界卫生组织（WHO）职业卫生联合委员会第一次会议就对职业卫生定义如下：促进和维持劳动者的身体、精神和社会福利于最佳状态；预防工作条件对劳动者的健康损害；保护劳动者免受职业有害因素危害身体健康；使劳动者的生理和心理学特征适应于职业环境，概而言之，就是要使工作适应于人，每个人适应于自己的工作。中华人民共和国国家标准对职业卫生的定义是：以职工的健康在职业活动过程中免受有害因素侵害为目的的工作领域及在法律、技术、设备、组织制度和教育等方面所采取的相应措施。

职业卫生研究的是人类从事各种职业劳动过程中的卫生问题，其中包括劳动环境对劳动者健康的影响及防止职业性危害的对策。只有创造合理的劳动工作条件，才能使所有从事劳动的人员在体格、精神、社会适应等方面都保持健康。只有防止职业病和与职业有关的疾病，才能降低病伤缺勤，提高劳动生产率。因此，职业卫生实际上是指对各种工作中的职业有害因素所致损害或疾病的预防，属预防医学的范畴。

2. 劳动保护与职业卫生的法律法规

新中国成立以来，党和政府一贯重视安全生产工作，颁布了一系列有关安全生产和劳动保护的法律、法规和规章，把关心和保护劳动者的安全和健康定为我国的一项基本政策。

（1）法律。

1）《中华人民共和国宪法》第四十二条规定："国家通过各种途径，创造劳动就业条件，加强劳动保护，改善劳动条件。"

2）《中华人民共和国职业病防治法》规定："职业病防治工作坚持预防为主、防治结合的方针，实行分类管理、综合治理。劳动者依法享有职业卫生保护的权利。用人单位应当为劳动者创造符合国家职业卫生标准和卫生要求的工作环境和条件，并采取措施保障劳动者获得职业卫生保护。用人单位应当建立、健全职业病防治责任制，加强对职业病防治的管理，提高职业病防治水平，对本单位产生的职业病危害承担责任。用人单位必须依法参加工伤社会保险。新建、扩建、改建建设项目和技术改造、技术引进项目（以下统称建设项目）可能产生职业病危害的，建设单位在可行性论证阶段应当向卫生行政部门提交职业病危害预评价报告。建设项目的职业病防护设施所需费用应当纳入建设项目工程预算，并与主体工程同时设计，同时施工，同时投入生产和使用。建设项目在竣工验收前，建设单位应当进行职业病危害控制效果评价。职业病危害预评价、职业病危害控制效果评价由依法设立的取得省级以上人民政府卫生行政部门资质认证的职业卫生技术服务机构进行。用人单位必须采用有效的职业病防护设施，并为劳动者提供个人使用的职业病防护用品。"

3）《中华人民共和国全民所有制工业企业法》第四十一条指出："企业必须贯彻安全生产制度，改善劳动条件，做好劳动保护和环境保护工作，做到安全生产和文明生产。"第四十九条规定："职工有依法享受劳动保护、劳动保险、休息、休假的权利……女职工有依照国家规定享受特殊劳动保护和劳动保险的权利。"

（2）法规。

1963年，国务院《关于加强企业生产中安全工作的几项规定》（国经簿字244号）中指出："企业劳动保护工作机构或专职人员职责之一就是，组织有关部门研究执行防止职业中毒和职业病的措施，督促有关部门做好劳逸结合和女工保护工作。"

卫生部、原劳动部、中华全国总工会1960年7月联合发布《防暑降温措施暂行办法》，对防暑降温工作基本原则、技术措施、保健措施、组织措施等都做了明确规定。

1987年11月，卫生部、原劳动部、财政部、中华全国总工会联合发布了关于修订颁布《职业病范围和职业病患者处理办法的规定》的通知。文中规定了职业病的范围、职业病的诊断方法、职业病患者的待遇以及企业对职业病患者的管理办法等。

原劳动部《女职工禁忌劳动范围的规定》1990年1月18日颁布执行。文中对女职工禁忌从事的劳动范围、女职工在月经期间禁忌从事的劳动范围、已婚待怀孕女职工禁忌从事的劳动范围、怀孕女职工禁忌从事的劳动范围以及乳母禁忌从事的劳动范围都作了详细的规定。

（3）部门规章。

2005年9月1日起施行的《劳动防护用品监督管理规定》（国家安全生产监督管理总局1号令）明确规定：

1）劳动防护用品，是指由生产经营单位为从业人员配备的，使其在劳动过程中免遭或者减轻事故伤害及职业危害的个人防护装备。

2）劳动防护用品分为特种劳动防护用品和一般劳动防护用品。特种劳动防护用品目录由国家安全生产监督管理总局确定并公布；未列入目录的劳动防护用品为一般劳动防护用品。

3）生产经营单位应当按照《劳动防护用品选用规则》（GB11651—1989）和国家颁发的劳动防护用品配备标准以及有关规定，为从业人员配备劳动防护用品。生产经营单位为从业人员提供的劳动防护用品，必须符合国家标准或者行业标准，不得超过使用期限。

4）生产经营单位应当安排用于配备劳动防护用品的专项经费。生产经营单位不得以货币或者其他物品替代应当按规定配备的劳动防护用品。

5）生产经营单位应当督促、教育从业人员正确佩戴和使用劳动防护用品。从业人员在作业过程中，必须按照安全生产规章制度和劳动防护用品使用规则，正确佩戴和使用劳动防护用品；未按规定佩戴和使用劳动防护用品的，不得上岗作业。

3. 职业危害因素

职业危害因素主要是在工作场所中存在的各种有害的化学、物理、生物等环境因素及在作业过程中产生的对健康有害的因素。职业危害因素按其来源可分为以下三类：

（1）生产工艺过程中的有害因素。

1）化学因素：如生产性毒物，铅、苯、汞、一氧化碳、三硝基甲苯、有机磷农药、粉尘等。

2）物理因素：如高气压、低气压、噪声、振动、非电离辐射等。

3）生物因素：如炭疽杆菌、布氏杆菌等。

（2）劳动过程中产生的有害因素：主要包括劳动组织和劳动制度不合理、劳动强度过大、过度精神或心理紧张、劳动时个别器官或系统过度紧张、长时间不良体位、劳动工具不合理等。

（3）生产环境中的有害因素：主要包括自然环境因素、厂房建筑或布局不合理、来自其他生产过程散发的有害因素造成的生产环境污染。

二、建筑业职业病及其防治

1. 职业病

职业病是指企业、事业单位和个体经济组织（以下统称用人单位）的劳动者在职业活动中，因接触粉尘、放射性物质和其他有毒、有害物质等因素而引起的疾病。

与其他职业伤害相比，职业病有以下特点：

（1）职业病的起因是由于劳动者在职业性活动过程中或长期受到来自化学的、物理的、生物的职业性危害因素的侵蚀，或长期受不良的作业方法、恶劣的作业条件的影响。这些因素及影响可能直接或间接地、个别或共同地发生着作用。

（2）职业病不同于突发的事故或疾病，其病症要经过一个较长的逐渐形成期或潜伏期后才能显现，属于缓发性伤残。

（3）由于职业病多表现为体内生理器官或生理功能的损伤，因而是只见"疾病"，不见"外伤"。

（4）职业病属于不可逆性损伤，很少有痊愈的可能。换言之，除了促使患者远离致病源自然痊愈之外没有更为积极的治疗方法，因而对职业病预防问题的研究尤为重要。可以通过作业者的注意、作业环境条件的改善和作业方法的改进等管理手段减少患病率。

可见，职业病虽然被列入因工伤残的范围，但它同工伤伤残又是有区别的。

2. 建筑职业病

作为建筑业，容易导致的职业病一般为：接触各种粉尘引起的尘肺病；电焊工由于吸入锰尘（烟）导致的尘肺、眼病；直接操作振动机械引起的手臂振动病；油漆工、粉刷工接触有机材料散发的不良气体引起的中毒；接触噪声引起的职业性耳聋；长期超时、超强度地工作，精神长期过度紧张造成相应职业病；高温中暑等。

3. 建筑职业病的防治

（1）尘肺及其防治：尘肺是因为作业人员在劳动生产过程中，长期吸入较高浓度的某些生产性粉尘引起的以肺组织纤维化为主的全身疾病。尘肺是生产性粉尘危害人体健康的最重要的病变。目前，医学界对尘肺尚无特别有效的治疗手段。因此，防护工作极为重要。

1）建筑业尘肺分类：

① 矽肺：吸入含有游离二氧化硅（原称"矽"）粉尘而引起的尘肺称为矽肺。建筑业接触矽尘的作业如隧道施工、凿岩、放炮、出渣、水泥制品厂的碎石、施工现场的砂石、石料加工、玻璃打磨等。矽肺发病比较缓慢，大多在接触矽尘 5～10 年，有的要长达 15～20 年。矽肺患者在脱离矽尘作业后还可继续发展，有的甚至在离开矽尘作业后才发病。

② 硅酸盐肺：吸入含有硅酸盐粉尘而引起的尘肺称为硅酸盐肺。建筑行业发病较多的是水泥尘肺和石棉尘肺。水泥尘肺的发病时间比较长，一般在 10～20 年，临床表现为胸痛、气急、咳嗽、咳痰，无特殊体征。

③ 混合型尘肺：吸收含有游离二氧化硅粉尘而引起的尘肺，称为混合性尘肺。

④ 焊工尘肺：焊工尘肺是电焊工人长期吸收焊尘所致。焊工尘肺发病缓慢，一般在 5～20 年不等，发病时间长短与接触焊尘浓度有关，在通风不良的场所电焊时，发病工龄显著缩短，而在露天敞开式场所焊接，则大大延长发病工龄，一般在 40 年以上。焊工尘肺临床症状多数轻微，表现为鼻干、咽干、轻度咳嗽、头晕、乏力、胸闷、气短。

⑤ 其他尘肺：吸入其他粉尘而引起的尘肺称为其他尘肺。如金属尘肺、木屑尘肺等。

2）建筑业尘肺防治：

① 综合防尘：改革更新生产工艺、生产设备，尽量做到机械化、密闭化、自动化、遥控化，用无矽物质代替石英，尽可能采用湿式作业等。如对水泥、木屑、金属粉尘场所采用除尘措施。

② 建立经常监测生产环境空气中粉尘浓度的制度。

③ 对职工进行就业前的体格检查。定期对从事粉尘作业的职工进行职业性健康检查，发现有不宜从事粉尘作业的疾患者，应及时调离。

④ 对已确诊为尘肺的病人，应立即调离原作业岗位，给予合理的休养、营养、治

疗，并对病人的劳动能力进行鉴定和处理。

（2）职业中毒及其防护：

1）职业中毒的类型：职业中毒按其发病过程，可分为急性、慢性和亚急性中毒3个类型。

① 急性中毒，只因为短时间内（如几秒乃至几小时内），有大量毒物侵入人体后，突然发生的病变。这种病变具有发病急、变化快和病情重的特点，多数是由于未采取预防措施或工人违反安全操作规程所致。

② 慢性中毒，长期接触低浓度的毒物逐渐引起的病变，称为慢性中毒。绝大部分是由于蓄积性毒物引起的，如铅、汞、锰等。

③ 亚急性中毒，介于急性与慢性中毒之间，病情较急性长，发病症状较急性缓和，如二硫化碳、汞中毒等。

2）建筑业职业中毒及其防护：

① 铅及四乙铅中毒：建筑业可能产生铅中毒的主要是油漆和铅管作业。防止铅中毒的具体措施有：消除或减少铅毒的发生源，如油漆中的颜料可以用锌钡白代替铅白，可以用铁红代替铅丹做防锈漆，用塑料管代替铅管等；改进工艺，使生产过程机械化、密闭化，减少对铅尘或铅烟接触机会，采取密闭抽风装置，抽出的烟尘采取沉淀净化处理，防止污染大气；控制熔铅炉的温度，以减少铅蒸气的大量产生，采取湿式法作业，坚持湿式清扫，防止铅尘飞扬；加强个人防护和个人卫生，接触铅作业工人应戴过滤式防铅尘、铅烟口罩，并定期更换和经常清洗滤料，一般8层纱布口罩只能用于分散度较低的粉状或雾状毒物。

② 锰中毒：在建筑施工中，锰中毒主要危及各类焊工及其辅助工。主要是发生在高锰焊条和高锰钢焊接中，预防锰中毒主要采取以下防护措施：加强机械通风或安装锰烟抽风装置，以降低现场锰烟浓度；尽量采用低尘低毒的焊条或无锰焊条，用自动焊代替手工焊等；工作时戴手套、口罩；饭前洗手漱口；下班后全身淋浴；不在工作场所吸烟、喝酒、进食；在密闭的狭窄环境下，电焊工人应戴送风式头盔或利用移动式抽风机，抽出密闭场所的烟尘；流动电焊作业应在通风良好的场所，选择上风方向进行操作。

③ 苯中毒：在建筑工地上接触苯的工种很多，如油漆、喷漆、粘结、塑料以及机电的浸洗等。国家标准规定，车间空气中苯的最高允许浓度为 40 mg/m³。预防苯中毒应采取下列主要措施：喷漆可采用密闭喷漆间，个人在车间外操纵微机控制，用机械手自动作业；通风不良的车间、地下室、防水池内等场所涂刷各种防水涂料或环氧树脂玻璃钢等作业，必须根据场地大小，采用多台抽风机把苯等有害气体抽出室外，防止急性苯中毒；施工现场的油漆配料房，应改善自然通风条件，减少连续配制时间，防止苯中毒和铅中毒；在较小的室内进行小件喷漆，可以采用水幕隔离防护措施。即工人在水幕外操纵喷枪，喷嘴在水幕内喷漆，这样既可看清喷漆情况，又可隔离苯蒸气外溢的危害；涂刷冷沥青，凡在通风不良的场所或容器内作业时，必须采取机械通风、送氧及抽风措施，不断稀释空气中的毒物浓度。如果只送风不抽风，就会形成毒气"满溢"而无法排出，造成中毒。

④ 噪声及其治理：1979 年 8 月卫生部与国家劳动总局联合颁布的《工业企业噪声

卫生标准》（试行草案）规定：对于新建企业、车间的噪声标准不得超过 85dB（A）。这样，使 95％以上的工人长期工作不致耳聋，绝大数的工人不会因噪声引起心血管疾病和神经系统疾病。

建筑工地的噪声种类：机械性的噪声，如风钻凿岩、混凝土搅拌、木材加工、电锯断料等声音；空气动力性噪声，如通风机、鼓风机、空气压缩机等；电磁性噪声，如发电机、变压器发出的声音。

噪声的治理措施：消除和减弱生产中的噪声源。从改革工艺着手，以无声的工具代替有声的工具，如用焊接代替铆接；控制噪声的传播。将高噪声作业场所进行隔离；采取消声、吸声、隔声等措施；加强个人防护。如及时戴耳机、耳罩、头盔等防噪声用品。

⑤ 局部振动病及其预防：局部振动病是长期使用振动工具，因受强烈振动，而引起的神经末梢循环障碍而出现肢端血管痉挛造成局部缺血，导致血管营养障碍。初期为功能性改变是可以恢复；长期作用下小动脉血管内膜下纤维组织增生，管腔狭窄，遇冷出现白指。我国现定名为"局部振动病"，分为轻度和重度两种。

接触振动作业和振动源的有：使用振动工具的作业，如电钻、振动棒等；建筑工地上的推土机、挖土机等。

预防局部振动病主要应采取以下措施：改革工艺或设备，或采取隔振措施；对振动工具的重量、频率和振幅等做必要的限制，或间歇地使用振动工具；保证作业场所的温度，因为低温会促使振动病的发生。一般室温在 18℃以上时不会发生局部振动病。做好个人防护，操作时应使用防振手套（多层手套、泡沫塑料手套），振动工具外加防护振垫，以减少振动。

⑥ 中暑及防暑降温措施：如果施工环境气温超过 35℃或者辐射强度超过 1.5cal/（cm² · min），或气温在 30℃以上，相对湿度 80％以上的作业，称为高温作业。

中暑的表现分为先兆中暑、轻度中暑和重度中暑三种。

先兆中暑指的是在高温作业一定时间后，如大量出汗、口渴、头昏、耳鸣、胸闷、心悸、恶心、软弱无力等症状，体温正常或略有升高（不超过 37.5℃），有发生中暑的可能性。此时如能及时离开高温环境，经短时间休息后，症状可以消失。

除先兆中暑症状外，如有下列症状之一，而被迫停止劳动者称为轻度中暑：体温在 38℃以上；有面色潮红、皮肤灼热等现象；有呼吸、循环衰竭的症状，如面色苍白、恶心、呕吐、大量出汗、皮肤湿冷、血压下降、脉搏快而微弱等。轻度中暑经治疗 4～5h 可恢复。

除有轻度中暑症状外，还出现昏倒或痉挛、皮肤干燥无汗，体温 40℃以上，称为重度中暑。

防暑降温应采取综合性措施：组织措施——合理安排工作时间，实行工间休息制度，早晚干活，中午延长休息时间等；技术措施——改革工艺，减少工人与热源接触的机会；通风降温——自然通风或机械通风，露天作业采取遮阳措施；卫生保健措施——最好的办法是供给含盐饮料。

4. 女工保护

（1）职业危害因素对女工的影响：职业危害因素对女性体格和生理功能方面的影

响，可以分为以下几种类型：

1) 对妇女某些生理功能的影响。主要是妇女负重作业、长时间定位作业和从事有毒作业。

2) 对月经功能的影响。主要是化学物质（苯、二甲苯、铅、无机汞、三氯乙烯等）对女性生殖系统的影响。

3) 对生育功能的影响。主要指化学物的诱变、致畸、致癌作用而影响胚胎。

4) 对新生儿和哺乳儿的影响。通过母乳而进入乳儿体内，已获得证明的有铅、汞、砷、二硫化碳和其他有机溶剂。

(2) 女工职业危害的预防措施：

1) 坚决贯彻执行党和国家妇女劳动保护政策，合理安排女工的劳动和休息。切实维护妇女的合法权益。

2) 做好妇女经期、已婚待孕期、孕期、哺乳期的保护。

3) 经期禁止安排冷水、低温作业，《体力劳动强度分级》标准中第Ⅲ级体力劳动强度的作业，《高处作业分级》标准中第Ⅱ级（含Ⅱ级）以上的作业。

4) 已婚待孕期禁止从事铅、汞、锡等作业场所属于《有毒作业分级》标准中第Ⅲ、Ⅳ级的作业。

5) 怀孕期禁止从事作业场所空气中铅及其化合物、汞及其化合物、苯、镉、铍、砷、氰化物、氮氧化物、一氧化碳、二硫化碳、氯、苯胺、甲醛等有毒物质浓度超过国家卫生标准的作业；人力进行的土方和石方作业；《体力劳动强度分级》标准中第Ⅲ级体力劳动强度的作业；伴有全身强烈振动的作业如风钻、捣固机等作业以及拖拉机驾驶等；工作中需要频繁弯腰、攀高、下蹲的作业（如焊接作业）；《高处作业分级》标准所规定的高处作业等。

6) 乳母禁止从事作业场所空气中铅及其化合物、汞及其化合物、苯、镉、铍、砷、氰化物、氮氧化物、一氧化碳、二硫化碳、氯、苯胺、甲醛等有毒物质浓度超过国家卫生标准的作业；《体力劳动强度分级》标准中第Ⅲ级体力劳动强度的作业；作业场所空气中锰、氟、溴、甲醇、有机磷化合物、有机氯化合物的浓度超过国家卫生标准的作业。

第二节　施工现场安全事故的主要类型及防范措施

安全事故的定义与分类

1. 事故的定义

事故是人们在实现有目的的行动过程中突然发生的、迫使其有目的的行动暂时或永久终止的意外事故。这些意外事故包括人员死亡、伤害、职业病、财产损失或其他损失。

工伤事故按国家标准《企业职工伤亡事故的分类》（GB 6441）定义，是指职工在劳动过程中发生的人身伤害、急性中毒。具体是下列三种情况下发生的事故：

（1）职工在本职生产和工作岗位上，或与生产和工作有关的劳动场所发生的伤亡事故。

（2）由于企业管理不善或他人在生产和工作中的不安全行为的职工伤亡事故。

（3）企业生产和工作中发生的突发事件，职工在抢救过程中所发生的伤亡事故。

建筑施工企业的事故是指在建筑施工过程中，由于危险因素的影响而造成的工伤、中毒、爆炸、触电等，或由于各种原因的各类伤害。

2. 伤亡事故的分类

（1）按伤害程度划分（表 18-1）：

表 18-1　伤害程度划分

伤害程度	损失工作日	失 能 定 义
轻伤	<105 日的失能伤害	造成职工肢体伤残或某器官功能性或器质性轻度损伤，表现为劳动能力轻度或暂时丧失的伤害
重伤	≥105 日的失能伤害	造成职工肢体残缺或视觉、听觉等器官受到严重损伤，一般能引起人体长期存在功能障碍，劳动能力有重大损失
死亡	定为 6 000 日	指事故发生后当即死亡（含急性中毒死亡）或负伤后在 30 天以内死亡的事故

（2）按事故严重程度划分：

1）轻伤事故——只有轻伤的事故。

2）重伤事故——有重伤而无死亡的事故。

3）死亡事故——分重大伤亡事故和特大伤亡事故：

① 重大伤亡事故——一次事故死亡 1~2 人的事故。

② 特大伤亡事故——一次事故死亡 3 人以上的事故。

（3）按伤害方式划分：物体打击；车辆伤害；机械伤害；触电；淹溺；灼烫；火灾；高处坠落；坍塌；冒顶片帮；透水；放炮；火药爆炸；瓦斯爆炸；锅炉爆炸；容器爆炸；其他爆炸；中毒和窒息；其他伤害。

（4）按伤亡事故的等级划分：《生产安全事故报告和调查处理条例》（国务院第 493 号令）发布后，建设部原发布的《工程建设重大事故报告和调查程序规定》（建设部令第 3 号，1989 年 9 月 30 日发布）已于 2007 年 9 月 21 日经建设部 161 号部令废止。《生产安全事故报告和调查处理条例》（国务院第 493 号令）中明确规定：事故分为四个等级，在死亡人数、重伤人数、直接经济损失方面具备相应条件之一者为该级别重大事故。

1）特别重大事故，是造成 30 人以上死亡，或者 100 人以上重伤（包括急性工业中毒，下同），或者 1 亿元以上直接经济损失的事故。

2）重大事故，是造成 10 人以上 30 人以下死亡，或者 50 人以上 100 人以下重伤，或者 5 000 万元以上 1 亿元以下直接经济损失的事故。

3）较大事故，是指造成 3 人以上 10 人以下死亡，或者 10 人以上 50 人以下重伤，或者 1 000 万元以上 5 000 万元以下直接经济损失的事故。

4）一般事故，是指造成 3 人以下死亡，或者 10 人以下重伤，或者1 000万元以下直接经济损失的事故。

第三节　施工现场安全事故应急预案及救援措施

一、事故应急救援的基本概念

事故应急救援，是指在发生事故时，采取的消除、减少事故危害和防止事故恶化，最大限度地降低事故损失的措施。

事故应急救援预案，又称应急预案、应急计划（方案），是根据预测危险源、危险目标可能发生事故的类别、危害程度，为使一旦发生事故时应当救援行动及时、有效、有序，而事先制定的指导性文件。是事故救援体系的重要组成部分。

1. 建立事故应急救援体系的必要性

《安全生产法》、国务院《关于进一步加强安全生产工作的决定》、《国务院关于特大安全安全事故行政责任追究的规定》（302 号令）、《安全生产许可证条例》等法律、法规都对建立事故应急预案作出了相应的规定。建立事故应急预案已成为我国构建安全生产的"六个支撑体系"之一（其余五个分别是：法律法规、信息、技术保障、宣传教育、培训）。

（1）建立应急预案具有强制性。

《安全生产法》第十七条规定：生产经营单位的主要负责人有组织制定并实施本单位的生产安全事故应急救援预案的职责；第三十三条规定：生产经营单位对重大危险源应当制定应急预案；第六十八条规定：县级以上人民政府应当组织制定本行政区域内特大生产安全事故应急救援预案，建立应急救援体系；第六十九条规定：危险物品的生产、经营、储存单位以及矿山、建筑施工单位应当建立应急救援组织并配备应急救援器材、设备；生产经营规模较小，可以不建立应急救援组织的，应当制定兼职的应急救援人员。

《安全生产法》规定生产经营单位应当教育和督促从业人员严格执行本单位的安全生产规章制定和安全操作规程；并向从业人员如实告知作业场所和工作岗位存在的危险因素、防范措施以及事故应急措施；生产经营单位的从业人员有权了解其作业场所和工作岗位存在的危险因素、防范措施及事故应急措施。

生产经营单位发生生产安全事故后，事故现场有关人员应当立即报告本单位负责人。单位负责人接到事故报告后，应当迅速采取有效措施，组织抢救，防止事故扩大，减少人员伤亡和财产损失。

《中华人民共和国职业病防治法》规定："用人单位应当建立、健全职业病危害事故应急救援预案"。

《中华人民共和国消防法》要求：消防重点单位应当制定灭火和应急疏散预案，定期组织消防演练。

《建设工程安全生产管理条例》对建设施工单位提出"施工单位应当制定本单位生产安全事故应急救援预案，建立应急救援组织或者配备应急救援人员，配备必要的应急救援器材、设备，并定期组织演练"；"施工单位应当根据建设工程施工的特点、范围，对施工现场易发生重大事故的部位、环节进行监控，制定施工现场生产安全事故应急救援预案。实行施工总承包的，由总承包单位和分包单位按照应急救援预案，各自建立应急救援组织或者配备应急救援人员，配备救援器材、设备，并定期组织演练"等要求。

《安全生产法》、《安全生产违法行为处罚办法》规定对不建立或者应急预案得不到实施的进行处罚，规定生产经营单位的主要负责人为组织制定并实施本单位生产安全事故应急救援预案的，责令限期改正，逾期未改正的，责令生产经营单位停产停业整顿；未按照规定如实向从业人员告知作业场所和工作岗位存在的危险因素、防范措施以及事故应急措施的，责令限期改正；逾期未改正的，责令停产停业整顿，可以并处 2 万元以下的罚款；危险物品的生产、经营、储存单位以及矿山企业、建筑施工单位"为建立应急救援组织的；为配备必要的应急救援器材、设备，并进行经常性维护、保养，保证正常运转的"责令改正，可以并处 1 万元以下的罚款。

（2）建立事故应急预案是减少因事故造成的人员伤亡和财产损失的重要措施。

针对各种不同的紧急情况事先制定有效的应急预案，可以在事故发生时，指导应急行动按计划有序进行，防止因行动组织不力或现场救援工作的混战而延误事故应急，不少事故一开始并不都是重大或特大事故，往往因为没有有效的救援系统和应急预案，事故发生后，惊慌失措，盲目应对，导致事故进一步扩大，甚至使救援人员伤亡。只要建立了事故应急预案，并按事先培训和演练的要求进行控制，绝大部分事故在初期都能有效控制。

（3）建立事故应急预案是事故由（突发事件）的基本特点所决定的。

1）事故具有突发性：绝大多数的事故、灾害的发生都具有突发性，其表现为：发生时间的不确定性、发生空间的不确定性、某些关键设备突然失效的不确定性、操作人员重大失误的不确定性，以及自然灾害、人为破坏的不确定性。

2）应急救援活动具有复杂性：首先，事故、灾害的影响因素与其演变规律具有不确定性和不可预见的多变性。其次，参与应急救援活动的单位和人员可能来自不同部门，在沟通、协调、授权、职责及其文化等方面都存在巨大差异。再次，应急响应过程中公众的反应能力、心理压力、公众偏向等突发行为同样具有复杂性。因此，如果没有事前的应急预案和相应的培训和演练，要想在事故突然发生后，实行应急行动的快速、有序、高效，几乎是不可能的。

2. 应急预案的分级

《安全生产法》规定县级以上地方各级人民政府应当组织有关部门制定本行政区域内特大生产安全事故应急救援预案，建立应急救援体系。国务院颁布的其他条例也对建立事故应急体系作出了规定。我国事故应急救援体系将事故应急救援预案分成 5 个级别。上级预案的编写应建立在下级预案的基础上，整个预案的结构是金字塔结构。

Ⅰ级（企业级），事故的有害影响局限于某个生产经营单位的厂界内，并且可被现场的操作者遏制和控制在该区域内。这类事故可能需要投入整个单位的力量来控制，但其影响预期不会扩大到社区（公共区）。

Ⅱ级（县、市级），所涉及的事故其影响可扩大到公共区，但可被该县（市、区）的力量，加上所涉及的生产经营单位的力量所控制。

Ⅲ级（市、地级），事故影响范围大，后果严重，或是发生在两个县区或县级市管辖区边界间上的事故。应急救援需动用地区力量。

Ⅳ级（省级），对可能发生的特大火灾、爆炸、毒物泄漏事故，特大矿石事故以及属省级特大事故隐患、重大危险源的设施或场所，应建立省级事故应急预案。它可能是一种规模较大的灾难事故，或是一种需要用事故发生地的城市或地区所没有的特殊技术和设备进行处理的特殊事故。这类意外事故需用全省范围内的力量来控制。

Ⅴ级（国家级），对事故后果超过省、直辖市、自治区边界以及列为国家级事故隐患、重大危险源的设施或场所，应制定国家级应急预案。

二、事故救援预案的编制

调整制定应急救援预案的目的是保证事故发生时迅速、有序、有效地开展应急救援工作，控制或消除事故，最大限度地减少人员伤亡、财产损失和环境污染等后果，并在事故后尽快恢复正常的生产、生活状态。

应急措施能否有效地实施，在很大程度上取决于预案与实际情况的符合与否，以及准备的充分与否。

1. 应急预案编制的宗旨

（1）采取预防措施使事故控制在局部，消除蔓延条件，防止突发性重大或连锁事故发生。

（2）能在事故发生后迅速有效地控制和处理事故，尽力减轻事故对人、财产和环境造成的影响。

2. 应急预案编制的原则

（1）目的性原则。为什么制定，解决什么问题，目的要明确。制定的应急救援预案必须要有针对性，不能为制定而制定。

（2）科学性原则。制定预案应当在全面调查研究的基础上，开展科学分析和论证，制定出严密、统一、完整的应急反应方案，使预案真正具有科学性。

（3）实用性原则。制定的应急救援预案必须讲究实效，具有可操作性。应急救援预案应符合企业、施工项目和现场的实际情况，具有实用性，便于操作。

（4）权威性原则。救援工作是一项紧急状态下的应急性工作，所制定的应急救援预案应明确救援工作的管理体系，救援行动的组织指挥权限和各级救援组织的职责与任务等一系列的行政性管理规定，保证救援工作的统一指挥。

（5）从重、从大的原则。制定的事故应急预案要从本单位可能发生最高级别或最低的事故考虑，不能避重就轻，避大就小。

（6）分级的原则。事故应急预案必须分级制定，分级管理和实施。

3. 应急预案编制的内容

（1）预案编制的原则、目的所涉及的法律规定的阐述。

（2）施工现场的基本情况。

（3）周边环境、社区的基本情况。

（4）危险源的危险特性、数量及分布图。

（5）指挥机构的设置和职责。

（6）可能需要的咨询专家。

（7）应急救援专业队伍和任务。

（8）应急物资、装备器材。

（9）报警、通信和联络方式（包括专家名单和联系方式）。

（10）事故发生时的处理措施。

（11）工程抢险抢修。

（12）现场医疗救护。

（13）人员紧急疏散、撤离。

（14）危险区的隔离、警戒与治安。

（15）外部救援。

（16）事故应急救援终止程序。

（17）应急预案的培训和演练（包括应急救援专业队伍）。

（18）相关附件。

4. 应急预案编制的程序

（1）编制的组织：《安全生产法》第十七条规定，生产经营单位的主要负责人具有组织制定并实施本单位的生产事故应急救援预案的职责。具体到施工项目上，项目经理无疑是项目应急救援预案编制的责任人，作为安全员，应当参与编制工作。

（2）编制的程序：

1）成立应急救援预案编制组并进行分工，拟订编制方案，明确职责。

2）根据需要收集相关资料，包括施工区域的地理、气象、水文、环境、人口、危险源分布情况，社会公用设施道路和应急救援力量现状等。

3）进行危险辨识与风险评价。

4）对应急资源进行评估（包括软件、硬件）。

5）确定指挥机构和人员及其职责。

6）编制应急救援计划。

7）对预案进行评估。

8）修订完善，形成应急救援预案的文件体系。

9）按规定将预案上报有关部门和相关单位。

10）对应急救援预案进行修订和维护。

三、事故救援预案的培训与演练

1. 培训与演练的目的

培训和演练是应急预案的重要组成部分，通过培训和演练，把应急预案加以验证和完善，确保事故发生时应急预案得以实施和贯彻。主要目的是：

（1）测试预案和程序的完整程度，在事故发生前发现预案和程序的缺点。

（2）测试紧急装置、设备及物资资源供应，辨别出缺乏的资源（包括人力和设备）。

（3）明确每个人各自岗位和职责，增强应急反应人员的熟练性和信心。

（4）提高整体应急能力，以及现场内外应急部门的协调配合能力。

（5）判别和改正预案的缺陷。

（6）提高公众应急意识，在企业应急管理的能力方面获得大众认可和信心。

（7）改善各种反应部门人员和机构的协调水平，努力增强企业应急预案与政府、社区应急预案之间的合作与协调。

2. 培训的方法与内容

培训可以通过自学、讲座、模拟受训、受训者和教师互动以及考试等方法进行，具体培训方法的采用必须根据培训对象和培训要求来决定。

培训的基本内容包括：要求应急人员了解和掌握如何识别危险、如何采取必要的应急措施、如何启动紧急警报系统、如何安全疏散人群等基本操作，尤其是火灾应急培训以及危险物质事故的培训，更要加强与灭火操作有关的训练，强调危险物质事故的不同应急方法和注意事项措施等内容。

常规的基本培训有：

（1）报警：

1）使应急人员了解并掌握如何利用身边的工具最快、最有效的报警，比如使用移动电话（手机）、固定电话或其他方式（哨音、报警器、钟声）报警。

2）使应急人员熟悉发布紧急情况通告的方法，如使用警笛、警钟、电话或广播等。

（2）疏散：为避免事故中不必要的人员伤亡，应培训足够的应急队员在事故现场安全、有序地疏散被困人员或周围人员。

（3）火灾应急培训：由于火灾的易发性和多发性，对火灾应急的培训显得尤为重要。要求应急队员必须掌握必要的灭火技术以便在着火初期迅速灭火，降低、减少导致灾难性事故的危险，掌握一般灭火器的识别和使用。

3. 演练的方法与内容

应急救援演练是检测培训效果、测试设备和保证所制定的应急预案和程序的有效性的最佳方法。主要目的在于测试应急管理系统的充分性和保障所有反应要素都能全面应对任何紧急情况。因此，应该以多种形式开展有规则的应急演练，使应急队员能进入"实战"状态完成应急操作和整个应急行动的程序，明确自身的职责等。

（1）单项演习是为了熟练掌握操作或完成某种特定任务所需的技能而进行的演习。这种单项演习是在完成基本知识的学习以后才进行的。如通信联络、通知、报信的程序；现场救护行动等。

（2）组合演习是一种检查应急组织之间及其外部组织（如保障组织）之间的相互协调而进行的演习。如扑灭火、公众撤离等。

（3）全面演习或称综合演习是应急预案内规定的所在单位或者其中绝大多数单位参加的为全面检查执行预案状况而进行的演习。主要目的是验证个人应急救援组织的执行能力，检查他们之间相互协调能力，检查各类组织能否充分利用现有的人力、物力来减少事故后果的严重度及确保公众的安全与健康。这种演习可展示和检验应急准备及行动的各方面情况。

演习结束后，应认真总结，肯定成绩，表彰先进，鼓舞士气，强化应急意识。同时，对演练过程中发现的不足和缺陷及时采取纠正措施，按程序修订完善预案。

四、事故援救预案的实施

事故发生时，应迅速甄别事故的类别、危害的程度，适时启动相应的应急预案，按照预案进行应急救援。实施时不能轻易变更预案，如有事先未考虑到的情况，应冷静分析、果断处置。一般应当做到：

（1）立即组织营救受害人员。抢救受害人员是应急救援的首要任务，在应急救援行动中，快速、有序、有效地实施现场急救与安全转送伤员是降低伤亡率、减少事故损失的关键。

（2）指导群众防护，组织群众撤离。由于重大事故发生突然、扩散迅速、涉及范围广、危害大，应及时指导和组织群众采取各种措施进行自身防护，并迅速撤离出危险区或可能受到危害的区域。在撤离过程中，应积极组织群众开展自救和互救工作。

（3）迅速控制危险源，并对事故造成的危害进行检验、监测，测定事故的危害区域、危害性质及危害程度。及时控制造成事故的危险源是应急救援工作的重要任务，只有及时控制住危险源，防止事故的继续扩展，才能及时有效地进行救援。

（4）做好现场隔离和清理，消除危害后果。针对事故对人体、动植物、土壤、水源、空气造成的现实危害和可能的危害，迅速采取封闭、隔离、洗消等措施。针对事故外溢的有毒有害物质和可能对人和环境继续造成危害的物质，应及时组织人员予以消除，消除危害后果，防止对人的继续危害和对环境的污染。

（5）按规定及时向有关部门汇报情况。

（6）保存有关记录及实物，为后续事故调查工作做准备。

（7）查清事故原因，评估危害程度。事故发生后应及时调查事故的发生原因和事故性质，评估出事故的危害范围和危险程度，查明人员伤亡情况，做好事故调查。

五、施工现场急救常识和基本方法

施工现场应急救援基本常识主要包括应急救援基本常识、触电急救知识、创伤救护知识、火灾急救知识、中毒及中暑急救知识以及传染病应急急救措施等，了解并掌握这些现场急救基本常识，是我们做好安全工作的一项重要内容。

1. 触电急救知识

触电者的生命能否获救，在绝大多数情况下取决于能否迅速脱离电源和正确地实行人工呼吸和心脏按摩，拖延时间、动作迟缓或救护不当，都可能造成人员伤亡。

（1）脱离电源的方法：

1）发生触电事故时，出事附近有电源开关和电流插销时，可立即将电源开关打开或拔出插销；但普通开关（如拉线开关、单极按钮开关等）只能断一根线，有时不一定关断的是相关线，所以不能认为是切断了电源。

2）当有电的电线触及人体引起触电时，不能采用其他方法脱离电源时，可用绝缘的物体（如干燥的木棒、竹竿、绝缘手套等）将电线移开，使人体脱离电源。

3）必要时可用绝缘工具（如带绝缘柄的电工钳、木柄斧头等）切断电线，以切断电源。

4）应防止人体脱离电源后，造成的二次伤害，如高处坠落、摔伤等。

5）对于高压触电，应立即通知有关部门停电。

6）高压断电时，应戴上绝缘手套，穿上绝缘鞋，用相应电压等级的绝缘工具拉开开关。

（2）紧急救护基本常识：根据触电者的情况，进行简单的诊断，并分别处理。

1）病人神志清醒，但感乏力、头昏、心悸、出冷汗，甚至有恶心或呕吐。此类病人应使其就地安静休息，减轻心脏负担，加快恢复；情况严重时，应立即小心送往医院检查治疗。

2）病人呼吸、心跳尚存在，但神志昏迷。此时，应将病人仰卧，周围空气要流通，并注意保暖；除了要严密观察外，还要做好人工呼吸和心脏挤压的准备工作。

3）如经检查发现，病人处于"假死"状态，则应立即针对不同类型的"假死"进行对症处理：如果呼吸停止，应用口对口的人工呼吸法来维持气体交换；如心脏停止跳动，应用体外人工心脏挤压法来维持血液循环。

4）口对口人工呼吸法：病人仰卧、松开衣物→清理病人口腔阻塞物→病人鼻孔朝天、头后仰→贴嘴吹气→放开嘴鼻好换气，如此反复进行，每分钟吹气 12 次，即每 5s 吹气一次。

5）体外心脏挤压法：病人仰卧硬板上→抢救者中（手掌）对病人胸口凹腔→掌根用力向下压→慢慢向下→突然放开，连续操作每分钟进行 60 次，即每秒一次。

6）有时病人心跳、呼吸停止，而急救则只有一人时，必须同时进行口对口人工呼吸和体外心脏挤压，此时，可先吹两次气，立即进行挤压 15 次，然后再吹两次气，再挤压，反复交替进行。

2. 创伤救护知识

创伤分为开放性创伤和闭合性创伤。开放性创伤是指皮肤或黏膜的破损，常见的有：擦伤、切割伤、撕裂伤、刺伤、撕脱、烧伤；闭合性创伤是指人体内部组织的损伤，而没有皮肤黏膜的破损，常见的有：挫伤、挤压伤。

（1）开放性创伤的处理：

1）对伤口进行清洗消毒，可用生理盐水和酒精棉球，将伤口和周围皮肤上沾染的泥砂、污物等清理干净，并用干净的纱布吸收水分及渗血，再用酒精等药物进行初步消毒。在没有消毒条件的情况下，可用清洁水冲洗伤口，最好用流动的自来水冲洗，然后用干净的布或敷料吸干伤口。

2）止血：对于出血不止的伤口，能否做到及时有效的止血，对伤员的生命安危影响较大。在现场处理时，应根据出血类型和部位不同采用不同的止血方法：直接压迫——将手掌通过敷料直接加压在身体表面的开放性伤口的整个区域；抬高肢体——对于手、臂、腿部严重出血的开放性伤口，都应抬高，使受伤肢体高于心脏水平线；压迫供血动脉——手臂和腿部伤口的严重出血，如果应用直接压迫和抬高肢体仍不能止血，就需要采用压迫点止血技术；包扎——使用绷带、毛巾、布块等材料压迫止血，保护伤口，减轻伤痛。

3）烧伤的急救应先去除烧伤源，将伤员尽快转移到空气流通的地方，用较干净的衣服把伤面包裹起来，防止再次污染；在现场，除了化学烧伤可用大量流动清水冲洗外，对创面一般不做处理，尽量不弄破水疱，保护表皮。

（2）闭合性创伤的处理：

1）较轻的闭合性创伤，如局部挫伤、皮下出血，可在受伤部位进行冷敷，以防止组织继续肿胀，减少皮下出血。

2）如发现人员从高处坠落或摔伤等意外时，要仔细检查其头部、颈部、胸部、腹部、四肢、背部和脊椎，看看是否有肿胀、青紫、局部压疼、骨摩擦声等其他内部损伤，假如出现上述情况，不能对患者随意搬动，需按照正确的搬运方法进行搬运，否则，可能造成患者神经、血管损伤并加重病情。

现场常用的搬运方法有：担架搬运法——用担架搬运时，要使伤员头部向后，以便后面抬担架的人可随时观察其变化；单人徒手搬运法——轻伤者可扶着走，重伤者可让其伏在急救者背上，双手绕颈交叉垂下，急救者用双手自伤员大腿下抱住伤员大腿。

3）如怀疑有内伤，应尽早使伤员得到医疗处理；运送伤员时要采取卧位，小心搬运，注意保持呼吸道畅通，注意防止休克。

4）运送过程中，如突然出现呼吸、心跳骤停时，应立即进行人工呼吸和体外心脏挤压法等急救措施。

3. 火灾急救知识

一般地说，起火要有三个条件，即可燃物（木材、汽油等）、助燃物（氧气等）和点火源（明火、烟火、电焊花等）。扑灭初期火灾的一切措施，都是为了破坏已经产生的燃烧条件。

（1）火灾急救的基本要点：施工现场应有经过训练的义务消防队，发生火灾时，应由义务消防队急救，其他人员应迅速撤离。

1）及时报警，组织扑救。全体员工在任何时间、地点，一旦发现起火都要立即报警，并参与和组织群众扑灭火灾。

2）集中力量，主要利用灭火器材，控制火势。集中灭火力量在火势蔓延的主要方向进行扑救以控制火势蔓延。

3）消灭飞火。组织人力监视火场周围的建筑物，露天物质堆放场所的未尽飞火，并及时扑灭。

4）疏散物质。安排人力和设备，将受到火势威胁的物质转移到安全地带，阻止火势蔓延。

5）积极抢救被困人员。人员集中的场所发生火灾，要有熟悉情况的人做向导，积极寻找和抢救被困的人员。

（2）火灾急救的基本方法：

1）先控制，后消灭。对于不可能立即扑灭的火灾，要先控制火势，具备灭火条件时再展开全面进攻，一举消灭。

2）救人重于救火。灭火的目的是打开救人通道，使被困的人员得到救援。

3）先重点，后一般。重要物资和一般物资相比，保护和抢救重要物资；火势蔓延猛烈方面和其他方面相比，控制火势蔓延的方面是重点。

4）正确使用灭火器材。水是最常用的灭火剂，取用方便，资源丰富，但要注意水不能用于扑救带电设备的火灾。各种灭火器的用途和使用方法如下：

① 酸碱灭火器：倒过来稍加摇动或打开开关，药剂喷出。适合扑救油类火灾。

② 泡沫灭火器：把灭火器筒身倒过来使用。适用于扑救木材、棉花、纸张等火灾，不能扑救电气、油类火灾。

③ 二氧化碳灭火器：一手拿好喇叭筒对准火源，另一手打开开关即可。适用于扑救贵重仪器和设备，不能扑救金属钾、钠、镁、铝等物质的火灾。

④ 干粉灭火器：打开保险销，把喷管口对准火源，拉出拉环，即可喷出。适用于扑救石油产品、油漆、有机溶剂和电气设备等火灾。

5）人员撤离火场途中被浓烟围困时，应采取低姿势行走或匍匐穿过浓烟，有条件时可用湿毛巾等捂住嘴鼻，以便顺利撤出烟雾区；如无法进行逃生，可向外伸出衣物或抛出小物件，发出救人信号引起注意。

6）进行物资疏散时首先应将参加疏散的员工编成组，指定负责人首先疏散通道，其次疏散物资，疏散的物资应堆放在上风向的安全地带，不得堵塞通道，并要派人看护。

4. 中毒及中暑急救知识

施工现场发生的中毒主要有食物中毒、燃气中毒及毒气中毒；中暑是指人员因处于高温高热的环境而引起的疾病。

（1）食物中毒的救护：

1）发现饭后多有人呕吐、腹泻等不正常症状时，尽量让病人大量饮水，刺激喉部使其呕吐。

2）立即将病人送往就近医院或拨打急救电话"120"。

3）及时报告工地负责人和当地卫生防疫部门，并保留剩余食品以备检验。

（2）燃气中毒的救护：

1）发现有人煤气中毒时，要迅速打开门窗，使空气流通。

2）将中毒者转移到室外实行现场急救。

3）立即拨打急救电话"120"或将中毒者送往就近医院。

4）及时报告有关负责人。

（3）毒气中毒的救护：

1）在井（地）下施工中有人发生毒气中毒时，井（地）上人员绝对不要盲目下去救助；必须先向出事点送风，救助人员装备齐全安全保护用具，才能下去救人。

2）立即报告工地负责人及有关部门，现场不具备抢救条件时，应及时拨打"110"或"120"电话求救。

（4）中暑的救护：

1）迅速转移。将中暑者迅速转移至阴凉通风的地方，解开衣服、脱掉鞋子，让其平卧，头部不要垫高。

2）降温。用凉水或50％酒精擦其全身，直到皮肤发红，血管扩胀以促进散热。

3）补充水分和无机盐类。能饮水的患者应鼓励其喝足凉盐开水或其他饮料，不能饮水者，应予以静脉补液。

4）及时处理呼吸、循环衰竭。呼吸衰竭时，可注射尼可刹明或山梗茶硷，循环衰竭时，可注射鲁明那钠等镇静药。

5）医疗条件不完善时，应对患者严密观察，精心护理，送往就近医院进行抢救。

（5）传染病急救措施：由于施工现场的人员较多，如果控制不当，容易造成集体感染传染病。因此需要采取正确的措施加以处理，防止大面积人员感染传染病。

1）如发现员工有集体发烧、咳嗽等不良症状，应立即报告现场负责人和有关主管部门，对患者进行隔离加以控制，同时启动应急救援方案。

2）立即把患者送往医院进行诊治，陪同人员必须做好防护隔离措施。

3）对可能出现病因的场所进行隔离、消毒，严格控制疾病的再次传播。

4）加强现场员工的教育和管理，落实各级责任制，严格履行员工进出现场登记手续，做好病情的监测工作。

第四节　安全事故调查处理的程序与规定

一、事故的报告与统计

1. 事故报告

事故报告的责任和程序：

（1）事故发生后，事故现场有关人员应当立即向本单位负责人报告；单位负责人接到报告后，应当于 1h 内向事故发生地县级以上人民政府安全生产监督管理部门和负有安全生产管理职责的有关部门报告。

情况紧急时，事故现场有关人员可以直接向事故发生地县级以上人民政府安全生产监督管理部门和负有安全生产监督管理职责的有关部门报告。

（2）安全生产监督管理部门和负有安全生产监督管理职责的有关部门接到事故报告后，应当依照下列规定上报事故情况，并通知公安机关、劳动保障行政部门、工会和人民检察院。

特别重大事故、重大事故逐级上报至国务院安全生产监督管理部门和负有安全生产监督管理职责的有关部门；较大事故逐级上报至省、自治区、直辖市人民政府安全生产监督管理部门和负有安全生产监督管理职责的有关部门；一般事故上报至设区的市级人民政府安全生产监督管理部门和负有安全生产监督管理职责的有关部门。

安全生产监督管理部门和负有安全生产监督管理职责的有关部门依照前款规定上报事故情况，应当同时报告本级人民政府。国务院安全生产监督管理部门和负有安全生产监督管理职责的有关部门以及省级人民政府接到发生特别重大事故、重大事故的报告后，应当立即报告国务院。必要时，安全生产监督管理部门和负有安全生产监督管理职责的有关部门可以越级上报事故情况。

（3）安全生产监督管理部门和负有安全生产监督管理职责的有关部门逐级上报事故情况，每级上报的时间不得超过 2h。

2. 事故的现场救援

（1）事故发生单位负责人接到事故报告后，应当立即启动事故相应应急预案，或者采取有效措施，进行抢救，防止事故扩大，减少人员伤亡和财产损失。

（2）事故发生地有关人民政府、安全生产监督管理部门和负有安全生产监督管理职责的有关部门接到事故报告后，其负责人应当立即赶赴事故现场，组织事故救援。

（3）事故发生后，有关单位和人员应当妥善保护事故现场以及相关证据，任何单位和个人不得破坏事故现场、毁灭相关证据。

（4）因抢救人员、防止事故扩大以及疏通交通等原因，需要移动事故现场物件的，应当做出标志，绘制现场简图并做出书面记录，并妥善保存现场重要痕迹、物证。

（5）事故发生地公安机关根据事故的情况，对涉嫌犯罪的，应当依法立案侦查，采取强制措施和侦查措施。犯罪嫌疑人逃匿的，公安机关应当迅速追捕归案。

3. 事故的统计上报

发生事故后，应按职工伤亡事故统计、报告。职工发生的伤亡大体分成两类，一类是因工伤，即因生产或工作而发生的伤亡；另一类是非因工伤亡。在具体工作中，主要要区别以下四种情况：

（1）区别好与生产（工作）有关和无关的关系。如职工参加体育比赛或政治活动发生伤亡事故，因与生产无关，不作职工伤亡事故统计、报告。

（2）区别好因工与非因工等关系。一般来说，职工在工作时间、工作岗位、为了工作而招致外来因素造成的伤亡事故都应按职工伤亡事故统计、报告；职工虽不在本职工作岗位或本职工作时间，但由于企业设备或其他安全、劳动条件等因素在企业区域内致使职工伤亡，也应按企业职工伤亡事故统计、报告。

（3）区别好负伤与疾病的关系。职工在生产（工作）中突发脑溢血、心脏病等急性病引起的死亡的不按职工伤亡事故统计、报告。

（4）区别好统计、报告和善后待遇的关系。一般来说，凡是统计、报告的事故，均属工伤事故，都可享受因工待遇。而不属统计、报告范围的事故，不等于不按因工待遇处理。例如职工受指派到某地完成某工作，途中发生伤亡事故，虽不按伤亡事故统计，但应按因工伤亡待遇处理。

二、安全事故的调查处理

1. 保护现场，组织调查组

（1）事故现场的保护：

1）事故发生后，事故发生单位应当立即采取有效措施，首先抢救伤员和排除险情，制止事故蔓延扩大，稳定施工人员情绪。要做到有组织、有指挥。

2）一次死亡3人以上的事故，要按住建部有关规定，立即组织摄像和召开现场会，教育全体职工。

3）严格保护事故现场，即现场各种物件的位置、颜色、形状及其物理化学性质等尽可能地保持原来状态，采取一切必要和可能的措施严加保护，防止人为或自然因素的破坏。因抢救伤员、疏导交通、排除险情等原因，需要移动现场物件时，应当做出标志，绘制现场简图并做出书面记录，妥善保存现场重要痕迹、物证，有条件的可以拍照或摄像。

4）清理事故现场，应在调查组确认无可取证，并充分记录及经有关部门同意后，方能进行。任何人不得借口恢复生产，擅自清理现场，掩盖事故真相。

（2）组织事故调查组：《安全生产法》明确规定了生产安全事故调查处理的原则是：实事求是；尊重科学；及时准确。根据《生产安全事故报告和调查处理条例》（国务院第 493 号令）的规定，事故调查管辖权为：

1）特别重大事故由国务院或者国务院授权有关部门组织事故调查组进行调查。

2）重大事故、较大事故、一般事故分别由事故发生地省级人民政府、设区的市级人民政府、县级人民政府负责调查。省级人民政府、设区的市级人民政府、县级人民政府可以直接组织事故调查组进行调查，也可以授权或者委托有关部门组织事故调查组进行调查。

未造成人员伤亡的一般事故，县级人民政府也可以委托事故发生单位组织事故调查组进行调查。

上级人民政府认为必要时，可以调查由下级人民政府负责调查的事故。

3）特别重大事故以下等级事故，事故发生地与事故发生单位不在同一个县级以上行政区域的，由事故发生地人民政府负责调查，事故发生单位所在地人民政府应当派人参加。

4）事故调查组的组成应当遵循精简、效能的原则。根据事故的具体情况，事故调查组由有关人民政府，安全生产监督管理部门、负有安全生产监督管理职责的有关部门、检察机关、公安机关以及工会派人组成，并应当邀请人民检察院派人参加。

事故调查组可以聘请有关专家参与调查。

5）事故调查组成员应当具有事故调查所需要的知识和特长，并与所调查的事故没有直接利害关系。

6）事故调查组组长由负责事故调查的人民政府指定。事故调查组组长主持事故调查组的工作。

（3）事故调查组职责：

1）查明事故发生的经过，原因、人员伤亡情况及直接经济损失。

2）认定事故的性质和事故责任。

3）提出对事故责任者的处理建议。

4）总结事故教训，提出防范和整改措施。

（4）事故调查组权限：

1）事故调查组有权向有关单位和个人了解与事故有关的情况，并要求其提供相关文件、资料，有关单位和个人不得拒绝。

事故发生单位的负责人和有关人员在事故调查期间不得擅离职守，并应当接受事故调查组的询问，如实提供有关情况。

事故调查中发现涉嫌犯罪的，事故调查组应当及时将有关资料或者其复印件移交司法机关处理。

2）事故调查中需要进行技术鉴定的，事故调查组应当委托具有国家规定资质的单位进行技术鉴定。必要时，事故调查组可以直接组织专家进行技术鉴定。技术鉴定所需时间不计入事故调查期限。

3）事故调查组成员在事故调查工作中应当诚信公正、恪尽职守，遵守事故调查组的纪律，保守事故调查的秘密。

2. 现场勘测

事故发生后调查组必须尽早到现场进行勘测。现场勘测是技术性很强的工作，涉及广泛的科技知识和实践经验，对事故现场的勘测应该做到及时、全面、细致、客观。

现场勘测的主要内容有：

（1）做出笔录：

1）发生事故的时间、地点、气候等。

2）现场勘测人员姓名、单位、职务、联系电话等。

3）现场勘测起止时间、勘测过程。

4）设备、设施损坏或异常情况及事故前后的位置。

5）能量逸散所造成的破坏情况、状态、程度等。

6）事故发生前的劳动组合、现场人员的位置和行动。

（2）现场拍照或摄像：

1）方位拍摄，要能反映事故现场在周围环境中的位置。

2）全面拍摄，要能反映事故现场各部分之间的联系。

3）中心拍摄，要能反映事故现场中心情况。

4）细目拍摄，揭示事故直接原因的痕迹物、致害物等。

（3）绘制事故图：根据事故类型和规模以及调查工作的需要应绘制出下列示意图。

1）建筑物平面图、剖面图。

2）发生事故时人员的位置及疏散（活动）图。

3）破坏物立体图或展开图。

4）涉及范围图。

5）设备或工、器具构造图等。

（4）事故事实材料和证人材料收集：

1）受害人和肇事者姓名、年龄、文化程度、工龄等。

2）事故当天受害人和肇事者的工作情况，过去的事故记录。

3）个人防护措施、健康状况及与事故致因有关的细节或因素。

4）对证人的口述材料应经本人签字认可，并应认真考证其真实程度。

3. 分析事故原因，明确责任者

通过整理和仔细阅读调查材料，按受伤部位、受伤性质、起因物、致害物、伤害方式、不安全状态、不安全行为这七项内容进行分析，然后确定事故的直接原因、间接原因和事故责任者。

（1）事故的性质通常分为三类：

1）责任事故，因有关人员的过失造成的事故。

2）非责任事故，由于自然界的因素而造成的不可抗拒的事故，或由于未知领域的技术问题而造成的事故。

3）破坏事故，为达到一定目的而蓄意制造的事故。由公安机关和企业保卫部门认真追查破案，依法处理。

（2）责任事故的责任划分：对责任事故，应根据事故调查所确认的事实，通过对事故的原因的分析来确定事故的直接责任者、领导责任者和管理责任者。

1）直接责任者——其行为与事故的发生有直接因果关系的责任人。

2）领导责任者——对事故发生负有领导责任的责任人。

3）管理责任者——对事故发生负有管理责任的责任人。

领导责任者和管理责任者中，对事故发生起主要作用的，为主要责任者。

4. 提出处理意见，写出调查报告

（1）提出处理意见：根据对事故原因的分析，对已确定的事故直接责任者和领导责任者，根据事故后果和事故责任人应负的责任提出处理意见。同时，应制定防范措施并加以落实，防止此类事故重复发生，切实做到"四不放过"，即事故原因分析不清不放过、事故责任者和群众没有接受到教育不放过、没有防范措施不放过、事故的责任者没有受到处罚不放过。

调查组应着重把事故的经过、原因、责任分析和处理意见以及本次事故教训和改进工作的建议等写成文字报告，经调查组全体成员签字后报批。如调查组内部意见有分歧，应在弄清事实的基础上，对政策法规反复研究，统一认识。对于个别成员仍持有不同意见的，允许保留，并在签字时写明自己的意见。对此可上报上级有关部门处理直至报请同级人民政府裁决，但不得超过事故处理工作的时限。

（2）事故调查处理的时限：事故调查组应当自事故发生之日起 60 日内提交事故调查报告；特殊情况下，经负责事故调查的人民政府批准，提交事故调查报告的期限可以适当延长，但延长的期限最长不超过 60 日。

（3）事故调查报告应当包括的内容：

1）事故发生单位概况。

2）事故发生经过和事故救援情况。

3）事故造成的人员伤亡和直接经济损失。

4）事故发生的原因和事故性质。

5）事故防范和整改措施。

事故调查报告应当附具有关证据材料。事故调查组成员应当在事故调查报告上签字。

事故调查报告报送负责事故调查的人民政府后，事故调查工作即告结束。事故调查的有关资料应当归档案保存。

（4）事故处理结案：

1）重大事故、较大事故、一般事故，负责事故调查的人民政府应当自收到事故调查报告之日起 15 日内做出批复；特别重大事故，30 日内做出批复，特殊情况下，批复时间可以适当延长，但延长的时间最长不超过 30 日。

2）有关机关应当按照人民政府的批复，依照法律、行政法规规定的权限和程序，对事故发生单位和有关人员进行行政处罚，对负有事故责任的国家工作人员进行处分。

3）事故发生单位应当按照负责事故调查的人民政府的批复，对本单位负有事故责任的人员进行处理。负有事故责任的人员涉嫌犯罪的，依法追究刑事责任。

4）事故发生单位应当认真吸取事故教训，落实防范和整改措施，防止事故再次发生。防范和整改措施的落实情况应当接受工会和职工的监督。

5）事故处理结案后，应将事故资料归档保存，其中包括：

① 职工伤亡事故登记表。

② 职工死亡、重伤事故调查报告及批复。

③ 现场调查记录、图纸、照片。

④ 技术鉴定和试验报告。

⑤ 物证、人证材料。

⑥ 直接和间接经济损失材料。

⑦ 事故责任者自述材料。

⑧ 医疗部门对伤亡人员的诊断书。

⑨ 发生事故时工艺条件、操作情况和设计资料。

⑩ 有关事故的通报、简报及文件（包括处分决定和受处分人员的检查资料）。

⑪ 注明参加调查组的人员姓名、责任、单位。

⑫ 单位处理批复机关的批复意见。

三、工伤保险

《安全生产法》规定，"生产经营单位必须依法参加社会保险，为从业人员缴纳保险费"。2004年1月1日起实施的《工伤保险条例》（国务院第375号令）则进一步具体化了工商社会保险制度。工商社会保险的目的，是保障因工作遭受事故伤害或者患职业病的职工获得医疗救治和经济补偿，促进工伤预防和职业康复，分散用人单位的工伤风险。在施工单位，工伤保险的业务一般由劳动工资部门负责，但作为工伤事故处理的善后环节，专职安全员应当对其相关知识有一定的了解，也可以另一个角度促使"安全第一、预防为主、综合治理"方针的落实。

1. 工伤社会保险的概念

（1）工伤。指职工在工作过程中因工作原因受到事故伤害或者因工作原因和性质而患职业病。

（2）工伤保险。指工伤职工从国家和社会获得必要的物质补偿的制度，即工伤职工获得医疗保险、经济补偿和职业健康的权利。

（3）工伤社会保险。工商社会保险实行社会统筹，建立工伤保险基金，对工伤职工提供经济补偿和实行社会化管理服务。

2. 工伤范围及其认定

（1）《工伤保险条例》中明确规定，职工有下列情况之一的，应当认定为工伤：

1）在工作时间和工作场所内，因工作原因受到事故伤害的。

2）工作时间前后在工作场所内，从事与工作有关的预备性或者收尾性工作受到事故伤害的。

3）在工作时间和工作场所内，因履行工作职责受到暴力等意外伤害的。

4）患职业病的。

5）因公外出期间，由于工作原因受到伤害或者发生事故下落不明的。

6）在上、下班途中，受到机动车事故伤害的。

7）法律、行政法规规定应当认定为工伤的其他情况。

（2）职工有下列情况之一的，视同工伤：

1）在工作时间和工作岗位，突发疾病死亡或者在48h之内经抢救无效死亡的。

2）在抢险救灾等维护国家利益、公共利益活动中受到的伤害的。

3）职工原在军队服役，因战、因公负伤致残，已取得革命伤残军人证，到用人单位后旧伤复发的。

4）职工有以上1）、2）两项情况的，按有关规定享受工伤保险待遇；有第3）项情形的，按有关规定享受除一次性伤残补助金外的工伤保险待遇。

（3）职工有下列情况之一的，不得认定为工伤或者视同工伤：

1）因犯罪或者违反治安管理伤亡的。

2）醉酒导致伤亡的。

3）自残或者自杀的。

3. 劳动能力鉴定

职工发生工伤，经治疗伤情相对稳定后存在残疾、影响劳动能力的，应当进行劳动能力鉴定。劳动能力鉴定是指劳动功能障碍程度和生活自理障碍程度的等级鉴定。劳动功能障碍分为十个伤残等级，最重为一级，最轻为十级。生活自理障碍分为三个等级：生活完全不能自理、生活大部分不能自理和生活部分不能自理。

劳动能力的鉴定由用人单位、工伤职工或者其直系亲属向劳动能力鉴定委员会提出申请，并提供工伤认定决定和职工工伤医疗的有关资料。劳动能力鉴定委员会由省（自治区、直辖市）和社区的市委劳动保障行政部门、人事行政部门、卫生行政部门、工会组织、经办机构代表以及用人单位代表组成，鉴定结论按《工伤保险条例》的规定，根据专家组提出的鉴定意见，由鉴定委员会作出工伤职工劳动能力鉴定结论；必要时，可以委托具备资格的医疗机构协助进行有关诊断。

4. 工伤保险待遇

（1）工伤医疗：

1）职工因工作遭受事故伤害或者患职业病进行治疗，享受工伤医疗待遇。职工治疗工伤应当在签订服务协议的医疗机构就医，情况紧急时可以先到就近的医疗机构急救。治疗工伤所需费用符合工伤保险治疗目录、工伤保险住院服务标准的，从工伤保险基金支付。

2）职工住院治疗工伤的，由所在单位按本单位因公出差伙食补助标准的70%发给住院伙食补助费；经医疗机构出具证明，报经办机构同意，工伤职工到统筹地区以外就医的，所需交通、食宿费用由所在单位按照本单位职工因公出差标准报销。

3）工伤职工因日常生活或就业需要，经劳动能力鉴定委员会确认，可以安装假肢、矫形器、假眼、假牙和配置轮椅等辅助器具，所需费用按国家规定的标准从工伤保险基金支付。

4）职工接受工伤医疗的，在停工留薪期内，原工资福利待遇不变，由所在单位按月支付。停工留薪期，一般不超过12个月。伤情严重或情况特殊，经设区的市级劳动能力鉴定委员会确认，可以适应延长，但延长不得超过12个月。

5）生活不能自理的工伤职工，在停工留薪期需要护理的，由所在单位负责。

6）工伤职工已经评定伤残等级并经劳动能力鉴定委员会确认需要生活护理的，从工伤保险基金按月支付生活护理费。生活护理费按照生活完全不能自理、生活大部分不能自理或者生活部分不能自理3个不同等级支付，其标准分别为统筹地区上年底职工月平均工资的50%、40%、30%。

（2）工伤待遇：

1）职工因工致残被鉴定为一级至四级伤残的，保留劳动关系，退出工作岗位，享受以下待遇：

① 从工伤保险基金按伤残等级支付一次性伤残补助金，标准为：一级伤残为24个月本人工资，二级为22个月、三级为20个月、四级为18个月本人工资。

② 从工伤保险基金按月支付伤残津贴，标准为：一级伤残为本人工资的90%，二级为85%、三级为80%、四级为75%。

③ 工伤职工达到退休年龄并办理退休手续后，停发伤残津贴，享受基本养老保险待遇。

④ 由用人单位和职工个人以伤残津贴为基数，缴纳基本医疗保险费。

2）职工因工致残被鉴定为五级、六级伤残的，享受以下待遇：

① 从工伤保险基金按伤残等级支付一次性伤残补助金，标准为：五级伤残为16个月本人工资，六级为14个月本人工资。

② 保留与用人单位的劳动关系，由用人单位安排适当工作。难以安排工作的，由用人单位按月发给伤残津贴，其标准为：五级伤残为本人工资的70%，六级为60%，并由用人单位按照规定为其缴纳应缴纳的各项社会保险费。

③ 经工伤职工本人提出，该职工可以与用人单位解除或者终止劳动关系，由用人单位支付一次性工伤医疗补助金和伤残就业补助金。

3）职工因公致残被鉴定为七级至十级伤残的，享受以下待遇：

① 从工伤保险基金按伤残等级支付一次性伤残补助金，其标准为：七级伤残为12个月本人工资，八级为10个月、九级为8个月、十级为6个月本人工资。

② 劳动合同期终止，或者职工本人提出解除劳动合同的，由用人单位支付一次性工伤医疗补助金和伤残就业补助金。

（3）因公死亡补助：职工因公死亡，其直系亲属按下列规定从工伤保险基金领取丧葬补助金、供养亲属抚恤金和一次性死亡补助金。

1）丧葬补助金为6个月的统筹地区上年度职工平均工资。

2）供养亲属抚恤金按照职工本人工资的一定比例发给由因公死亡职工生前提供主要生活来源、无劳动能力的亲属。标准为：配偶每月40%，其他亲属每人每月30%，孤寡老人或者孤儿每人每月在上述标准上增加10%。核定的各供养亲属抚恤金之和不应高于死亡职工生前工资。

3）一次性工亡补助金标准为48个月至60个月的统筹地区上年度职工月平均工资。四川省现为48个月。

（4）工伤保险待遇的停止：

工伤职工有下列情形之一的，停止享受工伤保险待遇：

1）丧失享受待遇条件的。

2）拒不接受劳动能力鉴定的。

3）拒绝治疗的。

4）被判刑正在收监执行的。

5. 工伤保险基金

工伤保险实行社会统筹，设立工伤保险基金。工伤保险费由企业按照职工工资总额的一定比例缴纳，职工个人不缴纳工伤保险费。目前企业缴纳的平均工伤保险费率一般不超过工资总额的1%。企业缴纳的工伤保险费实行差别费率和浮动费率。凡参加了工伤社会保险的单位的工伤职工医疗费、护理费、伤残抚恤金、一次性伤残补助金、残疾辅助器具费、丧葬补助金、供养亲属抚恤金、一次性工亡补助金，由工伤保险基金支付。目前暂未参加工伤社会保险的单位的工伤职工，均由职工所在单位按照相同标准支付（另有规定者除外）。

6. 工伤保险争议的处理

工伤职工与用人单位发生争议的，按劳动争议处理的有关规定办理。工伤职工或企业，对劳动行政部门作出的工伤认定和工伤保险经办机构的待遇支付决定不服的，按行政复议和行政诉讼的有关法律、法规办理。

第十九章 施工安全资料

第一节 施工安全资料的类型和内容

施工现场的安全资料，按建设部《建筑施工安全检查标准》（JGJ 59—2011）中规定的内容为主线整理归集，并按"安全管理"检查评分表所列的 10 个检查项目名称顺序排列，其他各分项检查评分表则作为子项目分别归集到安全管理检查评分表相应的检查项目之内。

10 个子项目是：

（1）安全生产责任制。

（2）目标管理。

（3）施工组织设计。

（4）分部（分项）工程安全技术交底。

（5）安全检查。

（6）安全教育。

（7）班前安全活动。

（8）特种作业持证上岗。

（9）工伤事故处理。

（10）安全标志。

第二节 施工安全资料的收集、整理与归档

一、建筑工程安全资料编制

建筑工程安全资料的编制，除国家有关规范外，一般在地方建设工程安全管理部门都专门编制印发了《建筑工程安全资料整理办法》，在组卷方式、编制形式上都大同小异，但是也存在地区差别。在每个工程开工之初，就应建立工程安全

资料档案，制定专人收集并整理，在工程施工的全过程中，不能调动资料管理人员。

1. 编制要求

施工现场安全资料应真实反映工程的实际状况。施工现场安全资料应使用原件，因各种原因不能使用原件的，应在复印件上加盖原件存放单位的公章、注明原件存放处，并有经办人签字及时间。

现场安全资料应保证字迹清晰，签字、盖章手续齐全。计算机形成的工程资料应采用内容打印、手工签名的方式。

2. 编制的基本原则

施工现场安全资料可参考下表《建设单位工程施工现场安全管理资料分类整理及组卷表》的分类进行组卷。卷内资料排列顺序应依据卷内资料构成而定，一般为封面、目录、资料部分和封底。组成的案卷应美观、整齐。案卷页号的编写应以独立卷为单位。在案卷内资料排列顺序确定后，均以有书面内容的页面编写页号。每卷从阿拉伯数字1开始，用打号机或钢笔依次逐张连续标注页号。

建设单位工程施工现场安全管理资料分类整理及组卷表

编号	施工现场安全管理资料名称	资料表格编号或责任单位	工作相关及资料保存单位				
			建设单位	监理单位	施工单位	租赁单位	安装/拆卸单位
SA-A 类	建设单位施工现场安全管理资料						
	施工现场安全生产监督备案登记表	表 SA-A-1	●	●	●		
	施工现场变配电站、变压器、地上、地下管线及毗邻建筑物、构筑物资料移交单（如有）	表 SA-A-2	●	●	●		
	建设工程施工许可证	建设单位	●	●	●		
	夜间施工审批手续（如有）	建设单位	●	●	●		
	施工合同	建设单位	●		●		
	施工现场安全生产防护、文明施工措施费用支付统计	建设单位	●	●	●		
	向当地住房和城乡建设主管部门报送的《危险性较大的分部分项工程清单》	建设单位	●	●	●		
	上级管理部门、政务主管部门检查记录	建设单位	●	●	●		
SA-B 类	监理单位施工现场安全管理资料						
	监理安全管理资料						
	监理合同	监理单位	●	●			
	监理规划、安全监理实施细则	监理单位	●	●	●		
	安全监理专题会议纪要	监理单位	●	●	●		

编号	施工现场安全管理资料名称	资料表格编号或责任单位	工作相关及资料保存单位				
			建设单位	监理单位	施工单位	租赁单位	安装/拆卸单位
SA-B2	监理安全审核工作记录						
	工程技术文件报审表	表 SA-B2-1	●	●	●		
	施工现场施工起重机械安装/拆卸报审表	表 SA-B2-2	●	●	●	●	●
	施工现场施工起重机械验收核查表	表 SA-B2-3	●	●	●	●	●
	施工现场安全隐患报告书	表 SA-B2-4	●	●	●		
	工作联系单	表 SA-B2-5	●		●		
	监理通知	表 SA-B2-6	●	●	●		
	工程暂停令	表 SA-B2-7	●	●	●		
	工程复工报审表	表 SA-B2-8	●	●	●		
	安全生产防护、文明施工措施费用支付申请表	表 SA-B2-9	●	●	●		
	安全生产防护、文明施工措施费用支付证书	表 SA-B2-10	●	●	●		
	施工单位安全生产管理体系审核资料	监理单位		●	●		
	施工单位专项安全施工方案及工程项目应急救援预案审核资料	监理单位		●	●		
SA-C 类	施工单位施工现场安全管理资料						
SA-C1	安全控制管理资料						
	施工现场安全生产管理概况表	SA-C1-1	●	●	●		
	施工现场重大危险源识别汇总表	SA-C1-2	●	●	●		
	施工现场重大危险源控制措施表	SA-C1-3	●	●	●		
	施工现场危险性较大的分部分项工程专项施工方案表	SA-C1-4	●	●	●		
	施工现场超过一定规模危险性较大的分部分项工程专家论证表	SA-C1-5	●	●	●		
	施工监测安全生产检查汇总表	SA-C1-6	●	●	●		
	施工现场安全生产管理检查评分表	SA-C1-7		●	●		
	施工现场文明施工检查评分表	SA-C1-8			●		
	施工现场落地式脚手架检查评分表	SA-C1-9-1			●		
	施工现场悬挑式脚手架检查评分表	SA-C1-9-2			●		
	施工现场门型脚手架检查评分表	SA-C1-9-3			●		
	施工现场悬挂脚手架检查评分表	SA-C1-9-4			●		
	施工现场吊篮脚手架检查评分表	SA-C1-9-5			●		
	施工现场附着式升降脚手提升架或爬架检查评分表	SA-C1-9-6			●		

编号	施工现场安全管理资料名称	资料表格编号或责任单位	工作相关及资料保存单位				
			建设单位	监理单位	施工单位	租赁单位	安装/拆卸单位
SA-C1	施工现场基坑土方及支护安全检查评分表	SA-C1-10			●		
	施工现场模板工程安全检查评分表	SA-C1-11			●		
	施工现场"三宝"、"四口"及"临边"防护检查评分表	SA-C1-12			●		
	施工现场施工用电检查评分表	SA-C1-13			●		
	施工现场物料提升机(龙门架、井字架)检查评分表	SA-C1-14-1			●		
	施工现场外用电梯(人货两用电梯)检查评分表	SA-C1-14-2			●		
	施工现场塔吊检查评分表	SA-C1-15			●		
	施工现场起重吊装安全检查评分表	SA-C1-16			●		
	施工现场施工机具检查评分表	SA-C1-17			●		
	施工现场安全技术交底汇总表	SA-C1-18		●	●		
	施工现场安全技术交底表	SA-C1-19			●		
	施工现场作业人员安全教育记录表	SA-C1-20			●		
	施工现场安全事故原因调查表	SA-C1-21	●	●	●		
	施工现场特种作业人员登记表	SA-C1-22		●	●		
	施工现场地上、地下管线保护措施验收记录表	SA-C1-23		●	●		
SA-C1	施工现场安全防护用品合格证及检测资料登记表	SA-C1-24			●		
	施工现场施工安全日记表	SA-C1-25			●		
	施工现场班(组)班前讲话记录表	SA-C1-26			●		
	施工现场安全检查隐患整改记录表	SA-C1-27	●	●	●		
	监理通知回复单	SA-C1-28	●	●	●		
	施工现场安全生产责任制	施工单位			●		
	施工现场总分包安全管理协议书	施工单位			●		
	施工现场施工组织设计及专项安全技术措施	施工单位		●	●		
	施工现场冬雨风季施工方案	施工单位		●	●		
	施工现场安全资金投入记录	施工单位		●	●		
	施工现场生产安全事故应急预案	施工单位	●	●	●		
	施工现场安全标识	施工单位			●		
	施工现场自身检查违章处理记录	施工单位			●		
	本单位上级管理部门、政府主管部门检查记录	施工单位	●	●	●		

编号	施工现场安全管理资料名称	资料表格编号或责任单位	工作相关及资料保存单位				
			建设单位	监理单位	施工单位	租赁单位	安装/拆卸单位
	施工现场消防保卫安全管理资料						
SA-C2	施工现场消防重点部位登记表	SA-C2-1	●	●	●		
	施工现场用火作业审批表	SA-C2-2			●		
	施工现场消防保卫定期检查表	SA-C2-3			●		
	施工现场居民来访记录	施工单位			●		
	施工现场消防设备平面图	施工单位		●	●		
	施工现场消防保卫制度及应急预案	施工单位		●	●		
	施工现场消防保卫协议	施工单位		●	●		
SA-C2	施工现场消防保卫组织机构及活动记录	施工单位		●	●		
	施工现场消防审批手续	施工单位		●	●		
	施工现场消防设施、器材维修记录	施工单位			●		
	施工现场防火等高温作业施工安全措施及交底	施工单位		●	●		
	施工现场警卫人员值班、巡查工作记录	施工单位			●		
	脚手架安全管理资料						
SA-C3	施工现场钢管扣件式脚手架支撑体系验收表	SA-C3-1		●	●		
	施工现场落地式（悬挑）脚手架搭设验收表	SA-C3-2		●	●		
	施工现场工具式脚手架安装验收表	SA-C3-3		●	●		
	施工现场脚手架、卸料平台及支撑体系设计及施工方案	施工单位		●	●		
	基坑支护与模板工程安全管理资料						
SA-C4	施工现场基坑支护验收表	SA-C4-1					
	施工现场基坑支护沉降观察记录	SA-C4-2					
	施工现场基坑支护水平位移观察记录表	SA-C4-3					
	施工现场人工挖孔桩防护检查表	SA-C4-4					
	施工现场特殊部位气体检测记录表	SA-C4-5					
	施工现场模板工程验收表	SA-C4-6					
	施工现场基坑、土方、护坡及模板施工方案	施工单位					
	"三宝"、"四口"及"临边"防护安全管理资料						
SA-C5	施工现场"三宝"、"四口"及"临边"防护检查记录表	SA-C5-1		●	●		
	施工现场"三宝"、"四口"及"临边"防护措施方案	施工单位			●		
	临时用电安全管理资料						
SA-C6	施工现场施工临时用电验收表	SA-C6-1		●	●		
	施工现场电气线路绝缘强度测试记录表	SA-C6-2		●	●		
	施工现场临时用电接地电阻测试记录表	SA-C6-3		●	●		
	施工现场电工巡检维修记录表	SA-C6-4			●		
	施工现场临时用电施工组织设计及变更资料	施工单位			●		
	施工现场总、分包临时用电安全管理协议	施工单位		●	●		
	施工现场电气设备测试、调试技术资料	施工单位			●		

编号	施工现场安全管理资料名称	资料表格编号或责任单位	工作相关及资料保存单位				
			建设单位	监理单位	施工单位	租赁单位	安装/拆卸单位
	施工升降安全管理资料						
SA-C7	施工现场施工升降机安装/拆卸任务书	SA-C7-1			●	●	●
	施工现场施工升降机安装/拆卸安全和技术交底记录表	SA-C7-2			●	●	●
	施工现场施工升降机基础验收表	SA-C7-3			●	●	●
	施工现场施工升降机安装/拆卸过程记录表	SA-C7-4			●	●	●
	施工现场施工升降机安装验收记录表	SA-C7-5			●	●	●
	施工现场施工升降机接高验收记录表	SA-C7-6			●	●	●
	施工现场施工升降机运行记录	施工单位			●		
SA-C7	施工现场施工升降机维修保养记录	施工单位			●	●	
	施工现场机械租赁、使用、安装/拆卸安全管理协议书	施工单位	●		●	●	●
	施工现场施工升降机安装/拆卸方案	施工单位			●	●	●
	施工现场施工升降机安装/拆卸报审报告	施工单位	●		●	●	●
	施工现场施工升降机使用登记台账	施工单位			●		
	施工现场施工升降机登记备案记录	施工单位			●		
	塔吊及起重吊装安全管理资料						
SA-C8	施工现场塔吊式起重机安装/拆卸任务书	SA-C8-1			●	●	●
	施工现场塔吊式起重机安装/拆卸安全和技术交底	SA-C8-2			●	●	●
	施工现场塔式起重机基础验收记录表	SA-C8-3			●		●
	施工现场塔式起重机轨道验收记录表	SA-C8-4			●		●
	施工现场塔式起重机安装/拆卸过程记录表	SA-C8-5			●	●	●
	施工现场塔式起重机附着检查记录表	SA-C8-6			●		●
	施工现场塔式起重机顶升检验记录表	SA-C8-7			●		●
	施工现场塔式起重机安装验收记录表	SA-C8-8			●		●
	施工现场塔式起重机安装垂直度测量记录表	SA-8-9			●		●
	施工现场塔式起重机运行记录表	SA-C8-10			●		
	施工现场塔式起重机维修保养记录表	SA-C8-11			●		
SA-C8	施工现场塔式起重机检查记录	施工单位			●	●	●
	施工现场塔式起重机租赁、使用、安装/拆卸安全管理协议书	施工单位租赁单位	●		●	●	●
	施工现场塔式起重机安装/拆卸方案及群塔作业方案、起重吊装作业专项施工方案	施工单位租赁单位	●		●	●	●
	施工现场塔式起重机安装/拆卸报审报告	施工单位	●		●	●	●
	施工现场塔吊机组与信号工安全技术交底	施工单位			●		

编号	施工现场安全管理资料名称	资料表格编号或责任单位	工作相关及资料保存单位				
			建设单位	监理单位	施工单位	租赁单位	安装/拆卸单位
	施工机具安全管理资料						
SA-C9	施工现场施工机具（物料提升机）检查验收记录表	SA-C9-1			●	●	●
	施工现场施工机具（电动吊篮）检查验收记录表	SA-C9-2			●	●	●
	施工现场施工机具（龙门吊）检查验收记录表	SA-C9-3			●	●	
	施工现场施工机具（打桩、钻孔机械）检查验收记录表	SA-C9-4			●	●	●
	施工现场施工机具（装载机）检查验收记录表	SA-C9-5			●	●	
	施工现场施工机具（挖掘机）检查验收记录表	SA-C9-6			●		
	施工现场施工机具（混凝土泵）检查验收记录表	SA-C9-7			●	●	
	施工现场施工机具（混凝土搅拌机）检查验收记录表	SA-C9-8			●	●	
	施工现场施工机具（钢筋机械）检查验收记录表	SA-C9-9			●	●	
	施工现场施工机具（木工机械）检查验收记录表	SA-C9-10			●	●	
	施工现场施工机具安装验收记录表	SA-C9-11			●	●	
SA-C9	施工现场施工机具维修保养记录表	SA-C9-12			●	●	
	施工现场施工机具使用单位与租赁单位租赁、使用、安装/拆卸安全管理协议	施工单位租赁单位		●	●	●	
	施工现场施工机具安全/拆卸方案	租赁单位			●	●	
	施工现场文明生产（现场料具堆放、生活区）安全管理资料						
SA-C10	施工现场施工噪声监测记录表	SA-C10-1		●	●		
	施工现场文明生产定期检查表	SA-C10-2			●		
	施工现场办公室、生活区、食堂等卫生管理制度	施工单位			●		
	施工现场应急药品、器材的登记及使用记录	施工单位			●		
	施工现场急性职业中毒应急预案	施工单位			●		
	施工现场食堂卫生许可证及炊事人员的卫生、培训、体检证件	施工单位			●		
	施工现场各阶段现场存放材料堆放平面图及责任划分，材料存放、保管制度	施工单位		●	●		
	施工现场成品保护措施			●	●		
	施工现场各种垃圾存放、消纳管理制度	施工单位		●	●		
	施工现场环境保护管理方案	施工单位		●	●		

　　案卷封面要包括名称、案卷题名、编制单位、安全主管、编制日期、共××册，第××册等。卷内资料、封面、目录、备考表统一采用 A4 幅（297 mm×210 mm）尺

寸，小于 A4 幅面的资料要用 A4 白纸（297 mm×210 mm）衬托。

实际操作中一般首先要建立档案目录，通常的做法是根据地方《建设工程安全资料管理办法》中的分目方法，建立资料盒，一目一盒。无论工程大小或实际施工中是否一定涉及目录中的安全资料种类，均应建立其对应的资料盒。然后在施工过程中，随着工程施工进度不断收集整理安全资料加入到相对应的目（盒）中，并在每个目中设立一个资料分目，收集一份填一份。这样，在施工的任何阶段，随时可以查阅到任何目中已经建立的安全档案资料，而无须再将资料分类或分目。到工程竣工前，只需将各资料盒中的资料分目取出，加封面装订，即成一套完整的施工安全管理资料。

二、施工现场安全生产资料的管理

1. 安全资料管理

① 项目设专职或兼职安全资料员，安全资料员持证上岗以保证资料管理责任的落实；安全资料员应及时收集、整理安全资料、督促建档工作，促进企业安全管理上台阶。

② 资料的整理应做到现场实物与记录相符，行为与记录相吻合以便更好地反映出安全管理的全貌及全过程。

③ 建立定期不定期的安全资料的检查与审核制度，及时查找问题，及时整改。

④ 安全资料实行按岗位职责分工编写，及时归档，定期装订成册的管理办法。

⑤ 建立借阅台账，及时登记，及时追回，收回时做好检查工作，检查是否有损坏、丢失现象发生。

2. 安全资料保管

① 安全资料按篇及编号分别装订成册，装入档案盒内。

② 安全资料集中存放于资料柜内，加锁，专人负责管理，以防丢失损坏。

③ 工程竣工后，安全资料上交公司档案室储存保管、备查。

附录　备考练习试题

专业基础知识篇

（单选题 200　多选题 51　案例题 0）

一、单选题

建筑材料

1. 下列防水材料中，具备拉伸强度高，抵抗基层和结构物变形能力强、防水层不易开裂的是（　　）。

A. 防水卷材　　　　B. 防水涂料　　　　C. 嵌缝材料　　　　D. 防水油膏

2. 下列关于防水涂料的说法错误的是（　　）。

A. 一般采用冷施工　　　　　　　　B. 本身具有粘结作用

C. 维修简单　　　　　　　　　　　D. 厚度均匀

3. 防水涂料按（　　）分类包括溶剂型防水涂料等。

A. 液态类型　　　　　　　　　　　B. 防水性能

C. 使用年限　　　　　　　　　　　D. 成膜物质的主要成分

4. 防水卷材的特点不包括（　　）。

A. 拉伸强度高　　　　　　　　　　B. 防水层不易开裂

C. 采用冷施工，不需加热　　　　　D. 抵抗基层和结构物变形能力强

5. 当建筑物基层形状不规则时，适宜采用的防水材料是（　　）。

A. 防水卷材　　　B. 防水涂料　　　C. 嵌缝材料　　　D. SBS 防水卷材

6. 下列防水材料中，具备抵抗变形能力较差，使用年限短的是（　　）。

A. 防水卷材　　　B. 防水涂料　　　C. 嵌缝材料　　　D. SBS 防水卷材

7. 防水涂料的形式不包括（　　）。

A. 水乳型　　　　B. 溶剂型　　　　C. 层粘型　　　　D. 反应型

8. 乳化沥青属于（　　）。

A. 防水卷材　　　B. 防水涂料　　　C. 嵌缝材料　　　D. 防火材料

9. 绝热材料的导热系数不宜大于（　　）W/(m·K)。

A. 0.17　　　　　B. 1.7　　　　　C. 17　　　　　D. 170

10. 下列绝热材料，属于按材质分类的是（　　）绝热材料。

A. 有机　　　　　B. 气泡状　　　　C. 微孔状　　　　D. 纤维状

11. 下列装饰材料中，不能用作吊顶罩面板的是（　　）。

A. 硬质纤维板 　　　　B. 石膏装饰板 　　　　C. 铝合金板 　　　　D. 彩色涂层钢板

12. 下列装饰材料，属于无机装饰材料的是（　　　）。

A. 塑料 　　　　　　　B. 金属 　　　　　　　C. 木材 　　　　　　　D. 有机涂料

13. 下列墙面装饰材料中，属于装饰抹灰的是（　　　）。

A. 花岗石 　　　　　　B. 玻璃砖 　　　　　　C. 水刷石 　　　　　　D. 彩釉砖

14. 下列墙面装饰材料中，不属于装饰抹灰的是（　　　）。

A. 斩假石 　　　　　　B. 青石板 　　　　　　C. 水刷石 　　　　　　D. 干粘石

15. 下列涂料中，属于无机类涂料的是（　　　）。

A. 石灰 　　　　　　　B. 乙烯树脂 　　　　　C. 丙烯树脂 　　　　　D. 环氧树脂

16. 下列涂料中，属于有机类涂料的是（　　　）。

A. 石灰 　　　　　　　B. 石膏 　　　　　　　C. 硅溶液 　　　　　　D. 环氧树脂

17. 下列装饰材料中，墙面装饰一般用不到的是（　　　）。

A. 软包类 　　　　　　B. 涂料类 　　　　　　C. 金属类 　　　　　　D. 吊顶类

18. 选用装饰装修材料时，应满足与环境相适应的使用功能，对于地面，应选用（　　　）且不易玷污的材料。

A. 耐磨性和耐水性好　　　　　　　　　　B. 耐热性和耐寒性好

C. 耐冻性和耐热性好　　　　　　　　　　D. 耐酸性和耐风化好

19. 对于卧室、客房宜选用浅蓝色或淡绿色，以增加室内的宁静感，这体现了选用装饰装修材料时应考虑（　　　）。

A. 经济性　　　　　　　　　　　　　　　B. 装饰效果

C. 安全性　　　　　　　　　　　　　　　D. 与环境相适应的使用功能

20. 应尽量避免有大量湿作业、工序复杂、加工困难的材料，这体现了选用装饰装修材料时应考虑（　　　）。

A. 经济性　　　　　　　　　　　　　　　B. 装饰效果

C. 便于施工　　　　　　　　　　　　　　D. 与环境相适应的使用功能

21. 将涂料涂刷在基层材料表面形成防火阻燃涂层或隔热涂层，并能在一定时间内保证基层材料不燃烧或不破坏，这类材料称为（　　　）。

A. 隔热涂料 　　　B. 隔火涂料 　　　C. 防热涂料 　　　D. 防火涂料

22. 饰面型防火涂料按防火性分为（　　　）两级。

A. 一、二 　　　B. 甲、乙 　　　C. A、B 　　　D. B、H

23. 防火涂料的（　　　）是指当石棉板的火焰传播比值为"0"，橡树木板的火焰传播比值为"100"时，受试材料具有的表面火焰传播特性数据。

A. 火焰传播比值 　　B. 热传导系数 　　C. 耐燃等级 　　D. 热量比

24. 试件在规定的燃烧条件下，基材被碳化的最大长度、最大宽度和最大深度的乘积称为（　　　）。

A. 火焰传播比值 　　B. 热传导系数 　　C. 碳化体积 　　D. 导热体积

25. H 类钢结构防火涂料又称为（　　　）。

A. 薄涂型 　　　B. 厚涂型 　　　C. 底涂型 　　　D. 顶涂型

26. 高温时会膨胀增厚现象的钢结构防火涂料是（　　　）。

A. 薄涂型　　　　　　　　　　　　　　　B. 厚涂型

C. H 类　　　　　　　　　　　　　　　　D. 掺膨胀珍珠岩类

27. 防火涂料按（　　　）分类包括钢结构用防火涂料等。

A. 材料类别 　　　B. 防火原理 　　　C. 用途 　　　D. 性能

28. 防火涂料的导热系数越小，隔热作用越（　　），防火性能越（　　）。

A. 好，好　　　　　B. 好，差　　　　　C. 差，好　　　　　D. 差，差

29. 就阻燃效果而言，膨胀型防火涂料（　　）非膨胀型防火涂料。

A. 大于　　　　　B. 等于　　　　　C. 小于　　　　　D. 小于或等于

30. 环氧树脂涂涂料是常见的（　　）材料。

A. 绝热　　　　　B. 防水　　　　　C. 防火　　　　　D. 防腐

施工图识读与建筑构造

1. 建设项目的设计工作，其工作流程一般为（　　）。

A. 初步设计、技术设计、施工图设计

B. 施工图设计、初步设计、技术设计

C. 施工图设计、技术设计、初步设计

D. 技术设计、初步设计、施工图设计

2. 将结构构件的截面形式、尺寸及所配钢筋规格在构件的平面位置用数字和符号直接表示，再与相应的"构造通用图及说明"配合使用，这种构件配筋图的表示方法称为（　　）。

A. 详图法　　　　　　　　　　B. 总图法

C. 梁柱表法　　　　　　　　　D. 混凝土结构施工图平面整体表示法

3. 楼层建筑平面图表达的主要内容为（　　）。

A. 平面形状、内部布置等　　　　B. 梁柱等构件类型

C. 板的布置及配筋　　　　　　　D. 外部造型及材料

4. 结构图中，常用构件代号 GL 表示（　　）。

A. 过梁　　　　　B. 框架　　　　　C. 刚架　　　　　D. 构造柱

5. 结构图中，常用构件代号 QL 表示（　　）。

A. 过梁　　　　　B. 框架　　　　　C. 圈梁　　　　　D. 构造柱

6. 楼梯平面图中，梯段处绘制长箭线并注写"上 17"表示（　　）。

A. 从该楼层到顶层需上 17 级踏步

B. 从该楼层到上一层楼层需上 17 级踏步

C. 从该楼层到休息平台需上 17 级踏步

D. 该房屋各楼梯均为 17 级踏步

7. 屋顶平面图中，绘制的箭线，并注写 $i=2\%$，表示（　　）。

A. 排水方向及坡度，方向为箭头指向，坡度为 2%

B. 排水方向及坡度，方向为箭尾方向，坡度为 2%

C. 箭线表示屋脊，2% 表示排水坡度

D. 箭线表示屋脊线，2% 表示排水方向

8. 现浇钢筋混凝土板的配筋图中，钢筋的弯钩向上，表示（　　）。

A. 该钢筋布置在板的下部　　　　B. 该钢筋布置在板的中部

C. 该钢筋布置在板的上部　　　　D. 该钢筋布置在板任意位置

9. 主要用以表示房屋建筑的规划位置、外部造型、内部各房间布置的是（　　）。

A. 建筑施工图　　　B. 结构施工图　　　C. 设备施工图　　　D. 水暖施工图

10. 主要用以表示房屋结构系统的结构类型、构件布置、构件种类、构件间连接构造的是（　　）。

A. 建筑施工图　　　B. 结构施工图　　　C. 设备施工图　　　D. 水暖施工图

11. 主要表达房屋给水排水、供电照明、采暖通风等设备的布置和施工要求的是（　　）。

A. 建筑施工图　　　B. 结构施工图　　　C. 设备施工图　　　D. 建筑平面图

12. 如果需要了解建筑结构的安全等级和设计使用年限，应查阅（　　）。

　　A. 结构平面布置图　　　　　　　　B. 构件详图

　　C. 建筑立面图　　　　　　　　　　D. 结构设计说明

13. 如果需要了解预埋件的构造尺寸及做法，应查阅（　　）。

　　A. 结构平面布置图　　　　　　　　B. 构件详图

　　C. 建筑立面图　　　　　　　　　　D. 结构设计说明

14. 通过平、立、剖面图将各构件的结构尺寸、配筋规格等"逼真"地表示出来，这种构件配筋图的表示方法称为（　　）。

　　A. 详图法　　　　　　　　　　　　B. 总图法

　　C. 梁柱表法　　　　　　　　　　　D. 混凝土结构施工图平面整体表示法

15. 用表格填写方法将结构构件的结构尺寸和配筋规格用数字符号表达，这种构件配筋图的表示方法称为（　　）。

　　A. 详图法　　　　　　　　　　　　B. 总图法

　　C. 梁柱表法　　　　　　　　　　　D. 混凝土结构施工图平面整体表示法

16. 在结构施工图中，当某结构层大部分楼板厚度相同时，可只标出特殊的板厚，其余在（　　）表示。

　　A. 结构总说明　　　　　　　　　　B. 标准层结构图用文字

　　C. 构件详图用数字　　　　　　　　D. 本图内用文字

17. 在结构施工图中，对于过梁的标注说法正确的是（　　）。

　　A. 单独绘制平面布置图　　　　　　B. 编注于过梁之上的楼层平面中

　　C. 编注于过梁之下的楼层平面中　　D. 不需标注

18. 在结构施工图中，板面分布筋宜采用（　　）。

　　A. 弯起钢筋　　　B. 弯锚钢筋　　　C. 直通钢筋　　　D. 箍筋

19. 将建筑图中的各层地面和楼面标高值扣除建筑面层及垫层厚度后的标高称为（　　）。

　　A. 结构层楼面标高　　　　　　　　B. 建筑层楼面标高

　　C. 装饰层楼面标高　　　　　　　　D. 绝对标高

20. 柱平法标注中，框架柱的代号是（　　）。

　　A. KZZ　　　　　B. KJZ　　　　　C. KZ　　　　　D. JZ

21. 结构施工图中"图纸目录"的图号是（　　）。

　　A. J—0　　　　　B. J—1　　　　　C. G—0　　　　　D. G—1

22. 柱平法标注中，框支柱的代号是（　　）。

　　A. KZZ　　　　　B. KJZ　　　　　C. KZ　　　　　D. JZ

23. 柱平法标注中，芯柱的代号是（　　）。

　　A. KZZ　　　　　B. KJZ　　　　　C. KZ　　　　　D. XZ

24. 柱平法标注采用列表注写方式时，KZ3 表中注写"全部纵筋为2420"，下列说法正确的是（　　）。

　　A. 每侧钢筋均为 24φ20　　　　　　B. 每侧钢筋均为 8φ20

　　C. 每侧钢筋均为 7φ20　　　　　　D. 每侧钢筋均为 6φ20

25. 柱平法标注采用列表注写方式时，KZ3 表中注写"全部纵筋为1220"，下列说法正确的是（　　）。

　　A. 每侧钢筋均为 4φ20

　　B. 每侧钢筋均为 3φ20

　　C. 每侧钢筋均为 5φ20

D. 每侧钢筋均为 12φ20

26. 柱平法标注采用列表注写方式时，KZ3 表中注写 "b1 为 275，b2 为 275，h1 为 150，h2 为 350"，则柱截面尺寸为（　　）。

    A. 275×150　　　　　　　　　　　　B. 550×500

    C. 275×500　　　　　　　　　　　　D. 550×350

27. 结构施工图中 "结构总说明" 的图号是（　　）。

    A. J—0　　　　　B. J—1　　　　　C. G—0　　　　　D. G—1

28. 梁平法标注中，非框架梁的代号是（　　）。

    A. FL　　　　　B. KL　　　　　C. FKL　　　　　D. L

29. 梁平法标注中，悬挑梁的代号是（　　）。

    A. TL　　　　　B. KL　　　　　C. XL　　　　　D. L

30. 梁平法标注中，井字梁的代号是（　　）。

    A. JL　　　　　B. ZL　　　　　C. JZL　　　　　D. GL

31. 梁平法标注 "KL7（2B）300×650" 中，"（2B）" 表示（　　）。

    A. 编号为 2，两端悬挑　　　　　　B. 编号为 2，一端悬挑

    C. 共 2 跨，一端悬挑　　　　　　D. 共 2 跨，两端悬挑

32. 梁平法标注 "φ8@100/200（2）" 表示箍筋直径为 8 mm，（　　）。

A. 加密区间距为 100 mm，非加密区间距为 200 mm，都是 2 根

B. 间距为 100 mm，双肢箍

C. 间距为 200 mm，双肢箍

D. 加密区间距为 100 mm，非加密区间距为 200 mm，双肢箍

33. 梁平法标注 "12φ8@100/200（4）"，其中 "12" 表示箍筋（　　）。

    A. 直径　　　　　B. 肢数　　　　　C. 间距　　　　　D. 个数

34. 梁集中标注 "φ8@100/200（2）2φ25"，其中 "2φ25" 表示（　　）。

    A. 架立筋　　　B. 上部通长筋　　　C. 下部通长筋　　　D. 构造钢筋

35. 梁集中标注第二行标注 "φ8@100/200（2）2φ25+（2φ22）"，其中 "（2φ22）" 表示（　　）。

    A. 架立筋　　　B. 上部通长筋　　　C. 下部纵筋　　　D. 构造钢筋

36. 梁集中标注 "G4φ10" 中，"G" 表示的是（　　）。

    A. 结构施工　　　B. 构造钢筋　　　C. 抗扭钢筋　　　D. 带钩钢筋

37. 梁集中标注 "G4φ10" 中，表示在梁的每个侧面配置（　　）根构造钢筋。

    A. 2　　　　　B. 4　　　　　C. 6　　　　　D. 8

38. 梁采用原位标注当支座上部纵筋多于一排时，用（　　）将各排纵筋自上而下分开。

    A. 括号 "（　）"　　　　　　　　　B. 斜线 "/"

    C. 顿号 "、"　　　　　　　　　　　D. 分号 "；"

39. 在结构施工图中，用来统一描述该项工程有关结构方面共性问题的图纸是（　　）。

    A. 图纸目录　　　　　　　　　　　B. 结构总说明

    C. 楼层结构平面图　　　　　　　　D. 构件详图

40. 如图所示，梁原位标注 "625 2/4" 表示梁下部纵向钢筋采用（　　）排。

225

A. 1　　　　　　B. 2　　　　　　C. 3　　　　　　D. 4

41. 如图所示，图中"8Φ8（2）"表示的是（　　　）。

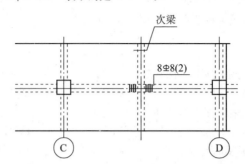

A. 支座负筋　　　B. 架立筋　　　C. 吊筋　　　D. 附加箍筋

42. 剪力墙平法标注时，墙柱"非边缘暗柱"的代号是（　　　）。

A. AZ　　　　　　B. FZ　　　　　　C. FBZ　　　　　D. FAZ

43. 在结构总说明中，设计者用（　　　）。

A. √表示本工程设计采用的项目　　　B. ×表示不适用于本设计的项目

C. ⊙表示本工程设计采用的项目　　　D. —表示不适用于本设计的项目

44. "平法"施工图中，"WKL7（5A）"表示（　　　）。

A. 楼层框架梁，序号为7，五跨，两端有悬挑

B. 楼层框架梁，序号为7，五跨，一端有悬挑

C. 屋面框架梁，序号为7，五跨，两端有悬挑

D. 屋面框架梁，序号为7，五跨，一端有悬挑

45. "平法"标注框架梁结构施工图，（　　　）内容必需注写。

A. 钢筋的锚固长度　　　　　　　　　B. 箍筋的加密区范围

C. 保护层厚度　　　　　　　　　　　D. 梁的截面尺寸

46. 在梁的"平法"标注中，"b×h Yc1×c2"表示（　　　）。

A. 梁的截面宽×高，c1. c2代表加腋的长度、高度

B. 梁的截面宽×高，c1. c2代表加腋的长度、宽度

C. 梁的截面宽×高，c1. c2代表加腋的宽度、长度

D. 梁的截面宽×高，c1. c2代表加腋的宽度、高度

47. 剪力墙"平法"施工图中，墙梁"暗梁"的代号是（　　　）。

A. LL　　　　　　B. AL　　　　　　C. QL　　　　　D. BKL

48. 剪力墙"平法"施工图中，墙身的代号是（　　　）。

A. Q　　　　　　B. QS　　　　　　C. QL　　　　　D. BQL

49. 在人工挖孔灌注桩结构施工图的统一说明及大样图中，设计者用（　　　）。

A. √表示本工程设计采用的项目　　　B. ×表示不适用于本设计的项目

C. ⊙表示本工程设计采用的项目　　　D. —表示不适用于本设计的项目

50. （　　　）尺寸应尽量靠近要表示的构件。

A. 总　　　　　　B. 柱网　　　　　C. 构件定位　　　D. 建筑总规划

51. 按使用性质不同分类，供人们进行农牧业种植、养殖、储存等用途的建筑物称为（　　　）建筑。

A. 民用　　　　　B. 工业　　　　　C. 农场　　　　　D. 农业

52. 建筑物按耐火等级分类，耐火性能最好的等级是（　　　）级。

A. 一　　　　　　　B. 四　　　　　　　C. 甲　　　　　　　D. 丙

53. 建筑物的耐火等级，适用于次要建筑的是（　　）级。

A. 一　　　　　　　B. 二　　　　　　　C. 三　　　　　　　D. 四

54. 建筑构件的耐火极限用（　　）表示。

A. 能量（J）　　　　　　　　　　　B. 小时（h）

C. 温度（℃）　　　　　　　　　　D. 明火高度（m）

55. 某6层民用建筑，按高度和层数分类属于（　　）。

A. 低层建筑　　　　　　　　　　　B. 多层建筑

C. 高层建筑　　　　　　　　　　　D. 中高层建筑

56. 某8层民用建筑，按高度和层数分类属于（　　）。

A. 低层建筑　　　　　　　　　　　B. 多层建筑

C. 高层建筑　　　　　　　　　　　D. 中高层建筑

57. 某10层住宅建筑，按高度和层数分类属于（　　）。

A. 低层建筑　　　　　　　　　　　B. 多层建筑

C. 高层建筑　　　　　　　　　　　D. 中高层建筑

58. 某25米的公共建筑（非单层），按高度和层数分类属于（　　）。

A. 低层建筑　　　　　　　　　　　B. 多层建筑

C. 高层建筑　　　　　　　　　　　D. 中高层建筑

59. 钢筋混凝土基础中，一般在基础的（　　）配置钢筋来承受拉力。

A. 上部　　　　　　B. 中部　　　　　　C. 下部　　　　　　D. 四周

60. 如图所示基础构造示意图，最有可能是（　　）基础。

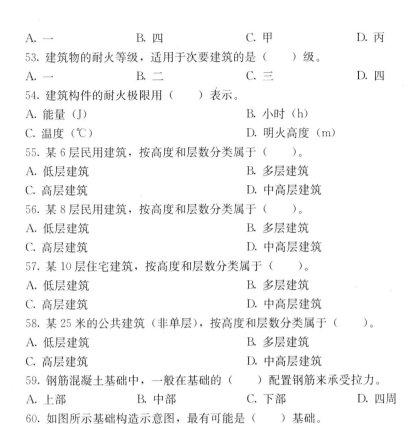

A. 砖　　　　　　　B. 毛石　　　　　　C. 灰土　　　　　　D. 混凝土

61. 如图所示基础构造示意图，最有可能是（　　）基础。

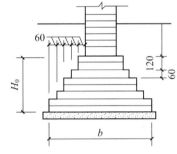

A. 独立　　　　　　B. 条形　　　　　　C. 箱形　　　　　　D. 井格

62. 如图所示基础构造示意图，最有可能是（　　）基础。

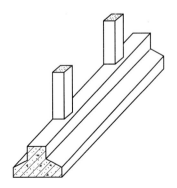

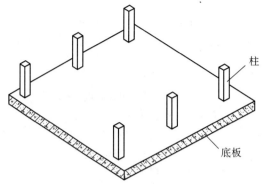

A. 独立　　　　　B. 条形　　　　　C. 箱形　　　　　D. 板式

63. 如图所示基础构造示意图，最有可能是（　　）基础。

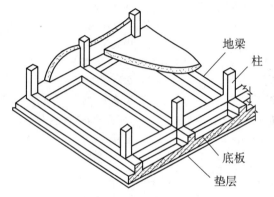

A. 独立　　　　　B. 条形　　　　　C. 箱形　　　　　D. 梁板式

64. 如图所示基础构造示意图，最有可能是（　　）基础。

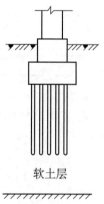

A. 桩　　　　　　B. 独立　　　　　C. 条形　　　　　D. 箱形

65. 为了提高建筑物物的整体刚度，避免不均匀沉降，将柱下独立基础沿横向和纵向连接起来，形成（　　）基础。

A. 箱形　　　　　B. 条形　　　　　C. 井格　　　　　D. 桩

66. 在桩基础中，用来连接上部结构和桩身的构造称为（　　）。

A. 钢筋笼　　　　B. 顶板　　　　　C. 底板　　　　　D. 承台

67. 地下室的墙体采用砖墙时，厚度不宜小于（　　）mm。

A. 120 B. 200 C. 240 D. 370

68. 对防空地下室，应至少设置（　　）部楼梯与地面相连。

A. 1 B. 2 C. 3 D. 4

69. 当地下水的最高水位高于地下室底板时，地下室的外墙和底板必须采取（　　）。

A. 防潮 B. 防水 C. 防洪 D. 防雨

70. 由熟石灰粉和黏土按体积比3∶7的比例，加适量水拌合夯实而成的基础是（　　）。

A. 石灰基础 B. 黏土基础 C. 天然基础 D. 灰土基础

71. 灰土基础是由熟石灰粉和黏土按（　　）比，加适量水拌合夯实而成。

A. 体积 B. 质量 C. 孔隙率 D. 比表面积

72. 一般当混凝土基础底面宽度大于2米时，为了节约材料断面常做成（　　）。

A. 矩形 B. 锥形 C. 阶梯形 D. 大放脚

73. 下列房屋构件，主要起采光、通风和眺望作用的是（　　）。

A. 门 B. 窗 C. 墙体 D. 楼梯

74. 一般民用建筑门的高度不宜小于（　　）。

A. 900 mm B. 1 500 mm C. 2 100 mm D. 3 000 mm

75. 下列构件，（　　）是房屋水平方向的承重构件。

A. 门 B. 窗 C. 墙 D. 楼板

76. 为了使楼层上活动不影响下一层正常的工作和生活，对楼板提出（　　）要求。

A. 防火 B. 防水 C. 隔声 D. 抗震

77. 民用建筑设计时，对楼地面的要求不包括（　　）。

A. 坚固 B. 耐磨 C. 平整 D. 散热

78. 下列民用建筑楼梯不属于按材料分类的是（　　）。

A. 木楼梯 B. 钢楼梯

C. 钢筋混凝土楼梯 D. 现浇钢筋混凝土楼梯

79. 民用建筑中，楼梯的净空高度在梯段处不应小于（　　）。

A. 1.8 m B. 2.0 m C. 2.2 m D. 2.5 m

80. 民用建筑中，楼梯段的（　　）应根据人流量和安全疏散的要求来决定。

A. 高度 B. 宽度 C. 重量 D. 面积

81. 民用建筑的楼梯中，主要作为上下楼梯休息之用的是（　　）。

A. 栏杆 B. 栏板 C. 踏步 D. 平台

82. 民用建筑中，楼梯在楼层上下起步处也应有一段（　　），作为上下缓冲地段。

A. 承台 B. 平台 C. 踏步 D. 散水

83. 民用建筑中，楼梯的净空高度在平台处不应小于（　　）。

A. 1.8 m B. 2.0 m C. 2.2 m D. 2.5 m

84. 民用建筑中，屋顶按照排水坡度和构造形式分类不包括（　　）。

A. 平屋顶 B. 瓦屋顶 C. 坡屋顶 D. 曲屋顶

85. 民用建筑中，平屋顶是指屋面排水坡度小于或等于（　　）的屋顶。

A. 1% B. 5% C. 10% D. 15%

86. 民用建筑中，坡屋顶是指屋面排水坡度大于（　　）的屋顶。

A. 1% B. 5% C. 10% D. 15%

87. 民用建筑中，薄壳结构的屋顶应采用（　　）屋顶。

A. 平 B. 直 C. 坡 D. 曲面

88. 民用建筑中，屋顶的构成不包括（　　）。

A. 屋面　　　　　　B. 顶棚　　　　　　C. 雨水管　　　　　　D. 承重结构

89. 民用建筑中，针对温度变化而设置的缝隙称为（　　）。

A. 伸缩缝　　　　　B. 沉降缝　　　　　C. 防震缝　　　　　D. 热胀缝

90. 民用建筑中，为了预防建筑物各部分由于地基承载力不同或部分荷载差异较大等原因而设置的缝隙称为（　　）。

A. 伸缩缝　　　　　B. 沉降缝　　　　　C. 防震缝　　　　　D. 基础缝

建筑力学与结构知识

1. 在国际单位制中，力的单位是（　　）。

A. 牛顿　　　　　　B. 千克　　　　　　C. 立方米　　　　　D. 兆帕

2. 以下关于作用力和反作用力说法错误的是（　　）。

A. 大小相等　　　　　　　　　　B. 方向相反

C. 沿同一条直线　　　　　　　　D. 作用在不同物体上

3. 关于柔索约束的约束反力说法错误的是（　　）。

A. 方向沿柔索中心线　　　　　　B. 为压力

C. 作用在接触点　　　　　　　　D. 方向背离物体

4. 只限物体在平面内的移动，不限制物体绕支座转动的约束称为（　　）支座。

A. 固定铰　　　　　B. 可动铰　　　　　C. 固定端　　　　　D. 光滑面

5. 图中所示约束简图为（　　）支座。

A. 可动铰　　　　　B. 固定铰　　　　　C. 固定端　　　　　D. 光滑面

6. 图中所示约束简图为（　　）支座。

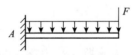

A. 可动铰　　　　　B. 固定铰　　　　　C. 固定端　　　　　D. 光滑面

7. 下列选项属于固定铰支座约束反力示意图的是（　　）。

A. 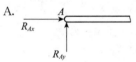　　　　　　B.

C. 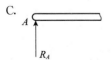　　　　　　D.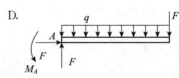

8. 作用在刚体上的力，可沿其作用线移动到刚体上的另一点，而不改变其作用效果，这是（　　）。

A. 二力平衡公理　　　　　　　　B. 加减平衡力系公理

C. 力的可传性原理　　　　　　　D. 作用力与反作用力公理

9. 如图所示，大小相等的四个力作用在同一平面上且力的作用线交于一点 C，试比较四个力对平面上点 O 的力矩，最大的是（　　）

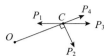

A. 力 P_1 B. 力 P_2 C. 力 P_3 D. 力 P_4

10. 作用于同一个物体上的两个大小相等、方向相反，作用线平行但不共线的一对力，构成（　　）。

A. 力偶   B. 平衡力

C. 作用力与反作用力   D. 二力杆

11. 某力在直角坐标系的投影为 $F_x = 3 \text{ kN}$，$F_{yr} = 4 \text{ kN}$，此力的大小为（　　）kN。

A. 7   B. 1   C. 12   D. 5

12. 平面力偶系合成的结果是一个（　　）。

A. 合力   B. 合力偶   C. 主矩   D. 主矢和主矩

13. 如图所示，作用在刚体上的力 F 从 A 点移动到 B 点后，以下说法正确的是（　　）。

A. 刚体顺时针转动   B. 刚体逆时针转动

C. 刚体沿作用方向移动   D. 不改变作用效果

14. 固定端支座一般有（　　）个支座反力。

A. 一个   B. 二个   C. 三个   D. 四个

15. 静定结构的约束反力都可由（　　）求解。

A. 几何方程   B. 物理方程   C. 化学方程   D. 平衡方程

16. 平面汇交力系平衡的必要和充分条件是力系中各力在 x、y 两个坐标轴上投影的代数和分别

（　　）零。

A. 大于   B. 小于   C. 等于   D. 小于或等于

17. 固定铰支座有（　　）个支座反力。

A. 一个   B. 二个   C. 三个   D. 四个

18. 可动铰支座能限制物体（　　）的运动。

A. 沿支承面法向（竖向）   B. 沿支承面切向（水平方向）

C. 水平和竖直方向   D. 任意方向

19. 两个共点力大小分别是 10 kN 和 20 kN，其合力大小不可能是（　　）。

A. 5 kN   B. 10 kN   C. 25 kN   D. 30 kN

20. 房屋的阳台挑梁、雨蓬等悬挑结构，一端为自由端，另一端是（　　）约束。

A. 固定铰支座   B. 固定端支座

C. 可动铰支座   D. 光滑面约束

21. 作用在同一物体上的两个共点力，其合力数值的大小（　　）。

A. 必然等于两个分力的代数和   B. 必然大于两个分力的代数和

C. 必然等于两个分力的代数差   D. 必然大于两个分力的代数差

22. 已知两个力 F_1、F_2 在同一轴上的投影相等，则这两个力（　　）。

A. 一定相等   B. 不一定相等   C. 共线   D. 汇交

23. 若刚体在二个力作用下处于平衡，则此二个力必（　　）。

A. 大小相等

B. 大小相等，作用在同一直线

C. 方向相反，作用在同一直线

D. 大小相等，方向相反，作用在同一直线

24. 如图所示，简支梁在均布荷载作用下，A 处的支座反力为（   ）qL。

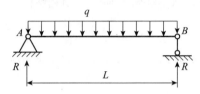

A. 1   B. 1/2   C. 1/3   D. 1/4

25. 如图所示，$L=3$ m，$q=4$ kN/m，简支梁在均布荷载作用下，A 处的支座反力为（   ）kN。

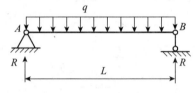

A. 3   B. 4   C. 6   D. 8

26. 如图所示，$L=3$ m，$q=4$ kN/m，简支梁在均布荷载作用下，A 处的弯矩为（   ）kN·m。

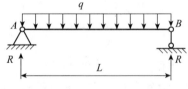

A. 0   B. 3   C. 4   D. 6.5

27. 如图所示，简支梁在均布荷载作用下，正确的弯矩图是（   ）。

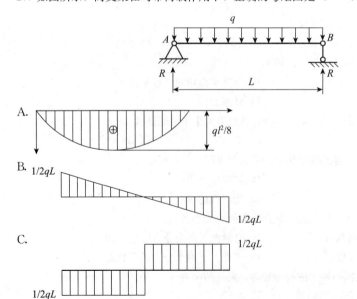

D.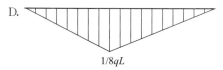

1/8qL

28. 如图所示，梁在集中力 F 作用下，弯矩图正确的是（　　）。

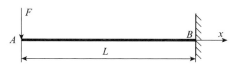

A.

FL

FL

B.
FL

C.
FL

D.
FL

29. 如图所示，$F=2$ kN，$L=2$ m，梁在集中力 F 作用下，支座 B 处的弯矩为（　　）kN·m。

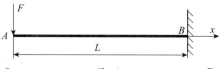

A. 1 　　　　　B. 2 　　　　　C. 4 　　　　　D. 8

30. 梁的一端固定另一端自由的梁称（　　）梁。

A. 简支 　　　　　B. 外伸 　　　　　C. 多跨 　　　　　D. 悬臂

31. 如图所示，$F=2$ kN，$L=2$ m，梁在集中力 F 作用下，支座 B 处的横向支座反力为（　　）kN。

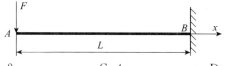

A. 0 　　　　　B. 2 　　　　　C. 4 　　　　　D. 8

32. 如图所示，$F=2$ kN，$L=2$ m，梁在集中力 F 作用下，A 处的弯矩为（　　）kN·m。

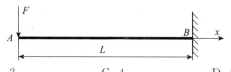

A. 0 　　　　　B. 2 　　　　　C. 4 　　　　　D. 8

33. 如图所示，梁在集中力 $P_1 = P_2 = 2$ kN 的作用下，A 支座的弯矩等于（   ）kN·m。

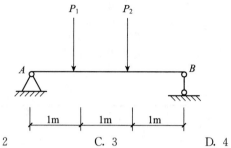

A. 0   B. 2   C. 3   D. 4

34. 如图所示，简支梁在集中力 F 作用下，B 处的支座反力为（   ）F。

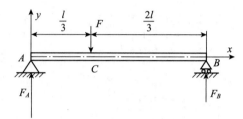

A. 1/2   B. 1/3   C. 2/3   D. 1/4

35. 梁的一端用固定铰，另一端用可动铰支座支承的梁称（   ）梁。

A. 简支   B. 外伸   C. 多跨   D. 悬臂

36. 如图所示，简支梁在集中力 F 作用下，弯矩图正确的是（   ）。

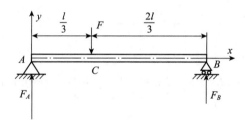

A.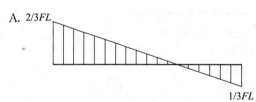

B.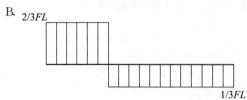

C.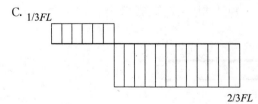

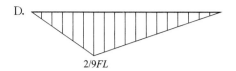

D.

2/9FL

37. 内力在构件截面上的集度称为（　　）。

A. 剪力 　　　　　B. 弯矩 　　　　　C. 轴力 　　　　　D. 应力

38. 一般可以将应力分解为垂直于截面和相切于截面的两个分量，其中垂直于截面的应力分量称为（　　）。

A. 正应力 　　　B. 负应力 　　　C. 剪应力 　　　D. 切应力

39. 一般可以将应力分解为垂直于截面和相切于截面的两个分量，其中相切于截面的应力分量称为（　　）。

A. 正应力 　　　B. 负应力 　　　C. 剪应力 　　　D. 法向应力

40. 构件的许用应力（　　）极限应力。

A. 大于 　　　　B. 小于 　　　　C. 等于 　　　　D. 大于或等于

41. 当外力卸除后，构件内部产生的应变能够全部恢复到原来的状态，这种应变称为（　　）。

A. 弹性应变 　　B. 塑性应变 　　C. 线应变 　　D. 角应变

42. 简支梁的一端或二端伸出支座外的梁称（　　）梁。

A. 简支 　　　　B. 外伸 　　　　C. 多跨 　　　　D. 悬臂

43. 当外力卸除后，构件内部产生的应变只能部分恢复到原来的状态，不能恢复的这部分应变称为（　　）。

A. 弹性应变 　　B. 塑性应变 　　C. 线应变 　　D. 角应变

44. 画图中所示梁的内力图时一般将弯矩图画在梁轴线的（　　）。

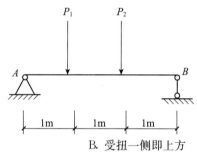

A. 受剪一侧即下方 　　　　　　　B. 受扭一侧即上方

C. 受拉一侧即下方 　　　　　　　D. 受压一侧即上方

45. 画图中所示梁的内力图时一般将剪力图画在梁轴线的（　　）。

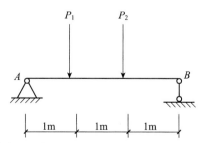

A. 正剪力画轴上方，负剪力画下方

B. 正剪力画下方，负剪力画上方

C. 均画在上方

D. 均画在下方

46. 示意简图中所示的杆件称为（　　　）。

A. 简支梁　　　　　　B. 悬臂梁　　　　　　C. 外伸梁　　　　　　D. 连续梁

47. 示意简图中所示的杆件称为（　　　）。

A. 简支梁　　　　　　B. 悬臂梁　　　　　　C. 外伸梁　　　　　　D. 连续梁

48. 拉（压）杆轴力的大小只与（　　　）有关。

A. 杆长　　　　　　　B. 外力　　　　　　　C. 材料　　　　　　　D. 截面形状和大小

49. 惯性矩的量纲为长度的（　　　）次方。

A. 一　　　　　　　　B. 二　　　　　　　　C. 三　　　　　　　　D. 四

50. 图中所示杆件的矩形截面，其抗弯截面模量为（　　　）。

A. $\dfrac{bh^3}{12}$　　　　B. $\dfrac{bh^2}{12}$　　　　C. $\dfrac{bh^3}{6}$　　　　D. $\dfrac{bh^2}{6}$

51. 结构杆件在规定的荷载作用下，虽有足够的强度，但其变形也不能过大，超过了允许的范围，也会影响正常的使用。限制过大变形的要求即为（　　　）。

A. 刚度要求　　　　B. 强度要求　　　　C. 变形要求　　　　D. 稳定要求

52. 压杆的轴向压力存在一个临界值，当压杆的轴向压力（　　　）临界值时，压杆处于稳定平衡状态。

A. 小于　　　　　　B. 大于　　　　　　C. 等于　　　　　　D. 大于或等于

53. 压杆的轴向压力存在一个临界值，当压杆的轴向压力（　　　）临界值时，压杆处于不稳定状态。

A. 小于　　　　　　B. 大于　　　　　　C. 等于　　　　　　D. 大于或等于

54. 工程中将压杆（　　　）状态相对应的压力临界值称为临界力。

A. 承载能力极限　　　　　　　　　　B. 正常使用极限

C. 强度极限　　　　　　　　　　　　D. 临界平衡状态

55. 相同材料、长度、截面的压杆在下列支撑条件下临界值最小的是（　　　）。

A. 两端铰支　　　　　　　　　　　　B. 一端固定，一端自由

C. 两端固定　　　　　　　　　　　　D. 一端固定，一端铰支

56. 相同条件的压杆，长度系数越大，压力临界值（　　　）。

A. 越大　　　　　　　　　　　　　　B. 越小

C. 不变　　　　　　　　　　　　　　D. 与长度系数无关

57. 构件保持原有平衡的能力称为（　　　）。

A. 强度　　　　　　B. 刚度　　　　　　C. 挠度　　　　　　D. 稳定性

58. 压杆的柔度越大，压杆越（　　　），临界应力越（　　　）。

A. 细长，大　　　　B. 细长，小　　　　C. 粗短，大　　　　D. 粗短，小

59. 在建筑工程中大量使用的结构如梁、柱等其内力主要有轴力、剪力、弯矩，其中轴力是指沿着（　　）的内力。

A. 杆件轴线　　　　B. 杆件垂直　　　　C. 杆件相切　　　　D. 杆件平行

60. 轴向拉（压）杆件的破坏形式为（　　）。

A. 强度破坏　　　　　　　　　　B. 失稳破坏

C. 强度或失稳破坏　　　　　　　D. 疲劳破坏

61. 建筑结构的荷载中，结构自重属于（　　）荷载。

A. 永久　　　　B. 可变　　　　C. 偶然　　　　D. 活

62. 建筑结构的荷载中，撞击力属于（　　）荷载。

A. 永久　　　　B. 可变　　　　C. 偶然　　　　D. 恒久

63. 建筑结构类型中，土木结构的主要承重结构是（　　）。

A. 生土墙、木屋架　　　　　　　B. 生土墙、钢屋架

C. 砖墙、木屋架　　　　　　　　D. 砖墙、钢屋架

64. 建筑结构类型中，砖木结构的主要承重结构是（　　）。

A. 生土墙、木屋架　　　　　　　B. 生土墙、钢屋架

C. 砖墙、木屋架　　　　　　　　D. 砖墙、钢屋架

65. 建筑结构类型中，砖混结构的主要承重结构是（　　）。

A. 生土墙、钢筋混凝土楼板　　　B. 砖墙、钢屋架

C. 砖墙、木屋架　　　　　　　　D. 砖墙、钢筋混凝土楼板

66. 建筑结构类型中，由梁、柱、板形成承重骨架承担荷载的结构称为（　　）结构。

A. 砖混　　　　B. 钢筋混凝土　　　　C. 墙承重　　　　D. 框架承重

67. 建筑结构的荷载中，预应力属于（　　）荷载。

A. 永久　　　　B. 可变　　　　C. 偶然　　　　D. 活

68. 建筑结构的荷载中，楼面活荷载属于（　　）荷载。

A. 永久　　　　B. 可变　　　　C. 偶然　　　　D. 冲击

69. 建筑结构的荷载中，积灰荷载属于（　　）荷载。

A. 永久　　　　B. 可变　　　　C. 偶然　　　　D. 冲击

70. 建筑结构的荷载中，雪荷载属于（　　）荷载。

A. 永久　　　　B. 可变　　　　C. 偶然　　　　D. 冲击

71. 建筑结构的荷载中，爆炸力属于（　　）荷载。

A. 永久　　　　B. 可变　　　　C. 偶然　　　　D. 恒久

72. 结构在规定的时间内，在规定的条件下，完成预定功能的能力称为（　　）。

A. 可靠性　　　　B. 安全性　　　　C. 适用性　　　　D. 耐久性

73. 结构的可靠性不包括（　　）。

A. 安全性　　　　B. 适用性　　　　C. 经济性　　　　D. 耐久性

74. 《建筑抗震设计规范》中第三水准抗震设防目标对应于（　　）。

A. 小震不坏　　　　B. 中震可修　　　　C. 大震不倒　　　　D. 大震可修

75. 衡量地震释放能量的多少用（　　）表示。

A. 震级　　　　B. 烈度　　　　C. 面积　　　　D. 距离

76. 一般来说，地震发生后，距震中越（　　），地震影响越小，地震烈度越（　　）。

A. 近，低　　　　B. 近，高　　　　C. 远，低　　　　D. 远，高

77. 建筑抗震设防的依据是（　　）。

A. 震级　　　　B. 烈度　　　　C. 抗震设防烈度　　　　D. 抗震设防震级

78. 凡天然土层具有足够的承载能力，不须人工改良或加固的，可直接在上面建造房屋的地基称为（　　）。

A. 天然地基　　　　B. 补强地基　　　　C. 加固地基　　　　D. 人工地基

79. 地基构造中，持力层以下的土层称为（　　）。

A. 软弱层　　　　B. 下卧层　　　　C. 老土层　　　　D. 基础

80. 为满足承载力要求，对天然状态下的地基进行补强和加固后形成的地基称为（　　）。

A. 天然地基　　　　B. 补强地基　　　　C. 加固地基　　　　D. 人工地基

二、多选题

建筑材料

1. 防水涂料的形式有（　　）。

A. 水乳型　　　　B. 置换型　　　　C. 溶剂型　　　　D. 反应型

2. 防水涂料的特点有（　　）。

A. 重量轻　　　　　　　　　B. 施工简便

C. 抵抗变形能力强　　　　　D. 有利于形状不规则部位施工

3. 防水材料的种类有（　　）。

A. 防水屋面　　　　B. 防水卷材　　　　C. 防水涂料　　　　D. 嵌缝材料

4. 合成高分子防水涂料的主要成膜物质是（　　）。

A. 合成沥青　　　　B. 合成泡沫　　　　C. 合成橡胶　　　　D. 合成树脂

5. 绝热材料按材质分类包括（　　）。

A. 无机绝热材料　　B. 有机绝热材料　　C. 纤维状绝热材料　　D. 金属绝热材料

6. 装饰装修材料中，吊顶的构配件包括（　　）。

A. 龙骨　　　　B. 龙门板　　　　C. 罩面板　　　　D. 吊挂配件

7. 防火涂料按其组成材料和防火原理的不同分类，包括（　　）。

A. 收缩型防火涂料　　　　　B. 膨胀型防火涂料

C. 非收缩型防火涂料　　　　D. 非膨胀型防火涂料

8. 下列指标，用来表示防火涂料的阻火性能的有（　　）。

A. 质量损失　　　　B. 体积收缩　　　　C. 碳化体积　　　　D. 温降

施工图识读与建筑构造

1. 建设项目的设计工作包括下列哪些阶段（　　）。

A. 初步设计　　　　B. 技术设计　　　　C. 施工图设计　　　　D. 竣工图设计

2. 建筑施工图的主要内容包括（　　）。

A. 暖通图　　　　B. 立面图　　　　C. 剖面图　　　　D. 各层平面图

3. 设备施工图的主要内容包括（　　）。

A. 暖通图　　　　B. 水施图　　　　C. 结施图　　　　D. 电施图

4. 房屋建筑结构施工图中，某框架梁的原位标注如图所示，表示梁（　　）。

A. 上部配有 4 根架立筋   B. 上部配有 4 根支座负筋

C. 下部配有 6 根纵筋   D. 下部纵筋分两排

5. 房屋建筑结构施工图中，梁平法标注"KL3（2A）300×650"，表示梁（   ）。

A. 共 3 跨   B. 一端悬挑

C. 属于框架梁   D. 截面宽度为 300 mm

6. 房屋建筑结构施工图中，梁原位标注下部注写"6Φ25（2/4）"，表示梁（   ）。

A. 下部纵向钢筋为两排   B. 全部不伸入支座

C. 全部伸入支座   D. 下部共有 6 根纵向钢筋

7. 结构施工图采用"平法"表示时，在平面位置上表示各构件尺寸和配筋的方式有（   ）。

A. 平面注写方式   B. 列表注定方式

C. 断面注写方式   D. 节点注写方式

8. 结构施工图采用"平法"表示时，梁平法施工图的注写方式有（   ）。

A. 平面注写方式   B. 列表注定方式

C. 断面注写方式   D. 节点注写方式

9. 结构施工图采用"平法"表示时，剪力墙平法施工图的注写方式有（   ）。

A. 平面注写方式   B. 列表注定方式

C. 断面注写方式   D. 节点注写方式

10. 钢筋混凝土结构施工图采用"平法"表示时，一般需要配合使用（   ）。

A. 内力计算说明   B. 规划设计总说明

C. 结构设计总说明   D. 构造通用图及说明

11. 钢筋混凝土结构施工图采用"平法"表示时，主要特点包括（   ）。

A. 图面简洁   B. 图纸数量少   C. 直观性强   D. 重复数据多

12. 如图所示，柱平法标注采用截面标注，下列说法正确的有（   ）。

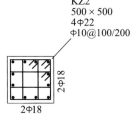

A. 共有 2 个类似框架柱   B. 截面为 500 mm 的正方形

C. 角筋为 4 根直径 22 mm 的钢筋   D. 箍筋加密区间距为 100 mm

13. 房屋建筑结构施工图中，某框架梁的集中标注如图所示，表示 1 号框架梁（   ）。

集中标注：| KL1（2A）300×650
| Φ8@100（2）2Φ25
| G4Φ10
| （−0.100 m）

A. 截面尺寸为 300×650

B. 两个侧面均配有 2 根构造钢筋

C. 箍筋采用双肢箍

D. 底部采用两根直径 25 mm 的钢筋

14. 下列属于民用建筑按建筑高度与层数不同分类的有（   ）。

A. 矮层建筑   B. 低层建筑   C. 高层建筑   D. 中高层建筑

15. 下列关于民用建筑按耐久年限分类的说法中，正确的有（   ）。

A. 分为甲级、乙级、丙级　　　　　　　B. 分为一级、二级、三级、四级

C. 耐久等级越高，耐久年限越少　　　　D. 耐久等级越低，耐久年限越少

16. 下列建筑物的基础形式，属于按构造形式的不同分类的有（   ）。

A. 砖基础　　　　　B. 桩基础　　　　　C. 条形基础　　　　D. 箱形基础

17. 民用建筑中，混凝土基础断面的形式有（   ）。

A. 矩形　　　　　　B. 锥形　　　　　　C. 阶梯形　　　　　D. 圆弧形

18. 民用建筑中，筏板基础的形式有（   ）。

A. 板式　　　　　　B. 梁式　　　　　　C. 承台式　　　　　D. 梁板式

19. 民用建筑中，箱形基础的构造组成包括（   ）。

A. 顶板　　　　　　B. 底板　　　　　　C. 外墙　　　　　　D. 采光井

20. 民用建筑中，墙体按所在部位的不同分类，包括（   ）。

A. 内墙　　　　　　B. 横墙　　　　　　C. 纵墙　　　　　　D. 外墙

21. 民用建筑中，墙体按受力情况的不同分类，包括（   ）。

A. 纵墙　　　　　　B. 横墙　　　　　　C. 承重墙　　　　　D. 非承重墙

22. 民用建筑中，楼梯按材料分类，包括（   ）。

A. 木楼梯　　　　　　　　　　　　　　B. 钢楼梯

C. 双合式楼梯　　　　　　　　　　　　D. 钢筋混凝土楼梯

23. 民用建筑中，变形缝按使用性质分类，包括（   ）。

A. 断开缝　　　　　B. 伸缩缝　　　　　C. 沉降缝　　　　　D. 防震缝

建筑力学与结构知识

1. 关于力和力偶对物体的作用效果，下列哪些说法是正确的（   ）。

A. 力只能使物体移动　　　　　　　　　B. 力可以使物体移动和转动

C. 力偶只能使物体移动　　　　　　　　D. 力偶只能使物体转动

2. 力对物体的作用效果取决于力的（   ）。

A. 大小　　　　　　B. 方向　　　　　　C. 单位　　　　　　D. 作用点

3. 作用在同一刚体上的两个力，使刚体平衡的必要和充分条件是（   ）。

A. 两个力大小相等　　　　　　　　　　B. 方向相同

C. 方向相反　　　　　　　　　　　　　D. 作用在同一直线上

4. 两个物体之间的作用力和反作用力总是（   ）。

A. 大小相等　　　　　　　　　　　　　B. 方向相同

C. 方向相反　　　　　　　　　　　　　D. 分别作用在两个物体上

5. 下列约束不能限制物体绕支座转动的有（   ）。

A. 固定铰支座　　　B. 固定端约束　　　C. 可动铰支座　　　D. 柔索约束

6. 力矩的大小与（   ）有关。

A. 力臂的大小　　　B. 力的大小　　　　C. 矩心位置　　　　D. 坐标轴的位置

7. 平面上二力汇交于一点，大小分别为 15 kN 和 5 kN，合力可能为（   ）kN。

A. 5　　　　　　　　B. 10　　　　　　　C. 15　　　　　　　D. 20

8. 平面一般力系的平衡解析条件包括（   ）。

A. 力在各坐标轴上的投影为零　　　　　B. 力在各坐标轴上的投影的代数和为零

C. 力对平面内任意点的力矩的代数和为零　　D. 力汇交于一点

9. 弯曲变形时梁截面上的位移有（   ）两个。

A. 线位移（挠度 y）　　　　　　　　B. 角位移（转角 θ）

C. 相对位移　　　　　　　　　　　　D. 刚体位移

10. 如图所示简支梁在外力 F 作用下，内力图正确的有（　　）。

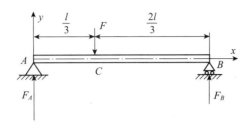

A. 剪力图 2/3FL

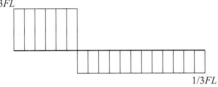

1/3FL

B. 剪力图 1/3FL

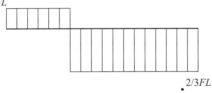

2/3FL

C. 弯矩图

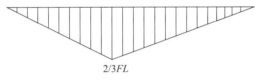

2/3FL

D. 弯矩图

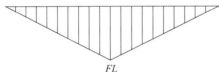

FL

11. 如图所示，梁在均布荷载作用下，下列关于梁内力图形状的描述正确的有（　　）。

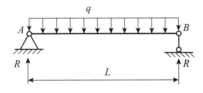

A. 剪力图是抛物线　　　　　　　　B. 弯矩图是抛物线

C. 弯力图是斜直线　　　　　　　　D. 弯矩图是斜直线

12. 梁截面上单元体的应力一般可分解为（　　）。

A. 垂直于截面的正应力　　　　　　B. 垂直于截面的剪应力

C. 相切于截面的正应力　　　　　　D. 相切于截面的剪应力

13. 构件单元体内的应变对应于正应力和剪应力可以分为（　　）。

A. 拉应变　　　　　B. 压应变　　　　　C. 线应变　　　　　D. 角应变

14. 超静定梁与静定梁的主要区别在于（　　）。

A. 超静定梁的未知力个数大于平衡方程数

B. 超静定梁有多余约束

C. 静定梁无多余约束

D. 静定梁有多余约束

15. 提高梁抗弯强度的措施是（　　　）。

A. 选择合理截面形状　　　　　　　　B. 采用变截面梁

C. 改善受力情况　　　　　　　　　　D. 减小梁的抗弯刚度

16. 民用建筑中，建筑结构的荷载包括（　　　）。

A. 永久荷载　　　　B. 可变荷载　　　　C. 偶然荷载　　　　D. 耐久荷载

17. 下列建筑结构的荷载，属于永久荷载的有（　　　）。

A. 风荷载　　　　　B. 土压力　　　　　C. 预应力　　　　　D. 结构自重

18. 下列建筑结构形式，属于空间结构的有（　　　）。

A. 网架结构　　　　B. 悬索结构　　　　C. 薄壳结构　　　　D. 框架结构

19. 结构的可靠性包括（　　　）。

A. 安全性　　　　　B. 适用性　　　　　C. 经济性　　　　　D. 耐久性

20. 地基可分为（　　　）两种类型。

A. 天然地基　　　　B. 自然地基　　　　C. 处理地基　　　　D. 人工地基

岗位知识及专业实务篇

（单选题 257 多选题 104 案例题 16）

一、单选题

施工安全技术

1. 当地下水位较高、开挖土方较深时，应尽可能在（　　）施工。
A. 涨水期　　　　　B. 无水期　　　　　C. 枯水期　　　　　D. 干旱期

2. 人工开挖土方时，若采用前后作业，作业人员的操作间距应不小于（　　）m。
A. 1　　　　　B. 2　　　　　C. 3　　　　　D. 4

3. 人工开挖土方时，若采用左右作业，作业人员的操作间距应不小于（　　）m。
A. 1　　　　　B. 2　　　　　C. 3　　　　　D. 4

4. 开挖作业中遇到山体不稳发生开裂、落石、有坍塌迹象时，应（　　）作业。
A. 立即停止所有　　B. 立即停止人工　　C. 立即停止机械　　D. 继续

5. 在临边堆放弃土，材料和移动施工机械应与坑边保持一定距离，当土质良好时，要距坑边
（　　）远。
A. 0.5 m 以外，高度不超 0.5 m
B. 1.0 m 以外，高度不超 1.5 m
C. 1.0 m 以外，高度不超 1.0 m
D. 1.5 m 以外，高度不超 2.0 m

6. 下列做法中，（　　）对土方边坡稳定不利。
A. 堆物远离坡顶　　　　　　　　　B. 防止施工用水渗入边坡
C. 坡顶设置震动设备　　　　　　　D. 雨天用彩条布临时遮盖边坡

7. 土方开挖的顺序、方法必须与设计工况相一致，并遵循"（　　）"的原则。
A. 开槽支撑、先撑后挖、分层开挖、严禁超挖
B. 开槽支撑、先挖后撑、分层开挖、严禁超挖
C. 开槽支撑、先撑后挖、整体开挖、严禁超挖
D. 开槽支撑、先挖后撑、整体开挖、严禁超挖

8. 基坑（槽）四周排水沟及集水井应设置在（　　）。
A. 基础范围以外　　B. 堆放土以外　　C. 围墙以外　　　　D. 基础范围以内

9. 基坑排水工作应持续到（　　）。
A. 排干净水　　　　　　　　　　　B. 基坑开挖完毕
C. 排水差不多便可　　　　　　　　D. 基础工程完毕，进行回填后

10. 基坑开挖好后，若不能立即进行下一道工序，要预留（　　）cm 厚覆盖土层，待基础施工
时再挖去。
A. 10～25　　　　B. 10～30　　　　C. 15～25　　　　D. 15～30

11. 人工挖孔桩作业人员作业前首先要确定孔内（　　）。
A. 有无光线射入　　　　　　　　　B. 有无毒气
C. 空气是否适合人体呼吸　　　　　D. 没有注意事项

12. 人工挖孔桩孔外的供电电缆线必须（　　）。
A. 穿管埋地敷设　　B. 拖地敷设　　　C. 架空敷设　　　　D. 埋地敷设

13. （　　）不适合采用人工挖孔的施工方法。

A. 无水的密实土层　　　　　　　　　　B. 少水的密实土层

C. 少水的岩层　　　　　　　　　　　　D. 少水的砂层

14. 群桩开挖作业中，相邻（　　）m范围内有桩孔浇注混凝土时，应停止本孔作业，且孔内不留人。

A. 3　　　　　　B. 4　　　　　　C. 5　　　　　　D. 6

15. 人工挖孔桩孔口边1m范围内不得有任何杂物，堆土应离孔口边（　　）m以外。

A. 3　　　　　　B. 2　　　　　　C. 1.5　　　　　D. 1

16. 砌墙时，每个工作班的砌筑高度不得超过（　　）m。

A. 1　　　　　　B. 1.8　　　　　C. 2　　　　　　D. 0.5

17. 下列关于砌块吊运的说法错误的是。（　　）

A. 对有部分破裂和脱落危险的砌块，严禁起吊。

B. 起吊砌块时，严禁将砌块停留在操作人员的上空或在空中整修。

C. 砌块吊装时，可以在下一层楼面上进行其他工作。

D. 砌块吊装就位时，应待砌块放稳后，方可松开夹具。

18. 在楼面卸下、堆放砌块时，应尽量避免冲击，严禁倾卸，撞击楼板，砌块的堆放应尽量靠近楼板的（　　）。

A. 端部　　　　　B. 中部　　　　　C. 外部　　　　　D. 任意位置

19. 模板及其支架在安装过程中，必须设置（　　）。

A. 保证工程质量措施　　　　　　　　B. 提高施工速度措施

C. 保证节约材料计划　　　　　　　　D. 有效防倾覆的临时固定设施

20. 混凝土工程中，以下操作得当的是。（　　）

A. 离楼面2m以上浇注框架、梁、柱等时，应搭设操作平台。

B. 移动振动器时，可以硬拉电线。

C. 浇注混凝土使用溜槽、串筒是，溜槽可以不固定。

D. 预应力灌浆阀门需要牢固。

21. 吊运大块或整体模板时，竖向吊运不应少于（　　）个吊点；水平吊运不应少于4个吊点。

A. 4　　　　　　B. 2　　　　　　C. 1　　　　　　D. 3

22. 钢筋冷拉线两端必须设置（　　），以防止因钢筋拉断或滑脱，夹具飞出伤人。

A. 警戒区　　　　B. 警告标志　　　C. 防护设施　　　D. 地锚

23. 钢筋焊接若采用室内电弧焊，应有（　　）。

A. 排气装置　　　B. 警告标志　　　C. 隔离装置　　　D. 排水装置

24. 绑扎主柱、墙体钢筋时，（　　）攀登骨架上下。

A. 允许　　　　　B. 建议　　　　　C. 禁止　　　　　D. 特殊情况可以

25. 履带式起重机用于双机抬吊重物时，分配给单机重量不得超过单机允许起重量的（　　），并要求统一指挥。抬吊时应先试抬，使操作者之间相互配合，动作协调，起重机各运转速度尽量一致。

A. 25%　　　　　B. 50%　　　　　C. 80%　　　　　D. 100%

26. 钢丝绳在破断前一般有（　　）的预兆，容易检查、便于预防事故。

A. 表面光亮　　　B. 生锈　　　　　C. 断丝、断股　　D. 表面有泥

27. 据统计资料分析，塔式起重机的倾覆和（　　）占了塔机事故的70%。

A. 断臂　　　　　B. 底架碰坏　　　C. 塔机出轨　　　D. 机构损坏

28. 在起重作业中，（　　）斜拉、斜吊和起吊地下埋设或凝结在地面上的重物。

A. 允许　　　　　B. 禁止　　　　　C. 不宜　　　　　D. 采取措施后可以

29. 起重作业中，（　　）主要用来夹紧钢丝绳末端或将两根钢丝绳固定在一起。

A. 卡环 　　　　　B. 绳夹 　　　　　C. 吊钩 　　　　　D. 吊环

30. 钢丝绳多次弯曲造成的（　　），是钢丝绳破坏的主要原因之一。

A. 拉伸 　　　　　B. 扭转 　　　　　C. 弯曲疲劳 　　　　D. 变形

31. 下列关于油漆涂刷施工的安全防护中，说法错误的有（　　）。

A. 施工场地应有良好的通风条件，否则应安装通风设备

B. 在喷涂硝基漆时，不准使用明火，不准吸烟

C. 油漆及稀释剂应专人保管

D. 油漆涂料凝结时可用火烤

32. 在建筑施工中最有可能发生苯中毒的工种是（　　）。

A. 油漆工 　　　　B. 砌筑工 　　　　C. 防水工 　　　　D. 电焊工

33. 大屏幕玻璃安装应搭设吊架或挑架，并（　　）安装。

A. 从下至上 　　　B. 从上至下 　　　C. 从左至右 　　　D. 从右至左

34. 泵机必须放置在坚固平整的地面上，如必须在倾斜地面停放时，可用轮胎制动器卡住车轮，倾斜度不超过（　　）度。

A. 2 　　　　　　B. 3 　　　　　　C. 4 　　　　　　D. 5

35. 施工中若要移动混凝土振动器时，应立即（　　）。

A. 切断电源 　　　　　　　　　　B. 停止电动机转动

C. 搬动 　　　　　　　　　　　　D. 切断总电源

36. 混凝土搅拌输送车的搅拌装置连续运转时间不宜超过（　　）小时。

A. 6 　　　　　　B. 7 　　　　　　C. 8 　　　　　　D. 10

37. 钢筋机械切料时，作业人员应在（　　）握紧并压住钢筋以防末端弹出伤人。

A. 固定刀片一侧 　B. 活动刀片一侧 　C. 两侧 　　　　　D. 左侧

38. 钢筋冷拉线的两端头应（　　），防止在钢筋拉断或夹具失灵时钢筋弹出伤人。

A. 固定装置 　　　B. 夹牢装置 　　　C. 设防护装置 　　D. 远离作业人员

39. 多台焊机的接地装置应分别由接地极处引接，不得（　　）。

A. 串联 　　　　　B. 并联 　　　　　C. 相同 　　　　　D. 相连

40. 多台铲运机联合作业时，各机之间前后距离不得小于（　　）m。

A. 2 　　　　　　B. 5 　　　　　　C. 7 　　　　　　D. 10

41. 铲运机行驶的横向坡度不得超过（　　）度，坡宽应大于机身 2 m 以上。

A. 3 　　　　　　B. 5 　　　　　　C. 6 　　　　　　D. 8

42. 施工中不得用推土机推（　　）。

A. 树根 　　　　　B. 碎石块 　　　　C. 建筑垃圾 　　　D. 石灰及烟灰

43. 木工机械距闸箱水平距离不得大于（　　）m，以便发生故障时，迅速切断电源。

A. 1 　　　　　　B. 2 　　　　　　C. 3 　　　　　　D. 4

44. 使用灰浆搅拌机时，不符合下列要求的是（　　）。

A. 作业前应检查并确认传动机构、工作装置、防护装置等牢固可靠。

B. 启动后，应先空运转，检查搅拌叶旋转方向正确，方可进行搅拌作业。

C. 运转中，应用木棒等工具伸进搅拌筒内进行搅拌。

D. 作业后，应清除机械内外砂浆和积料，用水清洗干净。

45. 使用灰浆搅拌机时，不符合下列要求的是（　　）。

A. 作业前，应先用水，再用白灰膏润滑输送管道后，方可加入灰浆，开始泵送。

B. 料斗加满灰浆后，应停止振动，待灰浆从料斗泵送完时，再加新灰浆振动筛料。

C. 工作间歇时，应先停止送气，后停止送灰，并应防气嘴被灰堵塞。

D. 作业后，应对泵机和管路系统全部清洗干净。

46. 用平刨加工木料，木料长度不应小于（   ）mm。

A. 150　　　　　　B. 180　　　　　　C. 200　　　　　　D. 250

47. 当卷扬机钢丝绳在卷筒中间位置时，滑轮的位置应与卷筒轴线垂直，其垂直度允许偏差为（   ）度。

A. 4　　　　　　　B. 5　　　　　　　C. 6　　　　　　　D. 7

48. 使用瓷片切割机时，不符合下列要求的是（   ）。

A. 作业时应防止杂物、泥尘混入电动机内。

B. 当切割机出现炭刷火花时，可进行正常操作。

C. 切割过程中用力应均匀适当，推进刀片时不得用力过猛。

D. 当发生刀片卡死时，应立即停机，慢慢退出刀片。

49. 在滑坡地段挖土方时，不宜在（   ）季节施工。

A. 冬季　　　　　　B. 春季　　　　　　C. 风季　　　　　　D. 雨季

50. 根据降水强度划分降雨等级，暴雨等级的一天降水总量在（   ）mm 范围。

A. 10～25　　　　B. 25～50　　　　C. 50～100　　　　D. 100～200

51. 雨期到来前，应检查手持电动工具漏电保护装置是否灵敏。工地临时照明灯、标志灯，电压不超过（   ）。

A. 12V　　　　　　B. 24V　　　　　　C. 36V　　　　　　D. 48V

52. 下列关于雨期施工临时用电措施中，（   ）是不正确的。

A. 各种室内使用的电气设备、闸箱的防雨措施要落实

B. 电气设备应选择较高的干燥处

C. 配电箱要有防雨盖，电焊机应加防护雨罩

D. 要检查现场电气设备的接零、接地保护措施是否可靠

53. 雨天和雪天进行高处作业时，必须采取可靠的防滑、防寒和（   ）措施。

A. 防霜　　　　　　B. 防水　　　　　　C. 防雾　　　　　　D. 防冻

54. 冬季安全施工准备工作应提前（   ）。

A. 20 天　　　　　B. 1 个月　　　　　C. 2 个月　　　　　D. 3 个月

55. 下列陈述中，（   ）的描述不正确。

A. 寒冷季节时宜使机械设备进入室内或搭设机棚存放

B. 当室外温度低于 5℃时，所有用水冷却的机械设备在停止使用后应及时放尽机体存水

C. 氧气瓶应有防震圈和安全帽，不得倒置，不得在强烈日光下曝晒

D. 轮式机械在有积雪或冰冻层的地面上尽可能使用紧急制动

56. 机械拆除的建筑一般为（   ）。

A. 砖混结构　　　　B. 砖木结构　　　　C. 钢结构　　　　D. 混凝土结构

57. 拆除施工严禁（   ）作业。水平作业时，各工位间应有一定的安全距离。

A. 高处　　　　　　B. 混合　　　　　　C. 立体交叉　　　　D. 多工种

58. （   ）必须对拆除工程的安全生产负全面领导责任。

A. 项目经理　　　　　　　　　　　B. 项目技术负责人

C. 项目副经理　　　　　　　　　　D. 专职安全管理人员

59. 拆除工程必须制定安全生产事故应急救援（   ），成立组织机构，并应配备抢险救援器材。

A. 部门　　　　　　B. 队伍　　　　　　C. 人员　　　　　　D. 预案

60. 人工拆除的建筑一般为（   ）。

A. 砖混结构　　　　　B. 砖木结构　　　　　C. 钢结构　　　　　D. 混凝土结构

61. 爆破拆除工程应做出（　　）并经当地有关部门审核批准后才可实施。

A. 成本评估　　　　　B. 质量评估　　　　　C. 安全评估　　　　　D. 生产评估

62. 下列不属于产生瞎炮的原因是：（　　）。

A. 爆破材料质量差　　　　　　　　　B. 炸药用量不足

C. 网路敷设质量差　　　　　　　　　D. 起爆电流不足

63. 高处作业是指在坠落高度基准面（　　）m 及以上的高处进行的施工操作。

A. 1　　　　　　　　B. 2　　　　　　　　C. 3　　　　　　　　D. 4

64. 进行高处作业之前，应进行安全防护设施的（　　）检查和验收。

A. 分部　　　　　　　B. 局部　　　　　　　C. 抽样　　　　　　　D. 逐项

65. 在无立足点或无牢靠立足点的条件下，进行的高处作业，统称为（　　）。

A. 强风高处作业　　　　　　　　　　B. 带电高处作业

C. 悬空高处作业　　　　　　　　　　D. 抢救高处作业

66. 电梯井口必须设防护栏杆或固定栅门，电梯井内应每隔两层并最多隔（　　）m 设一道安全网。

A. 8　　　　　　　　B. 9　　　　　　　　C. 10　　　　　　　D. 12

67. 边长为（　　）cm 洞口，必须设置以扣件扣接钢管而成的网格，并在其上满铺竹笆或脚手板。

A. 50～150　　　　　B. 50～130　　　　　C. 40～130　　　　　D. 40～150

68. 爬梯进行攀登作业时，攀登高度以（　　）m 为宜。

A. 4　　　　　　　　B. 5　　　　　　　　C. 6　　　　　　　　D. 8

69. 电梯井口防护应设置固定栅门，栅门的高度为（　　）m。

A. 1　　　　　　　　B. 1.2　　　　　　　C. 1.5　　　　　　　D. 1.8

70. 垂直运输接料平台，除两侧设防护栏杆外，平台口还应设置（　　）或活动防护栏杆。

A. 安全围栏　　　　　B. 安全门　　　　　　C. 安全立网　　　　　D. 竹笆

71. 考虑平台上料的规格种类无规律情况，必须在平台明显处标明（　　）限定值，防止超载。

A. 最多人员　　　　　B. 最大功率　　　　　C. 最大高度　　　　　D. 最大荷载

72. 安全帽在保证承受冲击力的前提下要求越轻越好质量不超过（　　）g。

A. 300　　　　　　　B. 400　　　　　　　C. 500　　　　　　　D. 600

73. （　　）是用来防止人、物坠落，或用来避免、减轻坠落物及物击伤害的工具。

A. 安全帽　　　　　　B. 安全带　　　　　　C. 安全阀　　　　　　D. 安全网

74. 脚手架作业层上的施工荷载标准值分别为：（　　）。

A. 结构架 3 kN/m²、装修架 2 kN/m²

B. 结构架 2.7 kN/m²、装修架 2.5 kN/m²

C. 结构架 2 kN/m²，装修架 1kN/m²

D. 结构架 3.5 kN/m²、装修架 2.5 kN/m²

75. 脚手架通常应（　　）进行一次专项检查。

A. 每月　　　　　　　B. 每两月　　　　　　C. 每半月　　　　　　D. 每一季度

76. 单排脚手架的横向水平杆设置应满足要求（　　）。

A. 一端应用直角扣件固定在纵向水平杆上，另一端应插入墙内，插入长度不小于 180 mm

B. 一端应用旋转扣件固定在纵向水平杆上，另一端应插入墙内，插入长度不小于 100 mm

C. 一端应用旋转扣件固定在纵向水平杆上，另一端应插入墙内，插入长度不小于 80 mm

D. 一端应用直角扣件固定在纵向水平杆上，另一端应插入墙内，插入长度不小于 50 mm

77. 脚手架基础下有设备基础、管沟时，在脚手架使用过程中（　　）。

A. 不应开挖，否则必须采取加固措施

B. 可以开挖，但必须制定安全技术措施

C. 可以开挖，但应做好临边防护

D. 不得开挖

78. 脚手架剪刀撑斜杆与地面的倾角宜在（　　）之间。

A. 45°～65°　　　　B. 45°～60°　　　　C. 30°～60°　　　　D. 30°～50°

79. 悬挑式脚手架中支撑结构以上的脚手架应符合落地式脚手架搭设规定，并按要求设置（　　）。

A. 纵向水平杆　　B. 连墙件　　C. 竖向水平杆　　D. 横向水平杆

80. 附着升降脚手架的架体高度不应大于（　　）m，宽度不应大于 1.2 m，架体构架的全高与支撑跨度的乘积不应大于 110 m^2；

A. 15　　　　B. 20　　　　C. 25　　　　D. 30

81. 附着升降脚手架的防倾装置必须与建筑结构、附着支撑或竖向主框架可靠连接，应采用（　　）。

A. 绑扎连接　　　B. 螺栓连接　　　C. 钢管扣件连接　　　D. 碗扣连接

82. 附着升降脚手架的（　　）与提升设备必须分别设置在两套互不影响的附着支撑结构上，当有一套失效时另一套必须能独立承担全部坠落荷载。

A. 防坠装置　　　　　　　　B. 同步控制装置

C. 防倾装置　　　　　　　　D. 报警装置

83. 附着升降脚手架的同步装置应能同时控制各提升设备间的（　　）。

A. 欠载值和荷载值　　　　　　B. 欠载值和功率

C. 升降差和荷载值　　　　　　D. 升降差和功率

84. 吊篮式脚手架的吊篮平台四周应设防护栏杆，除靠建筑物一侧的栏杆高度不应低于 0.8 m 外，其余侧面栏杆高度均不得低于（　　）m。

A. 0.8　　　　B. 1.0　　　　C. 1.2　　　　D. 1.5

85. 悬挑一层的脚手架挑出墙外宽度不得大于（　　）m。

A. 0.8　　　　B. 1.0　　　　C. 1.2　　　　D. 1.5

86. 施工现场用电工程的基本供配电系统应按（　　）级设置。

A. 一　　　　B. 二　　　　C. 三　　　　D. 四

87. 施工现场临时施工用电应做好保护接零，配备漏电保护器，具备（　　）。

A. 三级配电、两级保护　　　　　B. 两级配电、三级保护

C. 三级配电、三级保护　　　　　D. 两级配电、两级保护

88. 下列哪项属于需要编制施工用电组织设计的依据？（　　）

A. 工程规模　　　　　　　　B. 工程地点

C. 管理部门要求　　　　　　D. 用电设备数量或容量

89. 施工现场临时用电设置的依据是（　　）。

A. 项目经理的要求　　　　　　B. 施工现场的规定

C. 用电人员的要求　　　　　　D. 施工用电组织设计

90. 施工现场用电工程中，PE 线上每处重复接地的接地电阻值不应大于（　　）Ω。

A. 4　　　　B. 10　　　　C. 15　　　　D. 30

91. 施工现场用电工程中，PE 线的重复接地点不应少于（　　）处。

A. 一　　　　B. 二　　　　C. 三　　　　D. 四

92. 施工现场用电系统中，PE 线的颜色应是（　　）。

A. 绿色　　　　B. 黄色　　　　C. 淡兰色　　　　D. 绿/黄双色

93. Ⅱ型电源配电箱（分电箱）作为第（　　）级配电装置，可直接向负载供电，开关应采用与用电设备相匹配的漏电开关。

　　A. 一　　　　　　　B. 二　　　　　　　C. 三　　　　　　　D. 四

94. 配电柜正面的操作通道宽度，单列布置或双列背对背布置时不应小于（　　）m。

　　A. 2.0　　　　　　　B. 1.5　　　　　　　C. 1.0　　　　　　　D. 0.5

95. 分配电箱与开关箱的距离不得超过（　　）m。

　　A. 10　　　　　　　B. 20　　　　　　　C. 30　　　　　　　D. 40

96. 架空线路的同一横担上，L_1（A）、L_2（B）、L_3（C）、N、PE五条线的排列次序是面向负荷侧从左起依次为（　　）。

　　A. L_1、L_2、L_3、N、PE　　　　　　　B. L_1、N、L_2、L_3、PE

　　C. L_1、L_2、N、L_3、PE　　　　　　　D. PE、N、L_1、L_2、L_3

97. 移动式配电箱、开关箱中心点与地面的相对高度可为（　　）m。

　　A. 0.3　　　　　　　B. 0.6　　　　　　　C. 0.9　　　　　　　D. 1.8

98. 固定式配电箱开关箱中心点与地面的相对高度应为（　　）m。

　　A. 0.5　　　　　　　B. 1.0　　　　　　　C. 1.5　　　　　　　D. 1.8

99. 沿墙架空敷设电缆线最大弧垂处的距地高度不得小于（　　）m。

　　A. 1.5　　　　　　　B. 2.0　　　　　　　C. 2.5　　　　　　　D. 3.0

100. 隧道、人防工程内施工，照明电源电压不应大于（　　）V。

　　A. 36　　　　　　　B. 24　　　　　　　C. 12　　　　　　　D. 6

101. 死亡在30人以上的或直接经济损失1亿元以上的火灾为（　　）。

　　A. 特大火灾　　　　B. 特重大火灾　　　C. 重大火灾　　　　D. 一般火灾

102. 施工现场必须设置消防车通道，通道宽度应不小于（　　）m。

　　A. 3　　　　　　　　B. 3.5　　　　　　　C. 4　　　　　　　　D. 4.5

103. 《建设工程施工现场消防安全技术规范》规定（　　）m以上的高层建筑，应当设置临时消防水源加压泵和输水管道。

　　A. 24　　　　　　　B. 30　　　　　　　C. 35　　　　　　　D. 40

104. 易爆物品仓库的大门应当向哪个方向开启？（　　）

　　A. 内　　　　　　　B. 外　　　　　　　C. 上　　　　　　　D. 下

105. （　　）能够防止塔机超载、避免由于严重超载而引起塔机的倾覆或折臂等恶性事故。

　　A. 起重力矩限制器　　　　　　　　B. 吊钩保险装置

　　C. 行程限制器　　　　　　　　　　D. 幅度限制器

106. 下列哪个安全装置是用来防止运行小车超过最大或最小幅度的两个极限位置的安全装置？（　　）

　　A. 力矩限制器　　B. 起重量限制器　　C. 行程限制器　　D. 幅度限制器

107. 塔机顶升作业，必须使（　　）和平衡臂处于平衡状态。

　　A. 配重臂　　　　B. 起重臂　　　　C. 配重　　　　D. 小车

108. 《特种设备安全监察条例》规定的施工起重机械，在验收前应当经（　　）的检验检测机构监督检验合格。

　　A. 有相应资质　　　　　　　　　　B. 建设行政主管部门

　　C. 质量技术监督部门　　　　　　　D. 安全生产监督管理部门

109. 塔机操纵开关与主令控制器连锁．只有在全部操作处于断电状态（零位）时，主电源开关才能接通，从而防止无意操作的安全措施称作（　　）。

　　A. 断电保护　　　B. 送电保护　　　C. 操作保护　　　D. 零位保护

110. 塔机安装前要对基础表面进行处理，保证基础的水平度不能超过（　　）。

A. 1/500 　　　　B. 1/800 　　　　C. 1/1 000 　　　　D. 1/1 500

111. 在施工现场安装、拆卸施工起重机械和整体提升脚手架、模板等自升式架设设施，必须由具有（　　）负责。

A. 相应施工承包资质的单位 　　　　B. 制造能力的厂家

C. 检测检验人员 　　　　D. 维护保养经验的人员

112. 施工起重机械和整体提升脚手架、模板等自升式架设设施的使用达到国家规定的检验检测（　　）的，必须经具有相应资格的检验检测机构检测。

A. 范围 　　　　B. 程序 　　　　C. 期限 　　　　D. 季节

113. 检验检测机构对检测合格的施工起重机械和整体提升脚手架、模板等自升式架设设施，应当出具（　　）文件，并对检测结果负责。

A. 使用建议书 　　　　B. 检查程序 　　　　C. 安全使用期限 　　　　D. 安全合格证明

114. （　　）规定：施工起重机械在验收前应当经有相应资质的检验检测机构监督检验合格。

A. 《设备安全运行条例》 　　　　B. 《特种设备安全监察条例》

C. 《特种设备安全运行条例》 　　　　D. 《特种设备监察条例》

115. 施工单位应当自使用施工起重机械和整体提升脚手架、模板等自升式架设设施验收合格后，向建设行政主管部门或者其他有关部门登记后，取得的标志应当（　　）。

A. 保存在档案室内

B. 置于或者附着于该设备的显著位置

C. 有操作者保管

D. 由项目的机械管理员保管

116. 物料提升机附墙架可采用（　　）与架体及建筑连接。

A. 木杆 　　　　B. 竹竿 　　　　C. 钢丝绳 　　　　D. 钢管

117. 提升机地面进料口的上方应搭建（　　）。

A. 安全门 　　　　B. 防护棚 　　　　C. 信号装置 　　　　D. 限制器

118. （　　）是设在架体底部坑内，为了缓解吊篮下坠或下极限限位器失灵时产生的冲击力的装置。

A. 缓冲装置 　　　　B. 安全停靠装置 　　　　C. 断绳保护装置 　　　　D. 上极限限位器

119. 施工升降机是一种使用工作笼（吊笼）沿（　　）作垂直（或倾斜）运动用来运送人员和物料的机械。

A. 标准节 　　　　B. 导轨架 　　　　C. 导管 　　　　D. 通道

120. 施工升降机吊笼内净高度不得小于（　　）m。

A. 1.5 　　　　B. 1.8 　　　　C. 2 　　　　D. 2.2

121. 人货两用施工升降机提升吊笼钢丝绳的安全系数不得小于（　　）。

A. 6 　　　　B. 8 　　　　C. 10 　　　　D. 14

122. 安装作业过程中安装作业人员和工具等总载荷（　　）施工升降机的额定安装载重量。

A. 不得超过 　　　　B. 可以超过5% 　　　　C. 可以超过8% 　　　　D. 可以超过10%

123. 当电源电压值与施工升降机额定电压值的偏差超过（　　）%，或供电总功率小于施工升降机的规定值时，不得使用施工升降机。

A. ±3 　　　　B. ±4 　　　　C. ±5 　　　　D. ±6

124. 在施工升降机基础周边水平距离（　　）m以内，不得开挖井不得堆放易燃易爆物品及其他杂物。

A. 3 　　　　B. 5 　　　　C. 6 　　　　D. 8

125. 下列关于施工升降机的使用说法中错误的是（　　　）。

A. 安装在阴暗处或夜班作业的施工升降机，应在全行程装设明亮的楼层编号标志灯。

B. 工作时间内司机有特殊情况需离开时，应将施工升降机关闭电源，停到所停留层后再离开。

C. 散状物料运载时应装入容器、进行捆绑或使用织物袋包装，堆放时应使载荷分布均匀。

D. 当在施工升降机运行中发现异常情况时，应立即停机，直到排除故障后方能继续运行。

126. 物料提升机缆风绳与地面的夹角不应大于（　　　）。

A. 45° B. 50° C. 60° D. 65°

127. （　　　）是指以地面卷扬机为动力，沿立柱上的导轨作升降运动，是仅作垂直运输物料的起重设备。

A. 施工升降机　　　 B. 塔式起重机　　　 C. 物料提升机　　　 D. 压力容器

128. 物料提升机的缆风绳所用材料是（　　　）。

A. 麻绳 B. 塑料绳 C. 橡胶绳 D. 钢丝绳

129. 物料提升机架顶部的自由高度不得大于（　　　）m。

A. 4 B. 5 C. 6 D. 7

130. 物料提升机的基础浇筑C20混凝土，厚度不得小于（　　　）mm。

A. 200 B. 250 C. 300 D. 500

施工项目安全控制

1. 安全生产管理是实现安全生产的重要（　　　）。

A. 作用 B. 保证 C. 依据 D. 措施

2. 安全是（　　　）。

A. 没有危险的状态 B. 没有事故的状态

C. 舒适的状态 D. 生产系统中人员免遭不可承受危险的伤害

3. （　　　）是安全控制最重要的思想。

A. 预防为主 B. 质量第一

C. 管生产必须管安全 D. 安全第一

4. 按照《企业职工伤亡事故调查分析规则》的规定，事故的直接原因是指机械、物质或环境的不安全状态和（　　　）。

A. 没有安全操作规程或不健全 B. 人的不安全行为

C. 劳动组织不合理 D. 对现场工作缺乏检查或指导错误

5. 某装修工程装修建筑面积9 000 m²，按照建设部关于专职安全生产管理人员配备的规定，该装修工程项目应当至少配备（　　　）名专职安全生产管理人员。

A. 1 B. 2 C. 3 D. 4

6. 某劳务分包企业在某建设工程项目的施工人员有450人，按照建设部关于建筑施工企业专职安全生产管理人员配备的有关规定，应当至少设置（　　　）名及以上专职安全生产管理人员。

A. 1 B. 2 C. 3 D. 4

7. 特级资质的建筑施工总承包资质序列企业专职安全生产管理人员的配备应不少于（　　　）人。

A. 3 B. 4 C. 6 D. 8

8. 要实现建筑施工的安全生产，其基本点在于建立完善的（　　　）制度。

A. 安全生产责任 B. 安全检查 C. 安全技术交底 D. 安全教育

9. （　　　）是建筑施工企业所有安全规章制度的核心。

A. 安全检查制度 B. 安全技术交底制度

C. 安全教育制度 D. 安全生产责任制度

10. 《建设工程安全生产管理条例》规定，施工单位（　　）依法对本单位的安全生产工作全面负责。

A. 主要负责人 B. 项目经理

C. 分管安全生产的负责人 D. 项目技术负责人

11. 专职安全生产管理人员发现安全事故隐患，应当及时向（　　）报告。

A. 项目技术人员 B. 项目负责人

C. 安全生产管理机构 D. 项目负责人和安全生产管理机构

12. 企业的（　　）是企业安全的第一责任者。

A. 安全部主管 B. 生产部主管

C. 最高层主管 D. 产品科研部主管

13. 安全生产许可证的有效期为（　　）年。

A. 1 B. 2 C. 3 D. 4

14. 安全生产许可证的有效期延期为（　　）年。

A. 4 B. 3 C. 2 D. 1

15. 《建设工程安全生产管理条例》规定，施工单位应当设立安全生产管理机构，配备（　　）人员。

A. 专职安全生产管理 B. 兼职安全生产管理

C. 安全生产监理 D. 专兼职安全生产检查

16. 依据《建设工程安全生产管理条例》，（　　）对全国的建设工程安全生产实施监督管理。

A. 国家安全生产监督局 B. 劳动和社会保障部

C. 国务院建设行政主管部门 D. 国家经济贸易委员会

17. 下列不属于建筑施工企业三类人员的是。（　　）

A. 专职安全生产管理人员 B. 项目负责人

C. 企业主要负责人 D. 工程项目施工员

18. 根据规定，施工单位的项目负责人应当由（　　）的人员担任。

A. 施工单位任命 B. 取得技术职称

C. 取得相应职业资格 D. 注册工程师

19. 湖南省住房和城乡建设行政主管部门负责省级建筑施工"创建标准化示范工地"和"标准化示范工程"评选工作的监督管理，（　　）具体组织实施。

A. 省安全质量标准化达标验收小组

B. 市（州）建设行政主管部门

C. 省建设工程质量安全监督管理总站

D. 市（州）安全质量标准化达标验收小组

20. 下列关于施工场地划分的叙述，不正确的是（　　）。

A. 施工现场的办公区、生活区应当与作业区分开设置

B. 办公生活区应当设置于在建建筑物坠落半径之外，否则，应当采取相应措施

C. 生活区与作业区之间进行明显的划分隔离，是为了美化场地

D. 功能区的规划设置时还应考虑交通、水电、消防和卫生、环保等因素

21. 建筑施工现场的围挡高度，一般路段应高于（　　）m。

A. 1.5 B. 1.8 C. 2.0 D. 2.5

22. 施工现场应该设置"两栏一报"，即（　　）。

A. 读报栏、宣传栏和墙报 B. 读报栏、宣传栏和黑板报

C. 悬挂栏、张贴栏和黑板报 D. 防护栏、隔离栏和简报

23. "创建标准化示范工地"项目在施工过程中存在下列情况之一的，由市州住房和城乡建设主管部门或其建设工程安全生产监督机构实行永久摘牌。（   ）

A. 项目管理人员实际配备不符合相关规定要求的

B. 受到临时摘牌处理两次的

C. 因安全投入不足造成施工现场安全防护措施不到位的

D. 未按相关规定建立农民工学校并备案的

24. （   ）负责保证工程项目，文明施工资金的有效使用。

A. 施工单位负责人　　　　　　　　　B. 工程项目技术负责人

C. 施工单位安全管理机构负责人　　　D. 项目负责人

25. 创建项目在施工过程中受到临时摘牌处理（   ）次的，或受到临时摘牌处理30日内未能重新挂牌的，由市州住房和城乡建设主管部门或其建设工程安全生产监督机构实行永久摘牌。

A. 一　　　　　　B. 二　　　　　　C. 三　　　　　　D. 四

26. 省质安监总站达标验收组适时组织有关专业人员组成专家组，对本半年申报创建工程的工程项目进行现场抽查和资料核查。专家组由具有高级及以上职称人员担任，且不少于（   ）人。

A. 3　　　　　　B. 4　　　　　　C. 5　　　　　　D. 6

27. 省级"创建标准化示范工地"（   ）评定一次。

A. 每半年　　　　B. 每年　　　　C. 每两年　　　　D. 每三年

28. 施工现场同一位置必须同时设置不同类型、多个安全标志牌时，应当按照（   ）的排列设置。

A. 警告、禁止、指令、提示的顺序，先右后左，先上后下

B. 警告、禁止、指令、提示的顺序，先左后右，先上后下

C. 警告、禁止、指令、提示的顺序，先左后右，先下后上

D. 提示、指令、禁止、警告的顺序，先左后右，先上后下

29. 根据《安全标志》（GB2894－96），安全标志"禁止抛物"、"当心扎脚"、"必须戴防尘口罩"分别属于（   ）。

A. 警告标志、禁止标志、指令标志

B. 禁止标志、指令标志、警告标志

C. 禁止标志、指令标志、提示标志

D. 禁止标志、警告标志、指令标志

30. 下列关于安全标志含义的叙述，不正确的是（   ）。

A. 禁止标志，含义是不准或制止人们某种行为

B. 警告标志，含义是警告人们当心、小心、注意

C. 指令标志，含义是必须遵守

D. 提示标志，含义是提示人们不能去做

31. 下列对施工现场的场地清理的叙述，不正确的是（   ）。

A. 作业区及建筑物楼层内，要做到工完场地清

B. 各楼层清理的垃圾应当集中起来，定时运走

C. 施工现场的垃圾应分类集中堆放

D. 垃圾应当用器具装载清运，严禁高处抛撒

32. 下列关于防治大气污染的措施中，哪项不具有针对性？（   ）。

A. 施工现场应设置排水沟及沉淀池，现场废水不得直接排入市政污水管网和河流

B. 从事土方、渣土和施工垃圾运输应采用密闭式运输车辆或采取覆盖措施

C. 施工现场应根据风力和大气湿度的具体情况，进行土方回填、转运作业

D. 建筑物内施工垃圾的清运，应采用专用封闭式容器吊运或传送，严禁凌空抛撒

33. 设在工程项目的管理机构应当组织项目管理人员（包括分包单位相应管理人员）（　　）开展一次对其责任管理范围内的施工安全重大危险源安全状况的检查，作出书面检查记录。

　　A. 每天　　　　　　B. 每周　　　　　C. 每半月　　　　D. 每月

34.（　　）应当建立工程项目施工安全重大危险源监理台帐。

　　A. 监理单位　　　　B. 设计单位　　　　C. 勘察单位　　　　D. 施工单位

35. 危险性较大的分部分项工程实行分包的，专项施工方案应当经（　　）审查并签署审查意见。

　　A. 总包施工单位　　B. 监理单位　　　　C. 设计单位　　　　D. 建设单位

36. 施工中发现有危及人身安全等紧急情况的，应当（　　）。

　　A. 立即组织非作业人员撤离危险区域

　　B. 要求其立即整改

　　C. 立即向上级主管部门报告

　　D. 立即采取停工措施

37. 施工企业（　　）不少于一次组织对其所有工程项目的施工安全重大危险源进行安全检查、评估。

　　A. 每周　　　　　　B. 每半月　　　　　C. 每月　　　　　　D. 每季度

38.《危险性较大的分部分项工程安全管理办法》中关于建筑起重机械属于危险性较大的分部分项工程范围中包括"采用非常规起重设备、方法，且单件起吊重量在（　　）kN 及以上的起重吊装工程"。

　　A. 5　　　　　　　　B. 10　　　　　　　C. 15　　　　　　　D. 20

39. 施工高度（　　）m 及以上的建筑幕墙安装工程属于超过一定规模的危险性较大的分部分项工程一般范围。

　　A. 30　　　　　　　B. 40　　　　　　　C. 50　　　　　　　D. 60

40. 因施工图设计变更或施工条件发生变动的，应将变更或变动后增加的施工安全重大危险源及时补充和完善，并经企业审查和（　　）确认后报送相关建设行政主管部门或其建设工程安全生产监督机构。

　　A. 监理单位　　　　B. 施工单位　　　　C. 设计单位　　　　D. 建设单位

41. 施工项目安全管理计划应遵循（　　）原则，是指施工项目安全计划的目标和方案应尊重实际情况，坚持实事求是的原则，其方案具有可操作性，安全技术措施具有针对性。

　　A. 预防性　　　　　B. 科学性　　　　　C. 可操作性　　　　D. 全过程性

42. 施工项目安全管理计划应遵循（　　）原则，是指施工项目的安全计划应能代表最先进的生产力和最先进的管理方针，承诺并遵守国家的法律法规，遵照地方政府的安全管理规定，执行安全技术标准和安全技术规范，科学指导安全生产。

　　A. 预防性　　　　　B. 科学性　　　　　C. 可操作性　　　　D. 全过程性

43. 施工项目安全管理计划应遵循（　　）原则，是指施工项目安全管理计划必须坚持"安全第一，预防为主"的原则，体现安全管理的预防和预控作用，针对施工项目的全过程制定预警措施。

　　A. 预防性　　　　　B. 科学性　　　　　C. 可操作性　　　　D. 全过程性

44. 开挖深度超过（　　）的基坑（槽）并采用支护结构施工的工程，应当编制安全专项施工方案。

　　A. 3 m　　　　　　　B. 5 m（含 5 m）　C. 6 m　　　　　　D. 7 m

45.《建筑工程安全生产管理条例》规定，建设单位在编制工程（　　）时，应当确定建设工程安全作业环境及安全施工措施所需要的费用。

　　A. 施工预算　　　　B. 施工方案　　　　C. 概算　　　　　　D. 决算

46. 编制工程项目顶管施工组织设计方案，其中必须制订有针对性、实效性的（　　　）。

　　A. 施工技术指标　　　　　　　　　B. 施工进度计划

　　C. 节约材料措施　　　　　　　　　D. 安全技术措施和专项方案

47. 对水平混凝土构件模板支撑系统高度超过（　　　）m，或跨度超过18 m的高大模板工程，建筑施工企业应当组织专家组进行论证审查。

　　A. 5　　　　　　　B. 8　　　　　　　C. 10　　　　　　　D. 12

48. 施工单位在采用新技术、新工艺、新设备、新材料时，应当对（　　　）进行相应的安全生产教育培训。

　　A. 施工班组长　　　B. 项目施工员　　　C. 作业人员　　　D. 项目负责人

49. 根据规定，施工单位（　　　）的工人，必须接受三级安全教育培训，经考核合格后，方能上岗。

　　A. 转岗　　　　　　B. 变换工种　　　　C. 从事特种作业　　　D. 新入场

50. 对入场新工人的三级安全教育一般是由企业的（　　　）等部门配合进行的。

　　A. 安全、法律、劳动、技术　　　　B. 安全、教育、劳动、技术

　　C. 组织、法律、劳动、技术　　　　D. 安全、教育、组织、技术

51. 建筑企业安全教育三类人员专指（　　　）。

　　A. 施工企业主要负责人、项目负责人、专职安全生产管理员。

　　B. 企业主要负责人、项目经理、专职质量员

　　C. 企业主要负责人、项目经理、施工工长

　　D. 企业主要负责人、分包单位负责人、项目负责人

52. 采用顶管法施工时，对开挖工作坑的所有作业人员都应严格执行（　　　）。

　　A. 安全技术交底　　　B. 安全教育　　　C. 现场示范　　　D. 逐级布置工作

53. 下列哪些不属于《建设工程安全生产管理条例》第二十五条所规定的必须按照国家有关规定经过专门的安全作业培训，并取得特种作业操作资格证书后，方可上岗作业的特种作业人员。（　　　）

　　A. 安装拆卸工　　　B. 爆破作业人员　　　C. 起重信号工　　　D. 现场安全员

54. 建设工程施工前，施工单位负责项目管理的（　　　），应当对有关安全施工措施的技术要求向施工作业班组、作业人员做出详细说明，并由双方签字确认。

　　A. 项目经理　　　　B. 技术人员　　　　C. 值班人员　　　D. 考核人员

55. 安全技术交底一般由（　　　）根据分部分项工程的具体要求、特点和危险因素编写。

　　A. 技术管理人员　　　B. 安全员　　　C. 施工人员　　　D. 项目经理

56. 下列哪些不属于需要进行验收的脚手架类安全防护设施。（　　　）

　　A. 落地式脚手架　　　　　　　　　B. （集）卸料平台

　　C. 附着升降式脚手架　　　　　　　　　　　　D. 安全通道防护

57. 下列哪些不属于需要进行验收的洞口类安全防护设施。（　　　）

　　A. 电梯井口防护设施　　　　　　　B. 管道井口防护设施

　　C. 安全通道防护设施　　　　　　　D. 楼梯口防护设施

58. 下列（　　　）不属于需要进行验收的临边类安全防护设施。

　　A. 电梯首层进出通道防护设施　　　B. 阳台周边防护设施

　　C. 屋面临边防护设施　　　　　　　D. 脚手架操作层防护设施

59. 临电设施安装完毕由（　　　）组织临时用电施工组织设计编制人、项目安全员、临电负责人和安装人等按临时用电施工组织设计进行检查验收。

　　A. 项目负责人　　　　　　　　　　B. 项目技术负责人

　　C. 企业负责人　　　　　　　　　　D. 企业技术负责人

60. 参加各项验收的人员必须在各类验收记录上签字，验收主持人要在验收记录上签署（　　），否则验收无效。

  A. 验收标准   B. 验收过程   C. 验收意见   D. 验收人员

61. 施工单位对工程项目施工安全重大危险源应当编制详细的名录，经企业审查和（　　）确认后，与工程项目开工安全生产条件审查资料一并报送建设行政主管部门或其委托的建设工程安全生产监督机构。

  A. 建设单位   B. 设计单位   C. 施工单位   D. 监理单位

62. 施工单位对工程项目施工安全重大危险源应当编制详细的名录，经企业审查和工程监理单位确认后，与工程项目开工安全生产条件审查资料一并报送（　　）或其委托的建设工程安全生产监督机构。

  A. 建设行政主管部门   B. 设计单位

  C. 施工单位   D. 监理单位

63. 工程项目（　　）应当根据施工安全重大危险源名录，坚持每天对其责任范围内的施工安全重大危险源安全状况进行检查和评估，建立个人检查、评估台帐，并将隐患整改、排除情况作出书面记录。

  A. 专职安全管理人员   B. 技术负责人

  C. 负责人   D. 施工员

64. 工程（　　）应当加强对工程项目施工安全重大危险源以及施工方案中安全技术措施执行情况的跟踪监理。

  A. 建设单位   B. 设计单位   C. 施工单位   D. 监理单位

65. 各级建设行政主管部门及其委托的建设工程安全生产监督机构应建立工程项目施工安全重大危险源（　　）制度，对施工安全重大危险源实施有效的动态监管。

  A. 识别   B. 培训   C. 监督检查   D. 论证

66. 各级建设行政主管部门及其委托的建设工程安全生产监督机构应当把（　　）对工程项目施工安全重大危险源的识别、控制与管理情况作为企业安全生产条件评价的一项重要内容。

  A. 建设单位   B. 设计单位   C. 施工单位   D. 监理单位

67. 各级建设行政主管部门及其委托的建设工程安全生产监督机构应当把施工单位对工程项目施工安全重大危险源的识别、（　　）情况作为企业安全生产条件评价的一项重要内容。

  A. 控制与管理 B. 控制与检查 C. 论证与管理 D. 论证与检查

68. 在分级安全检查中，（　　）实行日巡检制度。

  A. 工长   B. 项目经理   C. 安全员   D. 分包商

69. 建筑施工安全检查评定的等级为优良的标准是分项检查评分表无零分，汇总表得分值应在（　　）分及以上。

  A. 70   B. 80   C. 85   D. 90

70. 当按分项检查评分表评分时，保证项目中有一项未得分或保证项目小计得分不足（　　）分，此分项检查评分表不应得分。

  A. 60   B. 50   C. 40   D. 30

71. 建筑施工安全检查评分汇总表中，将（　　）分项定为 15 分，施工机具分项定为 5 分外，其他各分项都确定为 10 分。

  A. 安全管理   B. 文明施工   C. 施工用电   D. 高处作业

72. 在施工用电检查表中，外电防护这一保证项目缺项（该项 20 分），其余的"保证项目"检查实得分合计为 20 分（应得分值为 40 分），该分项检查表得分为（　　）分。

  A. 50   B. 60   C. 70   D. 0

73. 某施工现场按照《建筑施工安全检查标准》评分，文明施工得到 88 分，计算汇总表中实得分为（　　）分。

    A. 8.8　　　　　　　B. 11.9　　　　　　　C. 13.2　　　　　　　D. 17.6

74. 在《建筑施工安全检查标准》中，（　　）是指检查评定项目中，对施工人员生命、设备设施及环境安全起关键性作用的项目。

    A. 重点项目　　　　　B. 一般项目　　　　　C. 保证项目　　　　　D. 整体项目

75. 某施工现场按照《建筑施工安全检查标准》评分，各分项得分如下：安全管理 85 分、文明施工 86 分、脚手架 80 分、基坑工程 82 分、模板支架 85 分、高处作业 83 分、施工用电 85 分、物料提升机与施工升降机 86 分、施工机具 86 分、塔吊和起重吊装缺项。计算该施工现场汇总表实得分为（　　）分。

    A. 72.30　　　　　　B. 80.33　　　　　　C. 84.22　　　　　　D. 90.37

76. 某施工现场使用 3 台塔机，按照《建筑施工安全检查标准》评分，1 号塔机得分为 92 分，2 号塔吊得分为 83 分，3 号塔吊得分为 86 分，该施工现场塔吊分项表实得分为（　　）分。

    A. 92　　　　　　　　B. 83　　　　　　　　C. 86　　　　　　　　D. 87

77. 下列检查评分表中，没有列出保证项目的是。（　　）

    A.《起重吊装检查评分表》　　　　　　B.《安全管理检查评分表》
    C.《文明施工检查评分表》　　　　　　D.《施工机具检查评分表》

78. 安全检查等级划分为（　　）几个等级。

    A. 合格、不合格　　　　　　　　　　　B. 优良、合格、不合格
    C. 优秀、良好、合格、不合格　　　　　D. 优秀、良好、中、合格、不合格

79. 脚手架搭设完毕，应由（　　）组织，有关人员参加，按照施工方案和验收规范规定逐项进行验收。

    A. 项目经理　　　　　　　　　　　　　B. 总工程师
    C. 公司派驻的安全员　　　　　　　　　D. 监理工程师

80. （　　）应由公司有关业务分管部门单独组织，有关人员针对安全工作存在的突出问题，对某项专业（如施工机械、脚手架、电气、塔吊、锅炉、防尘防毒等）存在的普遍性安全问题进行单项检查。

    A. 定期检查　　　　　B. 专业性检查　　　　C. 经常性检查　　　　D. 季节性检查

81. 一个项目经理部应根据（　　）的要求确定安全检查的内容。

    A. 施工过程的特点和安全目标

    B. 操作规程和安全技术交底

    C. 施工过程的特点和安全技术交底

    D. 安全目标和安全技术交底

82. 下列不属于违章作业的是。（　　）

    A. 吊车司机持证上岗　　　　　　　　　B. 安全帽佩戴不正确。
    C. 高空作业不系安全带。　　　　　　　D. 工程运输车辆违规载人。

83. 安全事故隐患处理完毕，（　　）应组织人员检查验收，自检合格后报监理工程师核验。

    A. 建设单位　　　　　B. 检测单位　　　　　C. 施工单位　　　　　D. 监理单位

84. 混凝土搅拌工接触到的主要职业危害为（　　）。

    A. 水泥尘　　　　　　B. 辐射　　　　　　　C. 木屑尘　　　　　　D. 噪声

85. 可能产生职业病危害的建设单位应在（　　）阶段向卫生行政部门提交职业病危害预评价报告书。

    A. 设计　　　　　　　B. 可行性论证　　　　C. 竣工验收　　　　　D. 施工

86. （　　）必须采用有效的职业病防护设施，并为劳动者提供符合职业病防治要求的个人使用的职业病防护用品。

A. 卫生行政部门   B. 职业卫生技术服务机构

C. 用人单位   D. 组织机构

87. 劳动者被诊断患有职业病，如果用人单位没有依法参加工伤社会保险，其医疗和生活保障由（　　）负责。

A. 工伤保险基金   B. 本人   C. 用人单位   D. 政府有关部门

88. 建筑施工中最主要的三种伤亡事故类型为（　　）。

A. 高处坠落、物体打击、触电   B. 坍塌、火灾、中毒

C. 机械伤害、触电、坍塌   D. 职业病、高处坠落、触电

89. 工伤保险指工伤职工从国家和社会获得必要的（　　）的制度。

A. 物质补偿   B. 精神补偿   C. 社会补偿   D. 劳动补偿

90. 《安全生产法》规定：（　　）必须依法参加工伤社会保险。

A. 劳动者   B. 各级政府   C. 生产经营单位   D. 施工管理人员

91. 职工发生工伤，在什么情况下需要进行劳动能力鉴定（　　）。

A. 只要发生工伤就要进行劳动能力鉴定

B. 一发生工伤就应当立即进行劳动能力鉴定

C. 发生工伤，经治疗疗情相对稳定后存在残疾、影响劳动能力的，应当进行劳动能力鉴定

D. 自己认为需要进行劳动能力鉴定的

92. 《生产安全事故报告和调查处理条例》中明确规定：重大事故是指（　　）。

A. 30 人以上死亡   B. 10 人以上 30 人以下死亡

C. 3 人以上 10 人以下死亡   D. 3 人以下死亡

93. 《企业职工伤亡事故分类标准》规定，死亡事故是指事故发生后当即死亡（含急性中毒死亡）或负伤后在（　　）天内死亡的事故。

A. 7   B. 15   C. 20   D. 30

94. 在伤亡事故中，伤害程度为死亡的损失工作日为（　　）日。

A. 3 000   B. 4 000   C. 5 000   D. 6 000

95. 根据《建设工程安全生产管理条例》，施工单位应当为施工现场从事危险作业人员办理（　　）。

A. 平安保险   B. 人寿保险   C. 第三者保险   D. 意外伤害保险

96. 事故应急救援，是指在发生事故时，采取的消除、减少事故危害和防止事故恶化，最大限度的降低（　　）的措施。

A. 人员伤亡   B. 事故损失   C. 再次发生   D. 事故恶化

97. 在事故处理过程中，现场救援指挥时应做的第一件事是（　　）。

A. 向上级有关部门进行汇报   B. 封锁相关消息

C. 立即组织营救受害人员   D. 消除事故影响

98. 根据具体情况而编制的，针对特定的具体场所（即以现场为目标），通常是该类型事故风险较大的场所、装置或重要防护区域等所制定的预案叫（　　）。

A. 综合预案   B. 专项预案   C. 现场预案   D. 紧急预案

99. 应急救援演练是检测培训效果、测试设备和保证所制定的紧急预案和程序（　　）性的最佳方法。

A. 权威   B. 科学   C. 目的   D. 有效

100. （　　）演习是为了熟练掌握操作或完成某种特定任务所需的技能而进行的演习。

A. 全面 B. 单项 C. 组合 D. 分级

101. （ ）演习可展示和检验应急准备及行动的各方面情况。

A. 全面 B. 单项 C. 组合 D. 分级

102. 扑灭火灾属于（ ）演习。

A. 全面 B. 单项 C. 组合 D. 分级

103. 现场应急对策的确定和执行首先要做到（ ）。

A. 危险物质的探测 B. 初始评估

C. 建立现场工作区域 D. 封锁消息

104. 染毒区人员撤离现场时不能做的事情是（ ）。

A. 单独行动，不要成群结队 B. 做好防护再撤离

C. 迅速判明上风方向 D. 应在安全区域进行急救

105. 施工现场预防高温作业中暑，不能采用的措施是（ ）。

A. 提供凉茶 B. 调整工作时间 C. 工人改戴草帽 D. 调整饮食

106. 当有人员烧伤时，应迅速将伤者衣服脱去，用水冲洗降温，不要任意把水泡弄破，目的是避免（ ）。

A. 伤口感染 B. 身体着凉 C. 加重疼痛 D. 伤口流血

107. 根据《建设工程安全生产管理条例》，（ ）应当制定本单位生产安全事故应急救援预案。

A. 设计单位 B. 业主 C. 施工单位 D. 开发商

108. （ ）规定："用人单位应当建立、健全职业病危害事故应急救援预案。"

A.《劳动法》 B.《安全生产法》

C.《工会法》 D.《中华人民共和国职业病防治法》

109. 专职安全生产管理人员发现安全事故隐患，应当及时向（ ）报告。

A. 项目技术人员 B. 上级主管领导

C. 监理 D. 项目负责人和安全生产管理机构

110. 安全事故发生后，现场有关人员应当立即向（ ）报告。

A. 本单位负责人 B. 项目经理 C. 安全员 D. 伤者家属

111.《安全生产法》对事故报告的规定是，生产经营单位发生生产安全事故后，事故现场有关人员应当立即报告（ ）。

A. 当地安全生产监督管理部门 B. 当地消防部门

C. 本单位负责人 D. 项目负责人

112. 轻伤事故由（ ）组织成立事故调查组。

A. 生产车间 B. 生产经营单位

C. 县级人民政府 D. 市级安全生产监督管理部门

113. 特别重大事故的调查（除煤矿特别重大事故外）由（ ）组织成立事故调查组。

A. 国家安全生产监督管理部门

B. 国务院安全生产委员会

C. 国务院

D. 事故发生地省级人民政府安全生产监督管理部门

114. 安全生产（ ）是指因安全生产责任者未履行安全生产有关的法定责任，根据其行为的性质及后果的严重性，追究其行政、民事或刑事责任的一种制度。

A. 事故分析 B. 责任分析 C. 责任追究 D. 事故调查处理

115. 对总承包的施工项目，分包单位应不服从所导致发生生产安全事故的，由（ ）单位承担主要责任。

A. 分包   B. 总包   C. 监理   D. 甲方

116. 生产经营单位发生生产安全事故造成人员伤亡、他人财产损失的，应当依法承担赔偿责任；拒不承担或者其负责人逃逸的由（   ）依法强制执行。

A. 公安机关   B. 人民法院

C. 生产安全监察部门   D. 上级主管部门

117. 工程项目实行施工总承包的，分包单位发生生产安全事故，由（   ）负责统计上报

A. 工程监理单位   B. 分包单位   C. 总承包单位   D. 建设单位

118. 依据《安全生产法》的规定，生产经营单位负责人接到事故报告后，应当（   ）。

A. 迅速采取有效措施，组织抢救

B. 立即向新闻媒体披露事故信息

C. 告知其他人员处理

D. 在 48 小时内报告政府部门组织抢救

119. 安全事故调查的原则是（   ）。

A. 尽快恢复生产，避免间接损失

B. 找到事故原因和责任人并进行处罚

C. 对事故的责任及损失进行分析，尽快消除由此带来的影响

D. 实事求是，尊重科学，及时准确

120. 特别重大事故、重大事故逐级上报至（   ）安全生产监督管理部门和负有安全生产监督管理职责的有关部门。

A. 国务院   B. 省人民政府   C. 市人民政府   D. 县人民政府

121. 施工现场的安全资料，按建设部（   ）中规定的内容为主线整理归集，并按"安全管理"检查评分表所列的 10 个检查项目名称顺序排列，其他各分项检查评分表则作为子项目分别归集到安全管理检查评分表相应的检查项目之内。

A.《建筑施工安全检查标准》

B.《建筑施工现场环境与卫生标准》

C.《建筑与市政工程施工现场专业人员职业标准》

D.《工程建设标准强制性条文》

122. 施工现场安全资料编制的基本原则，错误的是（   ）。

A. 卷内资料排列一般顺序为封面、目录、资料部分和封底

B. 案卷页号的编写应以独立卷为单位

C. 卷内资料统一用 A4 纸，封面用 A3 纸。

D. 在案卷内资料排列顺序确定后，均以有书写内容的页面编写页号。

123. 下列工程资料里，建设单位、监理单位、施工单位都需要保存的是（   ）。

A. 安全技术交底汇总表   B. 冬、雨期施工方案

C. 施工现场安全事故登记表   D. 作业人员安全教育记录表

124. 现场安全资料应保证字迹清晰，签字、盖章手续齐全。计算机形成的工程资料应采用（   ）的方式。

A. 内容打印、签名打印   B. 内容打印、签名手工

C. 内容手工、签名打印   D. 内容手工、签名手工

125. 下列建设单位施工现场安全管理资料中，哪个资料跟监理单位不相关或不需要监理单位保存资料的是（   ）。

A. 建设工程施工许可证

B. 施工合同

C. 施工现场安全生产监督备案、登记表

D. 上级管理部门、政务主管部门检查记录

126. 下列监理单位施工现场安全管理资料中，哪个资料跟监理单位不相关或不需要监理单位保存资料的是（　　）。

A. 监理合同

B. 监理规划、安全监理实施细则

C. 安全监理专题会议纪要

D. 工程技术文件报审表

127. 案卷封面要包括名称、案卷题名、编制单位、安全主管、编制日期、共××册，第××册等。卷内资料、封面、目录、备考表统一采用（　　）幅尺寸。

A. A1
B. A2
C. A3
D. A4

二、多选题

施工安全技术

1. 下列做法中，（　　）对土方边坡稳定有利。

A. 堆物靠近坡顶

B. 坡顶设截挡水措施

C. 坡顶设置震动性设备

D. 尽量缩短边坡的留置时间

2. 基础土方工程施工方案应包括（　　）内容。

A. 地质勘察

B. 排水、降水设计

C. 土方开挖方法和方式

D. 支护结构体系选择和设计

3. 下列关于机械开挖正确的是（　　）。

A. 机械挖土时，挖土机作业半径内不得有人进入

B. 机械可以在输电线路一侧工作

C. 配合挖土机的清坡、清底工人，不准在机械回转半径下工作

D. 运土汽车不宜靠近基坑平行行驶，防止塌方翻车

4. 深基坑工程施工监测要重点把握好的三个环节是（　　）。

A. 施工单位

B. 监测单位

C. 基坑工程监测项目、监测大纲的制定和内容的完备性

D. 监测资料的收集和传递要求

5. 下列关于基坑开挖的安全措施中说法正确的是（　　）。

A. 挖土方前对周围环境要认真检查，不能在危险岩石或建筑物下面作业。

B. 深基坑四周设防护栏杆，人员上下要有专用爬梯。

C. 人工挖基坑时，操作人员之间要保持安全距离，一般大于 10 m。

D. 机械挖土，应严格控制开挖面坡度和分层厚度，防止边坡和挖土机下的土体滑动。

6. 下列关于人工挖孔桩施工的安全要求中说法正确的是（　　）。

A. 参加挖孔的工人，事先必须检查身体，凡患精神病、高血压、心脏病、癫痫病及聋哑的人等不能参加施工。

B. 每天上班前及施工过程中，应随时注意检查辘轳轴、支腿、绳、挂钩、保险装置和吊桶等设备的完好程序，发现有破损的现象时，应及时修复或更换。

C. 正在开挖的井孔，每天上班工作前，应对井壁、混凝土支护，以及井中空气等进行检查，发现异常情况，应采取安全措施后，方可继续施工。

D. 现场施工人员必须戴安全帽，井下人员工作时，井上配合人员不能擅离职守。孔口边 2 m 范围内不得有任何杂物，堆土应离孔口边 3 m 以外。

7. 下列对砌块工程的操作中，正确的是（　　）。

A. 作业前，必须检查各种起重机、夹具、脚手架及其他施工安全设施。

B. 夹具的夹板应夹在砌块的中心线上。

C. 堆放砌块的场地应平整，无杂物。

D. 砌块吊装就位，就可以马上松开夹具。

8. 作业施工中，钢模板部件拆除后，（ ）严禁堆放任何拆下物件。

A. 基坑内　　　　B. 楼层边口　　　C. 脚手架边缘　　　D. 电梯井口

9. 模板拆除的安全要求有（ ）。

A. 先支后拆　　　　　　　　　　B. 后支后拆

C. 先支先拆　　　　　　　　　　D. 先拆非承重模板

10. 钢筋绑扎时的悬空作业，属于不安全的行为是（ ）。

A. 站在钢筋骨架上绑扎　　　　　B. 在搭设操作台架上绑扎

C. 攀登脚手架　　　　　　　　　D. 攀爬模板

11. 下列对钢筋工程中的操作，安全的是（ ）。

A. 高空作业时，不得站在模板或者墙上操作

B. 可以在把钢筋集中堆放在模板上

C. 主体交叉作业时，电弧焊接钢筋与绑扎钢筋作业可以同时进行

D. 起吊钢筋时，不准长短参差不齐

12. 下列关于起重作业人员安全操作要点中，正确的有（ ）。

A. 起重作业范围内应设置明显警戒标志严禁非作业人员通行

B. 起吊作业时起重臂下严禁站人

C. 吊重物时下部驾驶室内不得坐人

D. 重物不得超越驾驶室上方也不得在车后方起吊

13. 下列关于抹灰饰面安全施工技术的说法，错误的是（ ）。

A. 室内抹灰使用的木凳、金属支架应搭设平稳牢固，脚手板跨度不得大于 2 m。

B. 室内抹灰使用的脚手架上堆放材料不得过于集中，在同一跨度内不应超过 1 人。

C. 贴面使用预制件、大理石、磁砖等，应堆放整齐平稳，边用边运。

D. 抹灰作业时，尤其在抹顶棚时，应注意灰浆溅入眼内。

14. 下列关于玻璃工程施工的安全技术中，正确的有。（ ）

A. 进入现场，必须戴好安全帽，扣好帽带，并正确使用个人劳动防护用具。

B. 安装上层窗扇，不要向下乱扔东西，工作时注意脚要踩稳，不要向下看。

C. 门窗可以平放，也可以竖立放置，其竖立坡度不大于 20°。

D. 不准脚踩窗扇芯子，或在窗扇芯子处放置脚手板和悬吊重物。

15. 混凝土搅拌机作业中不得（ ）。

A. 加料　　　　　B. 检修　　　　　C. 加油　　　　　D. 加水

16. 钢筋弯曲机作业时，严禁在（ ）站人。

A. 弯曲作业的半径内　　　　　　B. 机身不设固定销的一侧

C. 作业范围内　　　　　　　　　D. 弯曲作业的半径外

17. 钢筋调直机在（ ）前不得送料。

A. 工作　　　　　B. 润滑保养　　　C. 调直块未固定　　D. 防护罩未盖好

18. 铲运机下坡时（ ）。

A. 应低速行驶　　　B. 不得空挡滑行　　C. 不得转弯　　　D. 不得制动

19. 平刨运转时，（ ）。

A. 不得进行维修　　　　　　　　B. 不得进行保养

C. 不得靠近
D. 不得移动护手装置进行刨削

20. 用圆盘锯锯短料时，应该（　　）。

A. 用手小心的推进去
B. 用推棍

C. 进料速度不能过快
D. 下手接料必须使用刨钩

21. 夏季施工安全教育主要包括（　　）等内容。

A. 安全用电知识
B. 预防雷击知识

C. 防坍塌安全知识
D. 防物体打击知识

22. 雨期施工应考虑施工作业的（　　）措施。

A. 防中毒　　　　　B. 排水　　　　　C. 防雷　　　　　D. 防基坑坍塌

23. 为防止雷电袭击造成事故，在施工现场高出建筑物的（　　）等必须设防雷装置。

A. 塔吊
B. 外用电梯

C. 金属脚手架
D. 土壤电阻率低于 $200\Omega \cdot m$ 处的电线杆

24. 按作业方法不同，建筑拆除工程一般可分为（　　）。

A. 人工拆除　　　B. 机械拆除　　　C. 爆破拆除　　　D. 民用建筑拆除

25. 各类模板拆除的顺序和方法，应根据模板设计的规定进行。如果模板设计无规定时，应符合下列（　　）规定。

A. 先支的后拆，后支的先拆

B. 先支的先拆，后支的后拆

C. 先拆非承重的模板，后拆承重的模板

D. 先拆承重的模板，后非承重的模板

26. 下列关于拆除工程临时用电规定的叙述（　　）是正确的。

A. 夜间施工必须有足够照明。

B. 电动机械和电动工具必须装设漏电保护器。

C. 电动机械和电动工具保护零线的电气连接应符合要求。

D. 产生振动的设备，其保护零线的连接点不应少于 1 处。

27. 台风、暴雨后，应对高处作业安全设施逐项加以检查，发现有（　　）现象，应立即修理完善。

A. 违章　　　　　B. 松动　　　　　C. 变形　　　　　D. 损坏

28. 临边防护栏杆的上杆应符合下列（　　）的规定。

A. 离地高度 $1.0\sim1.2$ m
B. 离地高度 $0.5\sim0.6$ m

C. 承受外力 1 000 N
D. 承受外力 2 000 N

29. 高处作业中的（　　）工具和设施，必须在施工前进行检查，确认其完好，方可投入使用。

A. 安全标志　　　B. 工具　　　　　C. 仪表　　　　　D. 身体状况

30. 悬空作业应有牢靠的立足处，并必须视具体情况配置（　　）或其他安全设施。

A. 平网　　　　　B. 栏杆　　　　　C. 防护栏网　　　D. 安全警告标志

31. 安全网主要由（　　）部分组成。

A. 网体　　　　　B. 边绳　　　　　C. 系绳　　　　　D. 网格

32. 以下属于脚手架安全使用"十二道关"的有（　　）。

A. 人员关　　　　B. 材质关　　　　C. 尺寸关　　　　D. 结构关

33. 脚手架搭设中，（　　）等设施必须同时跟进。

A. 跳板　　　　　B. 告示牌　　　　C. 安全网　　　　D. 连墙件

34. 落地式双排脚手架每一连墙件覆盖面积的规定，（　　）是正确的。

A. 架高不大于 50 m 时，覆盖面积不大于 40 m^2

B. 架高不大于 50 m 时，覆盖面积不大于 50 m²

C. 架高大于 50 m 时，覆盖面积不大于 30 m²

D. 架高大于 50 m 时，覆盖面积不大于 27 m²

35. 附着升降脚手架的架体必须在附着支撑部位沿全高设置定型的竖向主框架，且应采用（　　）连接结构，

 A. 焊接   B. 螺栓   C. 钢管扣件   D. 碗扣

36. 电力线路防护的基本措施是（　　）。

 A. 保证安全操作距离   B. 架设安全防护设施

 C. 设定警戒区域   D. 悬挂警告标志牌

37. 施工现场电工应承担临时用电工程的（　　）工作。

 A. 临时用电组织设计   B. 巡检

 C. 维修   D. 拆除

38. 按照《建筑施工现场临时用电安全技术规范》，施工现场临时用电达到下列（　　）条件之一的，需要编制临时用电组织设计。

 A. 用电设备 5 台及以上   B. 用电设备 5 台及以下

 C. 用电设备总容量 50 kW 及以上 D. 用电设备总容量 50 kW 及以下

39. 配电箱、开关箱的配电原则是（　　）。

 A. "三级配电、两级保护"原则。

 B. 开关箱"一机、一闸、一漏、一箱、一锁"原则。

 C. 动力、照明配电分设原则。

 D. "两级配电、两级保护"原则。

40. 建筑施工现场临时用电工程专用的电源中性点直接接地的 220 V、380 V 三相四线制低压电力系统，必须符合下列规定（　　）。

 A. 采用三相供电   B. 采用三级配电系统

 C. 采用 TN-S 接零保护系统   D. 采用二级漏电保护系统

41. 残缺绝缘盖的闸刀开关禁止使用，开关不得采用（　　）线作熔断保险丝。

 A. 铜   B. 铁   C. 铝   D. 铅

42. 建筑施工现场常备的消防器具有（　　）。

 A. 沙子   B. 消防桶   C. 消防锨   D. 灭火器

43. 施工现场应当制定（　　）等消防安全管理制度。

 A. 社区联防制度

 B. 用火用电制度、易燃易爆危险物品管理制度

 C. 消防设施维护保养制度、消防值班制度

 D. 消防安全检查制度

44. 以下（　　）属于特种设备。

 A. 电梯   B. 起重机械

 C. 危险性较大的锅炉   D. 混凝土振动棒

45. 出租单位出租的建筑起重机和使用单位购置、租赁、使用的建筑起重机械应当具备（　　）。

 A. 特种设备制造许可证   B. 产品合格证

 C. 制造监督检验证明   D. 监理单位证明

46. 根据《建筑起重机械安全监督管理规定》，安装单位应当将建筑起重机械安装、拆卸工程专项施工方案，安装、拆卸人员名单，安装、拆卸时间等材料报（　　）审核后，告知工程所在地县级以上人民政府建设主管部门。

A. 建设单位　　　　　　　　　　　　　B. 施工总承包单位

C. 监理单位　　　　　　　　　　　　　D. 质量监督部门

47. 升降机在（　　）等时必须停止运行并将梯笼降到底层切断电源。

A. 大雨　　　　　　　　　　　　　　　B. 大雾

C. 六级及以上大风　　　　　　　　　　D. 四级及以上大风

48. 起重机械使用管理中，塔机、施工升降机、物料提升机等大型机械应做到（　　）"三定"制度。

A. 定量　　　　　B. 定人　　　　　C. 定机　　　　　D. 定岗

49. 物料提升机的稳定性能主要取决于物料提升机的下列（　　）部件。

A. 基础　　　　　B. 缆风绳　　　　C. 附墙架　　　　D. 标准节

50. 物料提升机安装中对卷扬机安装安全技术要求说法正确的是（　　）。

A. 卷扬机位置应尽量远离危险作业区

B. 卷扬机的钢丝绳在运行中不拖地，不被水浸泡

C. 卷筒应与导向滑轮中心线成垂直

D. 锚桩应牢固，钢丝绳可以栓在树木、电杆上

51. 物料提升机应设置下列那些安全装置（　　）。

A. 安全停靠装置　　　　　　　　　　　B. 断绳保护装置

C. 通讯装置　　　　　　　　　　　　　D. 上极限限位器

52. 下列说法中，关于物料提升机的安全规定正确的是（　　）。

A. 物料提升机的钢丝绳可以接长使用

B. 严禁人员攀登、穿越提升机架体

C. 严禁人员搭乘吊篮上下

D. 提升机吊篮和架体的颜色可以一致

施工项目安全控制

1. 安全生产是是为了使生产过程在符合物质条件和工作程序下进行，防止发生人身伤亡、财产损失等事故，采取的（　　）的一系列措施和活动。

A. 控制自然灾害的破坏　　　　　　　　B. 保障人身安全和健康

C. 环境免遭破坏　　　　　　　　　　　D. 设备和设施免遭损坏

2. 下列（　　）属于《施工企业安全生产评价标准》规定的施工企业安全生产管理制度。

A. 安全检查制度　　　　　　　　　　　B. 安全生产资金保障制度

C. 安全教育培训制度　　　　　　　　　D. 安全论证制度

3. 国家对（　　）实行安全生产许可制度。

A. 建设单位　　　　　　　　　　　　　B. 建筑施工企业

C. 危险化学品生产企业　　　　　　　　D. 烟花爆竹生产企业

4. 下列属于建筑施工企业安全生产管理机构的职责的是（　　）。

A. 宣传和贯彻国家有关安全生产法律法规和标准。

B. 编制并适时更新安全生产管理制度并监督实施。

C. 参与危险性较大工程安全专项施工方案专家论证会。

D. 监督作业人员安全防护用品的配备及使用情况。

5. 下列属于项目专职安全生产管理人员的职责的是（　　）。

A. 负责施工现场安全生产日常检查并做好检查记录。

B. 现场监督危险性较大工程安全专项施工方案实施情况。

C. 建立企业在建项目安全生产管理档案。

D. 对作业人员违规违章行为有权予以纠正或查处。

6. 建设部《建筑施工企业主要负责人、项目负责人和专职安全生产管理人员安全生产考核管理暂行规定》，建筑施工企业专职安全生产管理人员，是指在企业专职从事安全生产管理工作的人员，包括（　　　）。

A. 施工单位安全生产管理机构的工作人员

B. 分管安全生产工作的副经理

C. 施工单位安全生产管理机构的负责人

D. 施工单位安全生产委员会负责人

7. 以下（　　　）属于建筑施工企业申请安全生产许可证的条件。

A. 建立、健全安全生产责任制，制定完备的安全生产规章制度和操作规程。

B. 保证本单位安全生产条件所需资金的投入。

C. 设置安全生产管理机构，按照国家有关规定配备专职安全生产管理人员。

D. 管理人员和作业人员每两年进行一次安全生产教育培训并考核合格。

8. 以下关于安全生产许可证的说法中，（　　　）是正确的。

A. 安全生产许可证的有效期为5年。安全生产许可证有效期满需要延期的，企业应当于期满前3个月向原安全生产许可证颁发管理机关申请办理延期手续。

B. 建筑施工企业变更名称、地址、法定代表人等，应当在变更后10日内，到原安全生产许可证颁发管理机关办理安全生产许可证变更手续。

C. 建筑施工企业破产、倒闭、撤销的，应当将安全生产许可证交回原安全生产许可证颁发管理机关予以注销。

D. 建筑施工企业遗失安全生产许可证，应当立即向原安全生产许可证颁发管理机关报告，并在公众媒体上声明作废后，方可申请补办。

9. "创建标准化示范工地"项目在施工过程中存在下列情况（　　　）之一的，由相关市州住房和城乡建设主管部门或其建设工程安全生产监督机构实行临时摘牌。

A. 存在违反工程质量和安全生产强制性标准不及时纠正的

B. 未按规范标准和有关规定，制定项目安全生产各项规章制度的

C. 工程项目存在专业分包，但未明确分包单位的安全生产责任的

D. 在施工过程中出现施工安全重大危险源未及时补录的

10. "安全质量标准化示范工程"是指施工现场的（　　　）达到国家及行业相关标准要求，能对本地区安全质量标准化施工起到典型示范作用的工程项目。

A. 安全生产　　　　B. 文明施工　　　　C. 工程造价　　　　D. 工程质量

11. 安全标志主要包括（　　　）等。

A. 安全标志牌　　　　B. 安全色　　　　C. 几何图形　　　　D. 图形符号

12. 文明施工现场入口应有以下标牌（　　　）。

A. 管理人员名单及监督电话　　　　B. 消防保卫牌

C. 安全生产牌　　　　D. 公司业绩牌

13. 产生水污染的施工环节有（　　　）。

A. 桩基施工、基坑护壁施工过程的泥浆

B. 混凝土（砂浆）搅拌机械、模版、工具的清洗产生的水泥浆污水

C. 现浇水磨石施工的水泥浆

D. 食堂

14. 施工现场防治空气污染的主要措施有（　　　）。

A. 油毡、橡胶、塑料等各种废弃物品及时焚烧

B. 拆除旧建筑物时，应用大量水冲洗，防止扬尘

C. 施工现场道路应指定专人定期洒水清扫

D. 施工现场混凝土搅拌场所应采取封闭、降尘措施

15. 危险性较大的分部分项工程专项施工方案应当组织（　　　）等专业技术人员编制、审核。

A. 资料　　　　　　B. 施工技术　　　　　C. 安全　　　　　　D. 质量

16. 施工项目安全管理计划的原则是（　　　）。

A. 预防性　　　　　B. 全过程性　　　　　C. 科学性　　　　　D. 前瞻性

17. 下列属于安全管理计划的基本内容的是（　　　）。

A. 设计计划依据　　　　　　　　　B. 施工进度

C. 建筑及场地布置　　　　　　　　D. 预期效果评价

18. 下列属于安全管理计划中工程概述的是（　　　）。

A. 本项目设计所承担的任务及范围。

B. 工程性质、地理位置及特殊要求。

C. 改建、扩建前的职业安全和卫生状况。

D. 国家、地方政府和主管部门的有关规定。

19. 按照《危险性较大工程安全专项施工方案编制及专家论证审查办法》，下列（　　　）工程建筑施工企业应当组织专家组进行论证审查。

A. 起重吊装工程

B. 开挖深度超过 5 米的深基坑工程

C. 城市房屋拆除爆破和其他土石大爆破工程

D. 高大模板工程

20. 顶管前，根据地下顶管施工技术要求，按实际情况制定的专项安全技术方案和措施必须符合（　　　）。

A. 规范　　　　　　B. 标准　　　　　　C. 规程　　　　　　D. 领导指示

21.《建设工程安全生产管理条例》规定，作业人员进入（　　　）前，应当接受安全生产教育培训。未经教育培训或者教育培训考核不合格的人员，不得上岗作业。

A. 施工单位　　　　B. 工程项目　　　　C. 新的岗位　　　　D. 新的施工现场

22. 企业安全生产教育培训符合相关法律规定的做法是（　　　）。

A. 对管理人员和作业人员每两年至少进行一次安全生产教育培训

B. 在作业人员进入新的岗位或者新的施工现场前，必须进行安全生产教育培训

C. 进入新岗位和新的施工现场的作业人员，未经教育培训或者教育培训的考核不合格的人员不得上岗作业

D. 在采用新技术、新工艺、新设备、新材料时，对作业人员进行相应的安全生产教育培训

23.《安全生产法》规定，生产经营单位采用（　　　）等，必须了解、掌握其安全技术特性，采取有效的安全防护措施，并对从业人员进行专门的安全生产教育和培训。

A. 新工艺　　　　　B. 新技术　　　　　C. 新材料　　　　　D. 新结构

24. 建设工程施工前，施工单位负责项目管理的技术人员应当对有关安全施工的技术要求向（　　　）作出详细说明，并由双方签字确认。

A. 项目负责人　　　　　　　　　　B. 施工单位安全员

C. 作业班组　　　　　　　　　　　D. 作业人员

25. 下列对安全技术交底主要内容的叙述，（　　　）是正确的。

A. 安全负责人的电话

B. 针对危险部位采取的具体防范措施

C. 作业中应注意的安全事项

D. 作业人员应遵守的安全操作规程和规范

26. 安全技术交底工作在正式作业前进行，应有书面文字材料，并履行签字手续，三方存档，下面（　　）属于"三方"范围。

 A. 施工负责人 B. 监理   C. 生产班组   D. 现场安全员

27. 施工现场临电设施安装完毕由项目技术负责人组织（　　）等人按临时用电施工组织设计进行检查验收。

 A. 临时用电施工组织设计编制   B. 项目安全员

 C. 项目生产经理   D. 临电负责人

28. 建筑施工安全检查评分汇总表中各分项满分为 10 分的有（　　）。

 A. 安全管理 B. 脚手架 C. 施工机具 D. 施工用电

29. 建筑施工安全检查评定的等级划分为优秀，应符合下列规定（　　）。

 A. 分项检查评分表无零分   B. 分项检查评分表在 60 分及以上

 C. 汇总表得分值应在 80 分及以上 D. 汇总表得分值应在 75 分及以上

30. 安全检查是安全生产管理工作的一项重要内容，是安全生产工作中发现不安全状况和不安全行为的有效措施，是（　　）的重要手段。

 A. 消除事故隐患   B. 纠正违章作业

 C. 落实整改措施   D. 做好安全技术交底

31. 安全检查的主要形式包括（　　）。

 A. 上级安全检查   B. 经常性安全检查

 C. 自行安全检查   D. 三级安全检查

32. 下列（　　）属于安全检查隐患整改"三定"原则的内容。

 A. 定计划 B. 定人 C. 定期限 D. 定措施

33. 安全检查的形式包括（　　）。

 A. 经常性安全检查   B. 专业性安全检查

 C. 社会性安全检查   D. 季节性安全检查

34. 下列所述行为属于违章操作的是。（　　）

 A. 氧气、乙炔两瓶间距过近   B. 高空作业不系安全带

 C. 吊车工作半径下严禁站人   D. 对机械没有进行正确的保养和维修

35. 安全事故隐患处理完毕，施工单位写出安全隐患处理报告，报监理单位存档，报告主要内容如下：（　　）。

 A. 安全事故造成的经济损失   B. 基本整改处理过程描述

 C. 安全事故隐患原因分析结果   D. 对处理结果的检查、验收结论

36. 建筑工地噪声主要有以下（　　）几种。

 A. 机械性噪声   B. 施工人员叫喊声

 C. 空气动力性噪声   D. 电磁性噪声

37. 建筑工地工人不得在有害作业场所内（　　），饭前饭后必须先洗手、漱口，严防有害物随着食物进入体内。

 A. 吸烟 B. 吃食物 C. 洗脸 D. 漱口

38. 在涂刷各种防腐涂料作业时，必须根据（　　）场地大小，采取多台抽风机把苯等有害气体抽出室外，以防止急性苯中毒。

 A. 地面   B. 通风不良的车间

C. 通风不良的地下室　　　　　　　　D. 通风不良的防水池内

39. 按伤害方式来进行划分，工伤事故包括（　　　）。

A. 物体打击　　　B. 火灾　　　　C. 过失伤害　　　D. 高处坠落

40. 事故隐患泛指生产系统中导致事故发生的（　　　）。

A. 人的不安全行为　　　　　　　　　B. 自然因素

C. 物的不安全状态　　　　　　　　　D. 管理上的缺陷

41. 职工有下列情况之一的，不能认定为工伤或者视同工伤（　　　）。

A. 因犯罪或者违反治安管理伤亡的

B. 酗酒导致伤亡的

C. 自残或者自杀的

D. 上、下班途中受到机动车事故伤害的

42. 下列问题中属于应急准备工作不足的是（　　　）。

A. 对员工进行教育培训不够

B. 只有安全科的员工组成预案编制组

C. 没有进行事故的演练

D. 应急救援的器材不足

43. 应急预案包括的原则有（　　　）。

A. 目的性原则　　　B. 实用性原则　　　C. 可变性原则　　　D. 科学性原则

44. 事故救援预案演练主要有（　　　）几种方式。

A. 分级演习　　　B. 单项演习　　　C. 组合演习　　　D. 全面演习

45. 在房屋倒塌中的受伤人员，一般均表现为肢体受压。这种情况下的伤肢不应该（　　　）。

A. 热敷　　　　　　　　　　　　　　B. 局部按摩

C. 用弹性绷带缠绕伤肢　　　　　　　D. 抬高

46. 工作人员中暑时，正确的做法有（　　　）。

A. 将中暑者迅速转移至阴凉通风的地方，解开衣服、脱掉鞋子，让其平卧，头部不要垫高

B. 用凉水或50％酒精擦其全身，直到皮肤发红，血管扩胀以促进散热

C. 能饮水的患者应鼓励其喝足凉盐开水或其他饮料，不能饮水者，应予静脉补液

D. 立即把患者送往医院进行诊治，陪同人员必须做好防护隔离措施

47. 重大事故发生后，下列施工单位所做的工作，（　　　）是正确的。

A. 消除现场重要痕迹

B. 将受伤人员立即保护起来，防止新闻单位报道

C. 采取措施防止事故扩大

D. 对事故现场进行拍照或者录像

48. 进行事故原因分析包括以下（　　　）步骤。

A. 整理和阅读调查材料　　　　　　　B. 分析伤害方式

C. 分析确定事故的直接原因　　　　　D. 确定事故的责任者

49. 事故处理应当遵循下列（　　　）的原则。

A. 实事求是、尊重科学　　　　　　　B. 属地管理

C. 公正、公平、公开　　　　　　　　D. 分级管辖

50. 在施工现场安全资料分类表中，施工现场重大危险源识别汇总表是由（　　　）保存的。

A. 建设单位　　　B. 监理单位　　　C. 施工单位　　　D. 设计单位

51. 在施工现场安全资料分类表中，施工现场安全生产管理检查评分表是由（　　　）保存的。

A. 建设单位　　　B. 监理单位　　　C. 施工单位　　　D. 设计单位

52. 关于施工现场安全资料编制要求中正确的是（   ）。

A. 现场安全资料应保证字迹清晰。　　　　B. 应尽量使用原件

C. 可以用计算机打印资料内容　　　　　　D. 计算机形成的资料签名也可打印

三、案例题

1.【背景资料】某项目在人工挖孔桩施工发生了触电伤亡事故，据事故调查，该项目安全管理不到位，施工组织设计中没有现场临时用电方案，也没有人工挖孔桩的专项施工方案。出事地点配电箱没有配备漏电保护开关，现场用电采用的是三相四线制。

请依据上述背景资料完成1～10题的选项。

请根据背景资料完成相应小题选项，其中判断题二选一（A、B选项），单选题四选一（A、B、C、D选项），多选题四选二或三（A、B、C、D选项）。

1）单位（项）工程施工组织设计是以一个分部工程或其一个分项工程为对象编制的，是指导工程项目生产活动的综合性文件。（   ）

A. 正确　　　　　　　B. 错误

2）触电的种类包括（   ）。

A. 单线触电　　　　B. 双线触电　　　　C. 跨步电压触电　　　　D. 双手触电

3）TN-S接地、接零保护系统和三相四线制的主要区别是多了一条保护零线（PE线），用于连接电气设备正常情况下不带电的外露可导电部分（金属外壳、基座等）。（   ）

A. 正确　　　　　　　B. 错误

4）一般场所开关箱中漏电保护器，其额定漏电动作电流为（   ）。

A. 10 mA　　　　B. 20 mA　　　　C. 30 mA　　　　D. $\not>$30 mA

5）"两级保护"主要指采用漏电保护措施，除在末级开关箱内加装漏电保护器外，还要在上一级分配电箱或总配电箱中再加装一级漏电保护器，总体上形成两级保护（   ）

A. 正确　　　　　　　B. 错误

6）"三级配电"是指配电系统应设置总配电箱、分配电箱、开关箱，形成三级配电。（   ）

A. 正确　　　　　　　B. 错误

7）安全专项施工方案除应包括相应的安全技术措施外，还应当包括（   ）等内容。

A. 监控措施　　　　B. 应急方案　　　　C. 成本控制方案　　　　D. 紧急救护措施

8）根据《建设工程安全生产管理条例》的规定，施工单位应当对下列哪些达到一定规模的危险性较大的分部分项工程编制专项施工方案，并附具安全验算结果？（   ）

A. 基坑支护与降水工程　　　　　　B. 水暖通风工程

C. 土方开挖工程　　　　　　　　　D. 模板工程

9）《施工现场临时用电安全技术规范》规定：施工现场所有用电设备，除做保护接零外，必须在设备负荷线路的首端处设置（   ）。

A. 用电档案　　　　B. 变配电装置　　　　C. 现场照明装置　　　　D. 漏电保护装置

10）人工挖孔时，孔下照明必须使用36V以下安全电压。（   ）

A. 正确　　　　　　　B. 错误

2.【背景资料】2008年4月30日，由××公司承建的某国际商业广场B区在天井顶盖浇筑混凝土过程中发生一起坍塌事故（模架约21 m高），造成8人死亡，3人受伤，直接经损失339.4万元。

事故发生后，×市政府立即派出调查组对事故进行调查。现已查明，引起这起事故的原因有：天井顶盖支模架搭设材料的质量和搭设方式均不符合规范要求，立杆钢管承载力不能满足施工荷载要求，致使支模架整体失稳；天井浇筑施工中出现局部塌陷时，现场施工负责人违章指挥支模工冒险作业；法律法规意识淡漠；安全管理混乱；教育培训不落实；安全监管工作不到位等。

请依据上述背景资料完成 1～10 题的选项。

请根据背景资料完成相应小题选项，其中判断题二选一（A、B 选项），单选题四选一（A、B、C、D 选项），多选题四选二或三（A、B、C、D 选项）。

1）根据国务院 493 号令规定，该事故属于（　　　）。

A. 特别重大事故　　　B. 重大事故　　　　　C. 较大事故　　　　　　D. 一般事故

2）该事故定性为责任事故，则非责任事故包括（　　　）。

A. 为达到既定目的故意制造的事故

B. 由于不可抗力事件所造成的事故

C. 由于人的过失造成的事故

D. 由于科技条件的限制而造成的无法预料的事故

3）该项目模架属于高支模，属于重大危险源。（　　　）

A. 正确　　　　　　　B. 错误

4）该模架搭设前，施工单位应编制安全专项施工方案，建设单位应组织专家论证。（　　　）

A. 正确　　　　　　　B. 错误

5）该起事故产生的原因很多，其中（　　　）是导致该起事故的直接原因。

A. 安全管理混乱　　　　　　　　　B. 违章指挥、冒险作业

C. 教育培训不落实　　　　　　　　D. 钢管立杆承载力不足

6）如你是该项目的安全员，发现天井浇筑施工中出现局部塌陷时，首先应（　　　）。

A. 撤离天井屋面作业人员　　　　　B. 报告项目经理

C. 安排工人进行加固　　　　　　　D. 进行楼面卸载处理

7）该模架搭设前，对搭设人员要求包括（　　　）。

A. 搭设人员可以是普通模板工　　　B. 应是专业架子工

C. 应接受书面的安全技术交底　　　D. 应进行岗前培训

8）影响钢管立柱承载力的因素包括（　　　）等。

A. 扣件连接质量　　　　　　　　　B. 壁厚偏差

C. 搭设垂直度偏差　　　　　　　　D. 上部载荷大小

9）该模架支撑钢管立柱的接长应采用（　　　）。

A. 搭接　　　　　　　B. 对接　　　　　　　C. 搭接或对接　　　D. 错位接长

10）模架钢管立柱底部应设底座及垫板，垫板厚度不应小于 50 mm。（　　　）

A. 正确　　　　　　　B. 错误

3.【背景资料】某建筑工地有一井字架，工人王某在技工未在场的情况下擅自开动卷扬机提升物料，因操作失误且无超高限位装置，使滑轮直接顶到天轮，造成地轮被拉起，恰在此时另一工人吴某正横跨卷扬机的水平钢丝绳，钢丝绳将吴某弹起摔出，造成吴某颅脑受伤死亡，主管工长在进行检查时发现无超高限协装置问题，但未及时整改。

请依据上述背景资料完成 1～10 题的选项。

请根据背景资料完成相应小题选项，其中判断题二选一（A、B 选项），单选题四选一（A、B、C、D 选项），多选题四选二或三（A、B、C、D 选项）。

1）根据《企业职工伤亡事故分类》，该事故的类别应为（　　　）。

A. 物体打击　　　B. 机械伤害　　　C. 起重伤害　　　D. 车辆伤密

2）造成该事故的直接原因是王某无证操作。（　　　）

A. 正确　　　　　　　B. 错误

3）此次事故的主要责任人为（　　　）。

A. 企业经理　　　　　　　　　　　B. 现场安全生产管理负责人

C. 主管工长　　　　　　　　　　D. 工人王某

4）卷扬机的固定方法有（　　　）

A. 拖拉绳固定法　　B. 固定基础法　　C. 平衡重法　　　D. 地锚法

5）卷扬机卷筒与钢丝绳直径的比值应不小于50。（　　　）

A. 正确　　　　　　B. 错误

6）作业中，任何人不得跨越正在作业的卷扬钢丝绳。（　　　）

A. 正确　　　　　　B. 错误

7）当卷扬机的牵引力一定时，滑轮的轮数愈多则（　　　）。

A. 速比愈小，而起吊能力愈大　　　　B. 速比愈大，起吊能力也愈大

C. 速比愈大，而起吊能力愈小　　　　D. 速比愈小，起吊能力也愈小

8）卷扬机绳筒轴端定位不准确会引起轴疲劳断裂。（　　　）

A. 正确　　　　　　B. 错误

9）起吊设备时，电动卷扬机卷筒上钢丝绳余留圈数应不少于（　　　）圈。

A. 2　　　　　　　　B. 3　　　　　　　C. 4　　　　　　　D. 5

10）下列关于卷扬机的安全要求中正确的有：（　　　）。

A. 卷扬机司机应经专业培训持证上岗

B. 暂停作业时，不必将物件或吊笼降至地面

C. 作业前应先空转，确认电气、制动以及环境情况良好才能操作

D. 司机应随时注意操作条件及钢丝绳的磨损情况

4.【背景资料】某工地负责人根据工程需要决定将6♯楼桥式架子下落一层，队长穆某派壮工佟某和马某上桥做落架子工作，工人虽带安全带，但未挂在架柱上，当落两边4米跨桥架子时，桥架两端倒链脱钩，桥架倾翻，佟、马二人摔下，当场死亡。

请依据上述背景资料完成1～10题的选项。

请根据背景资料完成相应小题选项，其中判断题二选一（A、B选项），单选题四选一（A、B、C、D选项），多选题四选二或三（A、B、C、D选项）。

1）造成该事故的直接原因是（　　　）。

A. 队长违章指挥，派壮工从事特种作业

B. 未对工人进行安全教育

C. 佟、马二人违反规定，未使用安全带

D. 未进行安全技术交底

2）该事故的直接责任者为壮工佟某、马某。（　　　）

A. 正确　　　　　　B. 错误

3）垂直运输机械作业人员、安装拆卸工、爆破作业人员、起重信号工、登高架设作业人员等特种作业人员，必须按照国家有关规定经过（　　　）培训，并取得特种作业操作资格证书后，方可上岗作业。

A. 专门的安全作业　　　　　　B. 三级教育

C. 安全教育　　　　　　　　　D. 安全技能

4）施工单位的作业人员中（　　　）属于我省规定的特种作业人员。

A. 架子工　　　　　　B. 钢筋工　　　　　C. 电工　　　　　　D. 瓦工

5）下列（　　　）情况不属于违章作业。

A. 高处作业穿硬底鞋

B. 任意拆除设备上的照明设施

C. 特种作业持证者独立进行操作

D. 非岗位人员任意在危险要害区域内逗留

6) 对特种作业人员实行（　　　）。

A. 资格认定制度 　　　　　　　　　　B. 持证上岗制度

C. 有证上岗制度 　　　　　　　　　　D. 资格认定年检制度

7) 所谓特种作业人员，是指直接从事特种作业者，其作业的场所、操作的设备、操作内容具有较大的危险性，容易发生伤亡事故，或者容易对操作者本人、他人以及周围设施的安全造成重大危害。（　　　）

A. 正确 　　　　　　B. 错误

8) 以下那些是建筑行业中的特种作业（　　　）。

A. 电工作业 　　　　　　　　　　　　B. 搭设脚手架作业

C. 爆破作业 　　　　　　　　　　　　D. 抹灰工

9) 离开特种作业岗位达（　　　）以上的特种作业人员，应当重新进行实际操作考核，经确认合格后方可上岗作业。

A. 3 个月 　　　　B. 半年 　　　　C. 一年 　　　　D. 两年

10) 施工单位的作业人员或者特种作业人员未经安全教育培训或者经考核不合格，不得从事相关工作。（　　　）

A. 正确 　　　　　　B. 错误

5.【背景资料】某住宅楼工程施工，房屋檐口标高 32.00 m，室外自然地坪标高 −0.50 m。该工程外架采用双排钢管扣件式落地架，钢管 Φ48.3×3.6 mm，步距 1.50 m，立杆横距 1.05 m，跨距 1.50 m，连墙件按三步四跨设置，密目式安全立网封闭，采用竹串片脚手板，为装饰用途外架。

请依据上述背景资料完成 1～10 题的选项。

请根据背景资料完成相应小题选项，其中判断题二选一（A、B 选项），单选题四选一（A、B、C、D 选项），多选题四选二或三（A、B、C、D 选项）。

1) 对该工程外架，下列（　　　）说法正确。

A. 不需要编制专项施工方案 　　　　　B. 外架构架尺寸按构造确定

C. 需要编制专项施工方案 　　　　　　D. 需要编制专项施工方案并组织专家论证

2) 该外架搭设高度，宜高出房屋檐口高度（　　　）m。

A. 0.5 　　　　B. 1.0 　　　　C. 1.5 　　　　D. 2.0

3) 该外架连墙件设置不符合基本构造要求。（　　　）

A. 正确 　　　　　　B. 错误

4) 该外架关于构架加强的说法，正确的是（　　　）。

A. 外侧全立面连续设置剪刀撑 　　　　B. 外侧立面间隔 15 m 设置剪刀撑

C. 开口架两端必须设置横向斜撑 　　　D. 封闭架不需要设置横向斜撑

5) 该外架作业层上的均布施工荷载标准值，一般按（　　　）kN/m² 。

A. 1 　　　　B. 2 　　　　C. 3 　　　　D. 4

6) 外架扣件螺栓拧紧扭力矩不应小于（　　　）。

A. 40 N·m 　　　B. 40 kN·m 　　　C. 65 N·m 　　　D. 65 kN·m

7) 外架作业层需设 1.0 m 高的防护栏杆和挡脚板。（　　　）

A. 正确 　　　　　　B. 错误

8) 按《建筑施工安全检查标准》对该外架检查评分，下列（　　　）属于保证项目。

A. 立杆基础 　　　B. 交底与验收 　　　C. 杆件搭接 　　　D. 架体与结构拉结

9) 脚手架避雷接地电阻值应不大于（　　　）Ω。

A. 4 　　　　B. 10 　　　　C. 20 　　　　D. 30

10) 脚手架分段拆除时，高差应不大于 3 步；如高差大于 3 步，应增设连墙件加固。（　　）

A. 正确　　　　　B. 错误

6.【背景资料】2010 年 11 月 15 日，×市×区×路 A 公寓大楼发生特别重大火灾事故，造成 48 人死亡，91 人受伤，直接经济损失 1.35 亿元。

国务院事故调查组查明，该起特别重大火灾事故是一起因企业违规造成的责任事故。事故的直接原因：在×路 A 公寓大楼节能综合改造项目施工过程中，施工人员违规在 10 层电梯前室北窗外进行电焊作业，电焊溅落的金属熔融物引燃下方 9 层位置脚手架防护平台上堆积的聚氨酯保温材料碎块、碎屑引发火灾。事故的间接原因：一是建设单位、投标企业、招标代理机构相互串通、虚假招标和转包、违法分包。二是工程项目施工组织管理混乱。三是设计企业、监理机构工作失职。四是市、区两级建设主管部门对工程项目监督管理缺失。五是×区公安消防机构对工程项目监督检查不到位。六是×区政府对工程项目组织实施工作领导不力。

根据国务院批复的意见，依照有关规定，对 38 名事故责任人作出严肃处理。

请依据上述背景资料完成 1～10 题的选项。

请根据背景资料完成相应小题选项，其中判断题二选一（A、B 选项），单选题四选一（A、B、C、D 选项），多选题四选二或三（A、B、C、D 选项）。

1) 该事故为特别重大事故，根据国务院 493 号令规定，其他三个等级是（　　）。

A. 重大事故　　　　B. 较大事故　　　　C. 一般事故　　　　D. 急性中毒事故

2) 该事故定性为责任事故，则责任事故是指（　　）。

A. 为达到既定目的故意制造的事故

B. 由于不可抗力事件所造成的事故

C. 由于人的过失造成的事故

D. 由于科技条件的限制而造成的无法预料的事故

3) 该事故的间接原因共列出 6 条，它们共同属于（　　）方面的原因。

A. 人的不安全行为　　　　　　　　B. 物的不安全状态

C. 环境的不安全因素　　　　　　　D. 管理缺陷

4) 一般事故原因分析，应确定发生事故的（　　）原因。

A. 直接　　　　B. 间接　　　　C. 一般　　　　D. 主要

5) 如你是该项目的安全员，发现违规焊接作业，首先应（　　）。

A. 制止焊接作业　　　　　　　　B. 报告项目经理

C. 提醒作业者　　　　　　　　　D. 守在作业现场监督

6) 对安全事故的责任者的处罚形式，包括（　　）。

A. 经济处罚　　　B. 行政处分　　　C. 追究刑事责任　　　D. 道德谴责

7) 安全操作要求，电焊机施焊现场（　　）m 范围内不得堆放易燃易爆物品。

A. 5　　　　B. 10　　　　C. 20　　　　D. 30

8) 电焊机一次侧电源线应穿管保护，长度一般不超过（　　）m。

A. 5　　　　B. 8　　　　C. 10　　　　D. 30

9) 下列外墙保温材料中，防火性能最好的是（　　）。

A. 聚氨酯保温材料　　　　　　　　B. 阻燃型 EPS 保温板

C. XPS 保温板　　　　　　　　　　D. 岩棉保温板

10) 高空焊接必须系好安全带，焊接周围和下方应采取防火措施，并应有专人监护。（　　）

A. 正确　　　　　B. 错误

7.【背景资料】某月某日，某电化厂液氯工段发生液氯钢瓶爆炸，使该工段 414 m² 厂房全部摧毁，相邻的冷冻厂厂房部分倒塌，两个厂房内设备、管线全部损毁。并造成附近办公楼及厂区周围

280 余间民房不同程度的损坏。液氯工段当班的 8 名工人当场死亡。更为严重的是，由于电化厂设在市区，与周围居民区距离较近。爆炸后扩散的 10.2 t 氯气波及 7.53 km²，事故共导致 779 人氯气中毒，59 人死亡。直接经济损失达 63 万元。

事故调查确认：

（1）最初爆炸的 1 只液氯钢瓶是由某药物化工厂（简称"药化厂"，该厂液化石蜡工段以液化石蜡和液氯为原料生产氯化石蜡）送到电化厂来充装液氯的。由于药化厂在生产设备与液氯钢瓶连接管路上没有安装逆止阀、缓冲罐或其他防倒灌装置，致使氯化石蜡倒灌入液氯钢瓶中。

（2）电化厂液氯工段工人违章操作，在充装液氯前没有对欲充装的钢瓶检查和清理，就进行液氯充装。充装时，钢瓶内的氯化石蜡和液氯发生化学反应，温度、压力升高，使钢瓶发生粉碎性爆炸，并导致一连串钢瓶爆炸。

请依据上述背景资料完成 1～10 题的选项。

请根据背景资料完成相应小题选项，其中判断题二选一（A、B 选项），单选题四选一（A、B、C、D 选项），多选题四选二或三（A、B、C、D 选项）。

1）下列选项中，（ ）不属于特种设备。

A. 电梯　　　　　B. 气瓶　　　　　C. 冲床　　　　　D. 大型游乐设施

2）气瓶充装后应有专人逐支进行安全检查，在下列检查内容中，叙述错误的选项是（ ）。

A. 瓶阀及其与瓶口连接的密封是否良好

B. 充装量是否在规定范围内

C. 瓶体温度是否有异常升高迹象

D. 瓶体是否清洁

3）下列选项中，属于气瓶安全附件的是（ ）。

A. 色环　　　　　B. 爆破片　　　　　C. 瓶帽　　　　　D. 减压阀

4）气瓶在充装前必须进行检查。在检查中，发现（ ）等情况时，禁止充装。

A. 瓶内混有可能与所装气体产生化学反应的物质

B. 气瓶外皮有污垢

C. 易燃液化气体中的氧含量达到或者超过规定值

D. 气瓶存在严重缺陷

5）气瓶是一种应用较为广泛的移动式、可重复充装的压力容器。（ ）

A. 正确　　　　　B. 错误

6）用来充装氢气的气瓶颜色为（ ）。

A. 白色　　　　　B. 淡绿色　　　　　C. 淡蓝色　　　　　D. 黑色

7）气瓶按充装介质的性质可分为（ ）。

A. 永久气瓶　　　　　　　　　B. 液化气体气瓶

C. 玻璃纤维气瓶　　　　　　　D. 溶解气体气瓶

8）气瓶不得靠近热源，可燃性气体气瓶与明火的距离一般不得小于 10 m。（ ）

A. 正确　　　　　B. 错误

9）气瓶中气体必须完全用尽后才能重新充装。（ ）

A. 正确　　　　　B. 错误

10）汽车运输气瓶时，应遵守下列规定。（ ）

A. 汽车装运气瓶时，气瓶一般卧倒放置

B. 汽车装运气瓶时，装车高度不得超过车厢高度

C. 运输可燃、有毒气体气瓶时，车上应备有灭火器材或防毒用具

D. 易燃品、油脂和带有油污的物品，不得与氧气瓶同车运输

8.【背景资料】某施工单位施工时使用了 FO/23B 型塔式起重机,由于违反起重吊装作业的安全规定,严重超载,造成变幅小车失控,塔身整体失稳倾斜,将该楼八层作业的 2 名工人砸死,起重机司机受重伤。

请依据上述背景资料完成 1～10 题的选项。

请根据背景资料完成相应小题选项,其中判断题二选一(A、B 选项),单选题四选一(A、B、C、D 选项),多选题四选二或三(A、B、C、D 选项)。

1) 该事故类型为(   )。

A. 高处坠物   B. 机械伤害   C. 物体打击   D. 触电事故

2) 造成该事故的原因是塔吊严重超载,变幅小车失控造成塔身倾覆。(   )

A. 正确   B. 错误

3) 造成该事故的直接责任人是塔吊司机。(   )

A. 正确   B. 错误

4) 塔式起重机上必备的安全装置有哪些?(   )

A. 起重量限制器   B. 力矩限制器

C. 起升高度限位器   D. 卷扬限位器

5)《建筑起重机械安全监督管理规定》,使用单位应当履行下列安全职责:(   )。

A. 根据不同施工阶段、周围环境以及季节、气候的变化,对建筑起重机械采取相应的安全防护措施

B. 可以不制定建筑起重机械生产安全事故应急救援预案

C. 在建筑起重机械活动范围内设置明显的安全警示标志,对集中作业区做好安全防护

D. 设置相应的设备管理机构或者配备专职的设备管理人员,指定专职设备管理人员、专职安全生产管理人员进行现场监督检查

6) 起重机作业前应进行环境检查,确认吊钩、臂架等部件范围内无障碍和其他人员,鸣笛示警后方可作业。(   )

A. 正确   B. 错误

7) 下列对起重力矩限制器主要作用的描述错误的是(   )。

A. 限制塔机回转半径   B. 防止塔机超载

C. 限制塔机起升速度   D. 防止塔机出轨

8) 国家明令淘汰的塔式起重机(   )使用。

A. 可以继续   B. 限制荷载   C. 坚决禁止   D. 修复后使用

9)(   )限制器是用来限制吊钩接触到起重臂头部或载重小车之前,或是下降到最低点(地面或地面以下若干米)以前,使起升机械自动断电并停止工作。

A. 起重量   B. 起升高度   C. 幅度   D. 塔机行走

10) 起重机司机应持有与其所操纵的塔机的起重力矩相对应的操作证,不得酒后作业,不得带病或疲劳作业,指挥应持证上岗,并正确使用旗语或对讲机。(   )

A. 正确   B. 错误

9.【背景资料】某公司承建某综合楼,位于居民密集区域,总建筑面积 250 000 m²。工程设计为钢筋混凝土框架结构,工期 500 天。现场临时供电设施按照供电设计和施工总平面图布置妥当,并制定了临时用点施工组织设计。在施工过程中发生如下事件:

事件一:2002 年 5 月 22 日,在地下室有 3 名工人正在进行消防管道焊接作业,室内储存了 2 瓶氧气和 2 瓶乙炔,他们都已经过培训考核合格,但尚未取得特种作业操作证书,另外一名工人在墙角休息吸烟,结果造成爆炸事故。

事件二:进入装修施工阶段后,项目经理安排安全员王某负责现场的消防安全管理,王某随后在

施工材料的存放、保管上作了严格的防火安全要求，现场设置明显的防火宣传标志，制定了严格的明火使用规定，整个装修阶段未发生一起火警。

请依据上述背景资料完成1～10题的选项。

请根据背景资料完成相应小题选项，其中判断题二选一（A、B选项），单选题四选一（A、B、C、D选项），多选题四选二或三（A、B、C、D选项）。

1）本案例中，在地下室进行焊接作业的动火等级为（ ）级。

A. 一　　　　　　　B. 二　　　　　　　C. 三　　　　　　　D. 四

2）施工单位在编制施工组织设计时，施工总平面图、施工方法和施工技术均要符合消防安全要求。（ ）

A. 正确　　　　　B. 错误

3）防火检查的形式主要有（ ）。

A. 班组检查　　　B. 夜间检查　　　C. 定期检查　　　D. 随即抽查

4）气焊使用的乙炔气瓶应当放置在距明火（ ）m以外的地方。

A. 5　　　　　　　B. 8　　　　　　　C. 10　　　　　　　D. 15

5）发现气焊操作人员违反防火管理规定，看火人员有权责令其停止操作，收回动火许可证及操作证并及时向领导汇报。（ ）

A. 正确　　　　　B. 错误

6）安全标志是用于表达特定信息的标志，由（ ）组成。

A. 图形符号　　　　　　　　　　B. 安全色

C. 几何图形（边框）　　　　　　D. 灯光

7）焊割作业前，需办理现场施工动用明火的审批手续、操作证和用火证。（ ）

A. 正确　　　　　B. 错误

8）施工单位应当存施工现场设置临时消防车道，并保证临时消防车道的畅通。禁止在临时消防车道上堆物、堆料或挤占临时消防车道。（ ）

A. 正确　　　　　B. 错误

9）施工现场消防安全责任制度，应当明确（ ）等要求，并逐级落实防火责任制。

A. 消防水源　　　　　　　　　　B. 消防安全管理程序

C. 消防安全责任人　　　　　　　D. 消防安全培训

10）施工现场应当根据工程特点，有针对性地设置、悬挂安全标志。（ ）

A. 正确　　　　　B. 错误

10.【背景资料】某市某电信综合楼项目工程于2000年2月22日开工建设。发包方为某电信局，总承包方为甲建筑安装公司（一级资质），乙建筑公司作为甲建筑安装公司的联营单位，参加了工程施工。监理单位为丙建筑监理公司。2003年6月20日6时30分许，甲建筑公司装潢组丁某等3人在综合楼外檐更换一块中空玻璃时，因电动升降吊篮屋面挑梁配重重量不够，失去平衡，导致吊篮下滑倾斜，造成丁某等3人在约距地面60m的高度从吊篮中滑出，坠落地面，当场死亡。

请依据上述背景资料完成1～10题的选项。

请根据背景资料完成相应小题选项，其中判断题二选一（A、B选项），单选题四选一（A、B、C、D选项），多选题四选二或三（A、B、C、D选项）。

1）造成该事故的直接原因是：电动吊篮屋面挑梁配重不足，导致挑梁倾覆，吊篮下滑坠落。（ ）

A. 正确　　　　　B. 错误

2）施工单位的（ ）应当由取得相应执业资格或取得相应资质的人员担任，对建设工程项目的安全施工负责，落实安全生产责任制度、安全生产规章制度操作规程，确保安全生产费用的有效使用，并根据工程的特点组织制定安全施工措施，消除安全事故隐患，及时、如实报告生产安全事故。

A. 施工员　　　　　B. 项目负责人　　　　C. 主要负责人　　　　D. 安全员

3）案例中所述的事故属于（　　）事故。

A. 特别重大　　　　B. 重大　　　　　　C. 较大　　　　　　D. 一般

4）负责对安全生产进行现场监督检查的人员是：（　　）。

A. 主管工长　　　　B. 项目经理　　　　C. 专职安全员　　　　D. 技术负责人

5）施工现场的安全防护用具、机械设备、施工机具及配件必须由专人管理，定期进行检查、维修和保养，建立相应的资料档案，并按照国家有关规定及时（　　）。

A. 停用　　　　　　B. 报废　　　　　　C. 淘汰　　　　　　D. 检测

6）《劳动法》规定：劳动者在劳动过程中必须严格遵守安全操作规程，劳动者对用人单位出现下列行为，有权利拒绝。（　　）

A. 违章指挥　　　　B. 冒险作业　　　　C. 高出作业　　　　D. 危险作业

7）按照《高处作业吊篮安全规则》要求，每天使用前必须按日常检查要求逐项进行检查，并进行运行试验，确认设备处于正常状态后方可使用。（　　）

A. 正确　　　　　　B. 错误

8）攀登和悬空高处作业人员以及搭设高处作业安全设施的人员，必须经过专业技术培训及专业考试合格，持证上岗，并定期进行体格检查。（　　）

A. 正确　　　　　　B. 错误

9）施工现场入口应有以下标牌（　　）。

A. 管理人员名单及监督电话　　　　　　B. 消防保卫牌

C. 安全生产牌　　　　　　　　　　　　D. 公司业绩牌

10）安全生产管理人员负责对安全进行现场监督检查，对于违章指挥、违章操作的，应当立即制止。（　　）

A. 正确　　　　　　B. 错误

11.【背景资料】某工程施工作业中使用的硝基漆散发的大量的爆炸性气体在作业场所聚集，达到了很高的浓度。此时，一装配电工点燃喷灯做电线接头的防氧化处理，引起混合气体爆燃起火，造成一名职工死亡。经事故调查，该单位安全生产管理工作中缺乏统一性，没有周密的计划，规章制度不健全，致使在多项目、多部位、多工种施工的条件下，工作不能有序地进行。对使用的一些特殊施工材料性能、作用方法，没有明确地进行技术交底，造成职工缺乏这一方面的知识，没有制定针对性的安全措施（通风设施），易燃、易爆气体在室内大量聚集，导致事故的发生。

请依据上述背景资料完成1～10题的选项。

请根据背景资料完成相应小题选项，其中判断题二选一（A、B选项），单选题四选一（A、B、C、D选项），多选题四选二或三（A、B、C、D选项）。

1）造成事故的直接原因是：作业人员缺乏在特殊环境下安全操作的基本常识，在易燃、易爆气体浓度很高情况下，动用明火作业。（　　）

A. 正确　　　　　　B. 错误

2）造成事故的间接原因是：该企业对施工人员的安全培训教育工作不到位，安全技术交底不清，交叉作业协调管理不力。（　　）

A. 正确　　　　　　B. 错误

3）工程项目必须实行逐级安全技术交底制度。（　　）

A. 正确　　　　　　B. 错误

4）所有单位在编制（　　）时，应当根据工程特点制定相应的安全技术措施。

A. 施工组织设计　　B. 工程预算　　　　C. 工程造价　　　　D. 工程技术

5）安全专项施工方案除应包括相应的安全技术措施外，还应当包括（　　）等内容。

A. 监控措施　　　　B. 应急方案　　　　C. 紧急救援措施　　D. 安全费用预算

6) 建设工程施工前，施工单位负责项目管理的技术人员应当对有关安全施工的技术要求向（　　）作出详细说明，并由双方签字确认。

A. 项目负责人　　　　　　　　　　B. 施工单位安全员

C. 作业班组　　　　　　　　　　　D. 作业人员

7) （　　），指为防止施工过程中工伤事故和职业病的危害而从技术上采取的措施。

A. 安全措施方案　　B. 施工技术　　　　C. 施工方案　　　　D. 安全评估

8) 《建设工程安全生产管理条例》规定，对于达到一定规模的危险性较大的分部分项工程，施工单位应当编制专项施工方案。（　　）

A. 正确　　　　　　B. 错误

9) 下列对安全技术交底主要内容的叙述，（　　）是正确的。

A. 安全负责人的电话

B. 针对危险部位采取的具体防范措施

C. 作业中应注意的安全事项

D. 作业人员应遵守的安全操作规程和规范

10) 班组长每天要对工人进行施工要求、作业环境等的口头安全交底。（　　）

A. 正确　　　　　　B. 错误

12. 【背景资料】工人王某在搬运完建筑门窗后，准备离开施工现场回家，由于楼内光线不足，在行走途中，不小心踏上了通风口盖板上（通风口为 1.2 m×1.4 m，盖板为 1.5 m×1.5 m，厚 1 mm 的镀锌铁皮），铁皮在王某的踩踏作用下，迅速变形塌落，王某随塌落的盖板掉到地下室地面（落差 15.35 m)，经抢救无效于当日死亡。

请依据上述背景资料完成 1～10 题的选项。

请根据背景资料完成相应小题选项，其中判断题二选一（A、B 选项），单选题四选一（A、B、C、D 选项)，多选题四选二或三（A、B、C、D 选项)。

1) 下列（　　）不属于"四口"防护。

A. 电梯井口　　　　B. 管道口　　　　　C. 预留洞口　　　　D. 楼梯口

2) 洞与孔边口旁的高处作业，包括施工现场及通道旁深度在 2 m 及 2 m 以上的桩孔、人孔、沟槽与管道、孔洞等边沿上的作业称为洞口作业。（　　）

A. 正确　　　　　　B. 错误

3) 对邻近的人与物有坠落危险性的其他竖向孔、洞口，均应予以设盖板或加以防护，并有固定其位置的措施。（　　）

A. 正确　　　　　　B. 错误

4) 建筑工程安全生产管理必须坚持"安全第一、预防为主"的方针，建立健全安全生产（　　）制度和群防控制制度。

A. 责任　　　　　　B. 领导　　　　　　C. 管理　　　　　　D. 监督

5) 项目经理对合同工程项目生产经营过程中的安全生产负（　　）责任。

A. 直接领导　　　　B. 间接领导　　　　C. 全面领导　　　　D. 主要领导

6) 建筑安全生产监督管理，应当根据（　　）的原则，贯彻"预防为主"的方针，依靠科学管理和技术进步，推动建筑安全生产工作的开展，控制人身伤亡事故的发生。

A. 安全第一　　　　　　　　　　　B. 以人为本

C. 管生产必须管安全　　　　　　　D. 上岗培训

7) 按照规定，公司级的安全教育培训时间不得少于（　　）学时

A. 10　　　　　　　B. 15　　　　　　　C. 20　　　　　　　D. 30

8）下面（　　）属于人的不安全行为。

A. 操作失误、忽视安全　　　　　　　B. 安全防护装置失灵

C. 使用不安全设备　　　　　　　　　D. 有分散注意力行为

9）"洞口"防护情况的检查主要通过（　　）的检查方式。

A. 听　　　　　　B. 看　　　　　　C. 量　　　　　　D. 测

10）安全管理目标的主要内容包括（　　）。

A. 生产安全事故控制目标　　　　　　B. 质量合格目标

C. 安全达标目标　　　　　　　　　　D. 文明施工实现目标

13.【背景资料】某工程项目施工中，在进行地下一层冷水机组吊装时，发生了设备坠落事故。设备机组重 4 t，采用人字桅杆吊运，施工人员将设备运至吊装孔滚杆上，再将设备起升离开滚杆 20 cm，将滚杆撤掉。施工人员缓慢向下启动滑轮组时，滑轮组的销钉突然断开，致使设备坠落，造成损坏，直接经济损失 30 万元。经过调查，本次事故主要是由于安全检查不到位引起的。施工人员在吊装前没有对吊装索具进行详细检查，没有发现滑轮组的销钉已被修理过，并不是原装销钉，施工人员没有在滚杆撤掉之前进行动态试吊，就进行了正式吊装。

请依据上述背景资料完成 1～10 题的选项。

请根据背景资料完成相应小题选项，其中判断题二选一（A、B 选项），单选题四选一（A、B、C、D 选项），多选题四选二或三（A、B、C、D 选项）。

1）按《建筑施工安全检查标准》对施工现场进行安全检查评分是从十个方面进行的，除了"脚手架，基坑工程，高处作业，模板支架，物料提升机及施工升降机，塔吊与起重吊装，施工机具"七个方面外，另外三个方面是什么？（　　）

A. 安全管理　　　B. 文明施工　　　C. 临时用电　　　D. 建筑结构

2）如项目检查评定达到安全优良等级，说明该项目施工可能还是存在安全隐患。（　　）

A. 正确　　　　　　B. 错误

3）《建筑施工安全检查标准》规定的优良等级标准是（　　）。

A. 汇总表得分在 80 分（含 80 分）以上

B. 汇总表得分在 85 分（含 85 分）以上

C. 分项检查评分表无零分

D. 保证项目中不得有零分的项，或保证项目小计得分不得小于 40 分

4）《建筑施工安全检查标准》是（　　）。

A. 推荐性行业标准　　　　　　　　　B. 强制性行业标准

C. 推荐性国家标准　　　　　　　　　D. 地方性标准

5）施工单位应当建立、健全教育培训制度，加强对职工的教育培训，未经教育培训或者考核不合格的人员，不得上岗作业。（　　）

A. 正确　　　　　　B. 错误

6）安全检查是安全生产管理工作的一项重要内容，是安全生产工作中发现不安全状况和不安全行为的有效措施，是（　　）的重要手段。

A. 消除事故隐患　　　　　　　　　　B. 改善劳动条件

C. 落实整改措施　　　　　　　　　　D. 做好安全技术交底

7）安全检查的主要形式包括（　　）。

A. 定期安全检查　　　　　　　　　　B. 经常性安全检查

C. 专项（业）安全检查　　　　　　　D. 三级安全检查

8）该事故主要是由于安全检查不到位引起的，"安全检查"项目属于《安全管理检查评分表》中的（　　）项目。

A. 保证　　　　　　B. 一般　　　　　　C. 普通　　　　　　D. 重点

9）下列（　　）不属于《建筑施工安全检查标准》中所指的"三宝"防护。

A. 安全帽　　　　　B. 安全带　　　　　C. 安全网　　　　　D. 安全通道

10）在安全检查的各种形式中，（　　）检查针对性强，能有的放矢，对帮助提高某项专业安全技术水平有很大作用。

A. 上级　　　　　　B. 专业性　　　　　C. 定期　　　　　　D. 经常性

14.【背景资料】2001 年 5 月 8 日，某局修试管理所在新建的 110 kV 马牵线 N61 塔进行线路参数测试，由本局送电管理所配合在该线路末端进行短路和接地等工作。当进行到 C 相线路测绝缘时，在铁塔横担主材内侧角铁上待命的检修班工作人员受令去解开 C 相接地线。当其解开扣于角铁上的安全带，起立并用手去拿身旁已解开的转移防坠保险绳时，因站立不稳，从 18 m 高处坠落，所戴安全帽在下坠过程中脱落，致使头部撞在塔基回填土上，受重伤。

请依据上述背景资料完成 1～10 题的选项。

请根据背景资料完成相应小题选项，其中判断题二选一（A、B 选项），单选题四选一（A、B、C、D 选项），多选题四选二或三（A、B、C、D 选项）。

1）造成该事故的直接原因是：工作人员在杆塔上作业时，因解开扣于角铁上的安全带，致使失稳从高处坠落。（　　）

A. 正确　　　　　　B. 错误

2）在杆塔上作业，包括在杆塔上待命、休息、位置转移等，任何时候都不得失去后背防坠保险绳的保护。（　　）

A. 正确　　　　　　B. 错误

3）攀登杆塔和在杆塔上作业时，每基杆塔都应设专人进行全过程监护。（　　）

A. 正确　　　　　　B. 错误

4）进入生产现场，必须戴安全帽，并系好下颚带，没有下颚带的安全帽也允许使用。（　　）

A. 正确　　　　　　B. 错误

5）安全帽耐冲击试验，传递到头模上的力不应超过（　　）。

A. 400 kg　　　　　B. 500 kg　　　　　C. 600 kg　　　　　D. 700 kg

6）安全带的报废年限为（　　）。

A. 1～2 年　　　　　B. 2～3 年　　　　　C. 3～5 年　　　　　D. 4～5 年

7）为了减少人体对地的绝对落差，安全带应高挂低用，并注意防止摆动碰撞。（　　）

A. 正确　　　　　　B. 错误

8）安全带使用（　　）年后要做抽检，抽检过的样带要更换新绳。

A.1 年　　　　　　B.2 年　　　　　　C.3 年　　　　　　D.4 年

9）下列（　　）材料可作为制作安全帽的材料。

A. 塑料　　　　　　B. 竹　　　　　　　C. 木　　　　　　　D. 藤

10）下列（　　）属于施工现场的安全防护用具。

A. 绝缘鞋　　　　　B. 模板　　　　　　C. 安全帽　　　　　D. 安全带

15.【背景资料】某建筑企业，企业经理为法定代表人，没有现场安全生产管理负责人。该企业在其注册地的某项施工过程中，甲班队长在指挥组装塔吊时，没有严格按规定把塔吊吊臂的防滑板装入燕尾槽中并用螺栓固定，而是用电焊将防滑板点焊。某日甲班作业过程中发生吊臂防滑板开焊、吊臂折断脱落事故，造成 3 人死亡、1 人重伤。这次事故造成的损失包括：医疗费用（含护理费用）45 万元，丧葬及抚恤等费用 60 万元，处理事故和现场抢救费用 28 万元，设备损失 200 万元，停产损失 150 万元。

请依据上述背景资料完成 1～10 题的选项。

请根据背景资料完成相应小题选项，其中判断题二选一（A、B选项），单选题四选一（A、B、C、D选项），多选题四选二或三（A、B、C、D选项）。

1）根据上述情况描述，此次事故的直接经济损失为（　　）。

A. 45 万元　　　　　B. 105 万元　　　　　C. 483 万元　　　　　D. 333 万元

2）根据《企业职工伤亡事故分类》，该事故的类别应为（　　）。

A. 物体打击　　　　B. 机械伤害　　　　C. 起重伤害　　　　D. 车辆伤密

3）根据《建筑工程安全生产管理条例》，以下说法正确的有（　　）。

A. 该企业所在行政区的县级以上人民政府负责安全生产监督管理的部门，对该企业的建筑工程安全生产工作实施行业监督管理

B. 该项工程应取得施工许可证

C. 对建筑工程安全生产违法行为可以实施罚款的处罚

D. 甲班队长应取得《特种作业操作资格证书》

4）此次事故发生后，组成事故调查组的部门和单位应包括（　　）。

A. 地市级安全生产监督管理部门　　　　　B. 工程监理单位

C. 地市级公安部门　　　　　D. 县级环保部门

5）根据《企业职工伤亡事故调查分析规则》，该起事故的直接原因包括（　　）。

A. 私自改装、使用不牢固的设施　　　　　B. 塔吊司机作业时未加注意

C. 现场安全生产管理不到位　　　　　D. 塔吊吊臂防滑板开焊

6）根据《特种设备安全监察条例》和该企业的情况，下列说法正确的有（　　）。

A. 塔吊设计文件应经安全生产监督管理部门组织的专家鉴定方可用于制造

B. 该企业塔吊安装后应经检测检验机构进行监督检验方可使用

C. 该企业应制定塔吊的事故应急措施和应急救援预案

D. 此次事故发生后，企业应及时向特种设备安全监督管理部门等有关部门报告

7）针对此次事故，下列说法正确的有（　　）。

A. 此次事故属于一般事故

B. 此次事故属于重大事故

C. 在向受伤未愈的相关人员调查取证时，交谈取证最长时间不得超过 2 小时

D. 此次事故调查报告应包括该企业的基本情况

8）施工起重机械和整体提升脚手架在使用前，施工单位应当组织产权（生产、租赁）单位、安装单位的安全、设备管理人员和其他技术人员参加验收。（　　）

A. 正确　　　　B. 错误

9）垂直运输机械作业人员、安装拆卸工、爆破作业人员、起重信号工、登高架设作业人员等特种作业人员，必须按照国家有关规定经过专门的安全作业培训，并取得特种作业操作资格证书后，方可上岗作业。（　　）

A. 正确　　　　B. 错误

10）此次事故的主要责任人为（　　）。

A. 企业经理

B. 现场安全生产管理负责人

C. 与此次事故有关的甲班作业人员

D. 甲班队长

16.【背景资料】

中毒事故应急预案：

1、如发生食物中毒事故，要求立即把中毒人员送往就近医院抢救，并把封存食品取样送卫生检

验部门化验，以便对症治疗及事故处理。如为场外食品引起中毒事故，则应马上报告上级有关部门，以免造成更多人的伤害。

2、化学品（煤气）等中毒事故，应尽快将中毒人员抬往通风良好处，必要时临时采取人工呼吸等抢救措施，然后急送附近医院抢救。对不明原因的突发病，要采取必要的急救措施，如人工呼吸等，然后急送附近医院抢救。

3、如发生传染病，应立即对病人进行隔离，急送附近医院治疗，并对现场进行彻底的消毒，彻查与患者接触人员，视其情况做好隔离工作，严格控制来往人员，对现场其他人员进行一次全面体检检查，有无传染病扩散现象，并根据医生建议进行针对性处理。

请依据上述背景资料完成1～10题的选项。

请根据背景资料完成相应小题选项，其中判断题二选一（A、B选项），单选题四选一（A、B、C、D选项），多选题四选二或三（A、B、C、D选项）。

1）施工单位应当根据建设工程施工的特点、范围，对施工现场（　　）进行监控，制定施工现场生产安全事故应急救援预案。

A. 事故隐患　　　　　　　　　　B. 危险源

C. 危险部位　　　　　　　　　　D. 易发生重大事故部位、环节

2）施工单位的应急救援预案，应当包括定期培训、演练计划及定期检查制度等。（　　）

A. 正确　　　　　B. 错误

3）为了减少建设工程安全事故的人员伤亡和财产损失，必须建立建设工程生产安全事故的应急救援制度。（　　）

A. 正确　　　　　B. 错误

4）应急救援预案应报所在市、县（区）负责建筑施工安全生产监督部门备案。（　　）

A. 正确　　　　　B. 错误

5）实行联合承包的，施工安全事故应急预案由（　　）编制。

A. 分包方　　　　B. 各方各自　　　　C. 各方共同　　　　D. 发包方

6）施工单位应（　　）。

A. 建立应急救援组织　　　　　　B. 配备应急救援人员

C. 提前进行应急救援预案　　　　D. 配备必要的应急救援器材

7）应急救援计划不包括风险源的风险评估内容。（　　）

A. 正确　　　　　B. 错误

8）施工现场应急救援预案应不定期组织演练。（　　）

A. 正确　　　　　B. 错误

9）事故应急救援预案中，确定应急救援中人员疏散的组织和安置，主要应考虑的项目是（　　）。

A. 疏散人群的数量　　　　　　　B. 所需要的时间和可利用的时间

C. 可利用的风向、地形等条件变化　D. 企业规模

10）产生职业病危害的用人单位，应当在设置公告栏，公布有关职业病防治的规章制度、操作规程、职业病危害事故应急救援措施和工作场所职业病危害因素检测结果。（　　）

A. 正确　　　　　B. 错误

参考文献

[1] 工程建设标准强制性条文——房屋建筑部分．2009 版．北京：中国建筑工业出版社，2009.

[2] 住房和城乡建设部．JGJ/T 250—2011．建筑与市政工程施工现场专业人员职业标准．2011.

[3] 湖南省住房和城乡建设厅．湘建建〔2010〕109 号．湖南省建筑工程施工项目部和现场监理部关键岗位人员配备标准及管理办法（试行）．2010.

[4] 建设部工程质量安全监督与行业发展司．建筑工程安全生产技术．2004.

[5] 建设部工程质量安全监督与行业发展司．建筑工程安全生产管理．2004.

[6] 中华人民共和国建设部．JGJ 46—2005．建筑施工临时用电安全技术规范．2005.

[7] 中华人民共和国建设部．JGJ 147—2004．建筑拆除工程安全技术规范．2004.

[8] 中华人民共和国建设部．JGJ 130—2001．建筑施工扣件式钢管脚手架安全技术规范．2001.

[9] 中华人民共和国建设部．JGJ 128—2000．建筑施工门式钢管脚手架安全技术规范．2000.

[10] 中华人民共和国建设部．JGJ 80—1991．建筑施工高处作业安全技术规范．1991.

[11] 中华人民共和国建设部．JGJ 33—2001．建筑机械使用安全技术规程．2001.

[12] 中华人民共和国建设部．JGJ 146—2004．建筑施工现场环境与卫生标准．2004.

[13] 中华人民共和国建设部．JGJ 59—2011．建筑施工安全检查标准．2011.

[14] 湖南省住房和城乡建设厅．湖南省建筑施工安全质量标准化示范工程创建实施办法．湘建建〔2010〕213 号．2010.

[15] 周和荣．安全员专业知识与实务［M］．北京：中国环境科学出版社，2010.

[16] 马向东．安全员工作实务手册［M］．长沙：湖南大学出版社，2008.